點食成經

袁枚《隨園食單·須知單》
新 解

—— 朱振藩 ——

飲食文化創造出不同的感動

·····••❧❧••·····

亞都麗緻集團總裁
嚴長壽

　　「富過三代，才懂吃穿」，起先要求「吃飽」後才能「吃巧」，起初是因為工作需要，與美食結下不解之緣，逐漸了解飲食文化的廣泛與精深；飲食文化乃是人文素養養成之重要因素，也是生活中相當重要的一門「藝術」。飲食文化不但代表了一個社會的多元發展，也是反映一個社會的成熟。在這個無國界的新世界，飲食的習慣隨著社會的演進，中華飲食已無法自外於這場跨國界的競爭與比較，無論從食材的更國際化、烹調方法的更多樣化，在在都挑戰著中華飲食的大未來，在大多數人已為迎合市場的趨勢而大刀闊斧的創新改變之餘，如何找到自己原有的優勢與特色成為重要的課題，如何尋根探古則當屬振藩兄的專長，因為他除了必須懂吃，還要會吃，並述之以文字，這更需架構於文學的深厚底子，及以上功力的融會貫通。與振藩先生結識多年，佩服振藩先生閱讀廣泛，通曉許多古今著作，尤其對傳統的執著，在一片創新的浪潮中，總為我們保留些執著與傲骨。

　　如清朝詩人袁枚所著《隨園食單》，不僅轟動於當代，至今已流傳數百年，卻仍膾炙人口，其中〈須知單〉，是集合了烹飪的基礎，而〈戒單〉則清楚的提醒了普遍容易犯的毛病，是相當扎實的飲食功夫書，唯目前僅有原述版，較不易親近，振藩先生集多年努力，以二十篇深入淺出之筆觸為袁枚

食單作新註，更旁徵博引使得袁枚食單有全新的註解，書中有理論、有評論、有闡述、有體會，最重要是有具體實踐的部分，欣聞振藩先生將為其作新註，必然將中華飲食文化更加提升，也讓讀者更容易了解。

推廣飲食文化將近三十年，文化，實在是奠定一個城市乃至於整個國家穩定的重要基石，也是能否創造不同感動的取決點，對於一個國家有形的建設容易；而文化，包括飲食，卻是需要多年的基礎與累積，才能夠透過古人之智慧，對生活中的人、事、物有更深的感觸，此乃美化生活之本，更是生活開心之道。

不光吃飽，還要吃巧

朱振藩

　　我初識袁枚，在讀高一時，印象極深刻，迄今仍不忘。當時的國文老師周小溪先生，曾在「七七盧溝橋事變」當兒，身處第一線，擔任宛平縣縣長。他授課幽默詼諧，講解深入透徹，不僅是個性情中人，且是有道長者。記得老人家在教〈祭妹文〉那天，天昏地暗，寒風颼颼地響，待他吟至「紙飛灰揚，朔風野大，阿兄歸矣，猶屢屢回頭望汝矣」之際，觸景生情，老淚縱橫，聲音哽咽，頻頻以袖拭淚。此情此景，歷歷在目，今日回想，尤增感傷。

　　三年之後，讀《續古文觀止》一書，收錄袁枚另兩篇文章，分別是〈後出師表辨〉及〈書魯亮儕〉，深服其文采，可以成誦。該書亦選有桐城派古文名家姚鼐所撰的〈袁隨園君墓誌銘〉，細讀之餘，總算對這位清盛世時的詩詞古文大家，有進一步的認識，儘管有些地方仍不甚了了。

　　隔沒多久，我除古文外，亦醉心於前人詩、詞、曲、對聯、尺牘及札記等。由於多所涉獵，遂讀過袁枚所著的《隨園詩話》、《小倉山房尺牘》、《隨園隨筆》及《子不語》等，旁及一些有關他的傳記。只是他那部名震當世並足以垂範後世的《隨園食單》，尚無法一窺其奧。直到二十餘年前，在香港逛舊書攤，無意間有幸購得為止。

約在此同時，我已讀畢不少飲食著作，像唐魯孫的《大雜燴》、《什錦拼盤》、《說東道西》、《天下味》、《中國吃》等；高陽的《古今食事》；梁實秋的《雅舍談吃》；逯耀東的《祇剩下蛋炒飯》等等，不但一一寓目，而且身體力行，組織美食會，吃遍北縣、市。此後更向全台各地及金、馬進軍，吃得不亦樂乎。正因雙管齊下，吃福隨而擴展，眼界跟著大開，雖不敢以老饕自命，但也稱得上是略有學識和講究飲饌之道的好吃鬼了。

民國八十二年，堪稱是我人生中的一大轉捩點，在個偶然的機緣下，步命相及風水的後塵，開了平生第一個飲食專欄，從此欲罷不能，陸續結集成冊，迄今超過廿本。當然啦！飲食一直居大宗，命相和風水等，只是附麗點綴而已。不過，對我個人而言，倒是「一路吃來，始終如一」，邊吃邊讀，夙夜匪懈。而且藉由大量的閱讀，中國專寫飲食的集子，幾乎都未錯過。由於吃得夠多，看得夠廣，始敢稱對於中國的飲食之道，有些全方位的理解。可惜的是，格於外語能力，西方及日、韓的食書，所讀皆是譯本，無法完全領略其美，即使吃的應不算少，也是體會不深，一直引以為憾。

或許是機緣湊巧，就在《食家列傳》付梓後，我終於可以向《隨園食單》的新解叩關，開始屹立食林。此外，將具代表性的典籍新解，時常盤旋腦際，堪稱我的志業。依照早先計畫，在相學這方面，準備著手的是《人倫大統賦》和《冰鑑》兩者，而在飲食方面，則非《隨園食單》莫屬。是以十餘年來，這幾本書即經常置諸案右，俾便隨時翻檢。在時而閱之，時而思之下，體會自然也就益深了。

《隨園食單》不愧是一本劃時代的飲食鉅著。袁枚在總結前人的經驗後，加上個人體會以及具體實踐，從而完成本書開宗明義的〈須知單〉和

〈戒單〉，並有系統地歸納出中國古代烹飪技術的獨到心得。前者能精闢地闡述烹飪的基本理論，全面而周詳，多切合實際；後者則針對當時烹飪中普遍流行的弊病，提出一己看法，讓庖者及食客有所遵循。其中，除了戒外加油、戒火鍋、戒強讓與當今的狀況有所不同外，其餘的各戒，都有一定的道理在，讀者如能用心及此，篇篇成誦，自然可以一窺吃的堂奧，絕對是懂吃的不二法門。

這位力主詩重性靈，而被稱為「一代騷壇主」、「當代龍門」的袁枚，認為品味與詠詩二者，應「自出機杼，不屑寄人籬下」，而且「味濃則厭，趣淡反佳」。進而將飲食與吟詩相提並論，主張「得一味之佳，同修食譜；賞半花之豔，各走吟箋。」並謂：「吟詩之餘作《食單》，精微仍當吟詩看」及「平生品味似評詩，別有酸鹹世莫知。第一要看色香好，明珠仙露上盤時」等等。實已將飲食視為一種生活藝術，並把它提升至詩意的境界。同時，他所講究的烹調之法，「並無山海奇珍，不失雅人清致」，故其所拈出的「清雅」之旨，始終是袁枚品味評詩的最高標準，曾云：「平生諸般能耐，最不能耐一庸字。所謂庸字，不過人云亦云。」大抵言之，就是「飲食之道，不可隨眾，尤不可務名」，此誠千古顛撲不破之理，可以放諸四海而皆準。

至於如何才算懂吃，與袁枚同時期的詞家亦是食家的朱彝尊，即認為飲食之人有以下三種：一是餔餟之人，「食量本弘，不擇精粗，惟事滿腹，人見其蠢，彼實副其量為損為益。」一是滋味之人，「嘗味務遍，或濃肥鮮爽，生熟備陳，或海錯陸珍，奉非常饌當其得味，儘有可口。」一是養生之人，「飲必好水，飯必好米，蔬菜魚肉，但取目前，常物務鮮，務潔，務熟，務烹飪合宜，不事珍奇，而有真味」。其實，朱氏僅分析飲食之人的三個面向，但對真正的「懂吃」而言，還不如已故的飲饌名家唐振常所

標舉的「食有三品」。此三品乃「上品會吃，中品好吃，下品能吃。能吃無非肚大，好吃不過老饕，會吃則極複雜，能品其美惡，明其所以，調和眾味，配備得宜，借鑒他家所長，化為己有，自成系統，乃上品之上者，算得上是真正的美食家。要達到這個境界，就不是僅靠技藝所能就，最重要的是一個文化問題。高明的烹飪大師達此境界者，恐怕微乎其微；文人達此境界者較多較易，這就是因由所在。」

綜唐氏之言觀之，明清之時的文人，如著有《易牙遺意》的韓奕、撰《宋氏養生部》的宋詡、編寫《飲饌服食箋》的高濂、著有《養小錄》的顧仲、編撰《醒園錄》的李調元及撰就《食憲鴻祕》的朱彝尊等等，無不在其書裡或詩、文中，流露出他本身對飲食所具有的一定品味、格調與情趣。在此大勢所趨下，文人之於飲食，乃自然而然地成為一種迥別於昔的生活藝術，懂得吃喝的精髓，進而形成特有的文化氛圍。

袁枚比起以上諸公，在飲食方面，更充滿著熱情，積累了四十年以上的飲食經驗，加上生花妙筆，撰就了膾炙人口的《隨園食單》。我在驚羨之餘，想要為其作註，而旁徵博引的目的，就是古為今用，既彰顯其時代意義，且擴大其影響面，有利於國計民生（註：老氏云「治大國如烹小鮮」）。就在五年之前，《歷史月刊》的虞前社長炳昌，曾邀我在該刊開個飲食專欄，我便提出此一想法，承蒙其允諾，遂奮筆撰寫，歷三十集而將《隨園食單》之〈須知單〉釋畢，今得以結集成書，謹在此向他老人家致上最高謝意。

另，本書之成，賴內子關蕙明操持家務，全力支持，俾在無後顧之憂下，比較異同、爬梳古籍、專注整理，終而成書。又，精於飲饌的亞都麗緻總裁嚴長壽先生慨然賜序，誠為本書生色不少。在此一併致謝，是為序。

點食成經

袁枚《隨園食單‧須知單》新解

目次

······❧✦❧······

楔子

············❦❦❦❦❦❦············

　　《隨園食單》的作者，是清代著名的文學家袁枚。袁枚（公元一七一六至一七九七年），字子才，號簡齋，英年得第，名噪翰苑。自辭官歸隱後，即長居江寧「隨園」。晚年自號倉山居士、倉山叟、隨園老人，世稱隨園先生。

　　本書是他「四十年來，頗集眾美」的結晶，筆下立論精闢，文字曉暢、生動、雋永。許多段落都能獨立成文，讀來興味盎然。公推為二十世紀以前，全世界寫作最成熟且截至目前為止，文字及文化水平最高的一本食經。書中不僅有理論、有總結、有評介，且有實踐、有體會、有闡述，並雜以幽默，其體裁清新，運筆自如，毫無單調重複之弊，譽之為世界烹飪文學的經典之作，絕非誇大溢美之詞。又，書中分成二十個須知、十四個戒、海鮮等十二個單元，詳細地記述了中國從十四世紀到十八世紀中葉所流行的三百四十二種菜餚、飯點、茶酒的用料和製作方法。綜觀這些菜點，多半為江浙兩地的傳統風味，兼及京、魯、粵、皖等地方菜及官府菜，體大思精，條理分明，大有借鑑價值。現即從〈須知單〉著手詮釋，畢竟「學問之道，先知而後行，飲食亦然」。也就是說，作學問的道理，必須先弄清楚，搞明白，然後再具體實踐，飲食也是一樣。本書因而從〈須知單〉入手，這實際上是在強調理論對實際的指導作用。

而此〈須知單〉，共分二十個小單元，涉及烹飪的選料、初步加工、配菜、火候、調味、裝盤、上菜等許多環節，論述精采，耐人尋味，可以格言視之。

先天須知

……………❦……………

　　凡物各有先天，如人各有資稟。人性下愚，雖孔、孟教之，無益也；物性不良，雖易牙烹之，亦無味也，指其大略：豬宜皮薄，不可腥臊，雞宜騸嫩，不可老稚；鯽魚以扁身白肚為佳，烏背者，必崛強於盤中；鰻魚以湖溪游泳為貴，江生者，必槎枒其骨節；穀餵之鴨，其膘肥而白色；壅土之筍，其節少而甘鮮；同一火腿也，而好醜判若天淵；同一臺鯗也，而美惡分為冰炭；其他雜物，可以類推。大抵一席佳餚，司廚之功居其六，買辦之功居其四。

　　顧名思義，袁枚所謂的先天，就是人的天賦，如果天資愚笨，即使是孔子、孟子親自教導，也無法成為英才。同樣地，食材本身不夠好，就算是四大廚神之一的易牙自己下廚，也無法變成美味。文中的易牙，乃東周人，名巫，又名雍巫，狄牙，他不只精於烹調，而且長於辨味，能用舌尖分得出齊國境內淄水和澠水的水味，屢試不爽。何況，他「煎熬燔炙，和調五味」的手藝，抓得住齊桓公的胃，加上為了迎合國君，竟蒸自家嬰兒的肉給齊桓公吃，雖權傾一時，但為人所不齒。不過他的廚藝之精，的確前無古人，所以早在宋朝時，就將他列為廚行的祖師爺，推崇備至。

◎ 袁枚畫像。

　　袁枚接著指出：豬的皮要薄，不可有腥臊味。關於這點，梁實秋在《雅舍談吃・白肉》一文寫得很明白，說：「我母親常對我們抱怨說北平（即北京）的豬肉不好吃，有一股臊臭的氣味，我起初不信，後來屢遊江南，發現南北豬肉味是不同。大概是品種和飼料不同的關係。不知所謂臊臭，也許正是另一些人所謂的肉香。南方豬肉質嫩而味淡，卻是真的。」事實上，全世界豬的品種約有三百多種，其中，中國約占三分之一，是全球豬種資源最豐富的國家，可分為華北、華中、華南、江海、西南、高原這六型。北京基本上是華北型豬分布的區域，主要的特徵是腹腔油脂沉積量大，「肉香」味濃，名種有東北民豬、淮豬、八眉豬等。江南豬隻的大宗則是華中型的，其主要的特徵為體呈圓桶型，腰背較廣，皮薄且肉質細嫩，名種如金華豬、大花白豬、寧鄉豬、兩頭烏豬，舉世知名。此金華豬自引進日本後，已成當地炸肉排的頂級食材，常見於緯來日本台《料理東西軍》這一節目中。至於兩頭烏豬，則是製作金華火腿不可或缺的原料。

騸

　　原意是閹掉生殖器的馬，後人擴大解釋，凡閹掉雄性生殖器的動物，皆稱為騸。因此，公雞被閹以後，就叫騸雞。公雞一旦去勢，少了雄性激

素，肉會愈長愈嫩，台灣約十年前，有的店家為廣招徠，打出「太監雞」的字號，專做「白斬雞」，目的就是取其嫩。此外，雞肉須雞熟成才好吃，如果雞太小，只適合燒製「炸八塊」（一名灼八塊或炸仔雞），其法為雞宰殺後，切成脖、兩翅、兩腿、兩胸脯、脊背共八大塊，用調料醃透，炸至色呈金黃，肉熟即出。據清宮〈節次照常膳底檔〉的記載，清高宗在乾隆四十四年五月時，還嚐過此一美味。如果雞太大太老，只適合熬高湯（港人謂之煲湯），加火腿同熬，滋味之棒，無與倫比。此外，子雞亦適合製作常熟名菜「叫化雞」。

鯽魚

又名鮒魚，像「過江之鯽」，「涸轍之鮒」，皆是常見的成語。基本上，鯽魚有塘鯽、山溪鯽、河鯽之別。中國除青藏高原外，各水域廣有分布，近幾十年來，更因養殖業大力發展，分布更廣，名特產亦多，像個大、肉厚、體鮮的彭澤鯽（江西・彭澤）；頭小體大、背厚腹小、愈大愈嫩的龍池鯽（江蘇・六合）；身短背寬、嘴尖尾細、重達兩斤、曾列貢品的東北鏡泊湖鯽等，均是無上妙品。一般而言，池塘止水中的鯽魚，背黑而帶有土味；山溪中的鯽魚，骨硬而味不美，只有產於河流、水庫中的鯽魚，扁身色白肉肥而鮮。另，鯽魚有軟骨、硬骨之分，皆以刺小而多著名。又，袁文中所謂的「崛強於盤中」，主要是指骨硬與泥腥氣而言。

鰻魚

鰻鱺的簡稱，對人體補益極大，號稱「水中人參」。以《韓熙載夜宴圖》享譽畫壇的主角韓熙載，曾擔任南唐李後主的紫微郎（即中書

◎《韓熙載夜宴圖》部分。

侍郎），他最愛吃的就是鰻魚，以致廚師們私下說：「韓中書一命二鰻
鱺。」意即韓熙載除了老命外，最看重的，就是吃鰻魚。這實與徐悲鴻
的話：「魚是我的命，螃蟹是我的冤家，見了冤家就不要命了。」先後
輝映，照耀千古，並為美談。

而湖溪中的鰻魚，皆海鰻溯流而上所產之幼鰻，因留滯湖溪中，無法
入海而生活其間者，只要遇到洪水氾濫，就鑽入人畜屍體內，順流而下，
回歸於海，故淡水鰻與海鰻，均同出一種。然而「產海中者」，其形體特
大，另稱狗頭鰻，主要充作臘味，亦可製作鰻鯗（即鰻魚乾品）。

湖溪所產之鰻，肥而多脂，味極鮮美，人多以補品視之，肥大者佳，
其價亦昂，但產量有限，以蒸食為佳。至於江中之鰻，因流水湍急，常
溯江而上，必肉瘦且骨硬。至於文中的「槎枒」，指樹枝縱橫雜出狀，
在此比喻其骨多而硬，遂不中吃。

鴨

袁文中的穀餵之鴨，指的是填鴨，是製作北京烤鴨飼育過程的必要步

◎ 一幅描繪清代民間賣肉的市井畫。

驟，如偷工減料，必「骨瘦如柴」。原來與北京近在咫尺的通州，因得到運河之便，渠塘交錯，出產純白的佳種鴨，為了填肥，各有心法。所謂的穀，有的用油脂和飯；有的用麥、麵和硫黃一起攪拌；也有的用紅高粱和其他飼料揉搓成圓條狀，比一般的香腸粗些，長約四寸左右，現在則省事多了，只消用自來水喉式的填鴨機填滿即可。那餵食的方法又如何呢？有人用紹興酒罈鑿去其底，趕鴨入內，用泥封好，讓鴨頭、頸露出其外，罈後再留一洞，好讓鴨排泄，六、七天即臕肥可食；也有人把鴨關進一間不見天日的小棚子裡，幾十隻關一起，密密滿滿，當師傅們填好一隻後，旁邊的鴨子便蹣跚地湊過來，餵飽之後，這批鴨子又一動也不動地「排排坐」了。以上二法，目的都不讓鴨子動，很不人道。第三種好一些，填餵好之後，就趕鴨子走，不讓牠休息，每天重複三次，隔不了幾天，就又肥又大了。總之，不論用哪個法子填鴨，結果必「肉之嫩有如豆腐」，且皮甚薄，適合烤鴨。

筍

「雨後春筍」是常用的成語。就食材而言，這春筍麼；不但清脆細嫩，而且模樣漂亮，細細長長不說，同時潔白光潤，沒有一點瑕疵。不過，春雨

之後，水分充足，竹筍驟發，雖然其味甚好，燜炒煨燉，無不佳妙。不過，說句實在話，更好吃的筍，應該是冬筍。冬筍生長在土裡，隔年秋初，從地下莖上發芽，慢慢生長，質地細嫩，至冬天即可挖食。這竹的地下莖，在土中深淺不一，離地面十公分左右的，其芽尖已露出土壤，筍籜青綠色。離地表尺許的，冬天尚未出土，觀地表隆起（即壅土），布有新細縫處，即為冬筍所在，以鋤掘出，竹籜淡黃。若離地面一尺以下的，地表並無跡象，只有挖筍老手，觀察竹枝開展，即知地下莖走向，亦可挖到此筍。節少而甘鮮，確屬尤物，不論是「薺菜冬筍」、「炒二冬（冬筍冬菇）」，「蝦子燒冬筍」、「火腿煨冬筍」等，都是常食的美味。梁實秋曾說：「我從小最愛吃的一道菜，就是『冬筍炒肉絲』，加一點韭黃、木耳，臨起鍋加一杓紹興酒，認為那是無上妙品—— 但是一定要我母親親自掌勺。」其實我母親的炒「素什錦」，亦是妙不可言，用冬筍、木耳俱切成絲狀，加嫩蠶豆（或毛豆）、腐皮、金針、薑片等用大火快炒，清雋甘芳，沁人心脾。

火腿

　　袁枚曾說：「三年出一個狀元，三年出不得一個好火腿。」可見他老兄對火腿品質的要求，已經挑剔到無以復加的地步。明清以還，中國的火腿以浙江金華（包括東陽、義烏、浦江、蘭溪）、江蘇如皋（包括泰興、靖江、江都）、雲南宣威（包括騰越、楚雄）和甘肅隴西（包括西鄉、定遠、紫陽）等地的質量最佳，遂有「南腿」、「北腿」、「宣腿」和「隴西火腿」等名目。其中，又以金華火腿最負盛名，其保管儲存得宜的陳年冬腿，因「味甚佳美，甲於珍饈」，且「養老補虛，洵為極品」，故一腿難求。

　　「果勝常品」的金華火腿，製作精細費時。早年金華人言該地所畜之

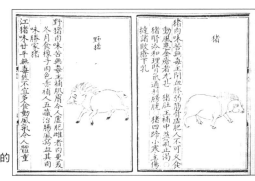

◎《飲膳正要‧卷三‧獸品》有關豬的
　敘述與插畫。

良種兩頭烏豬，薄皮肉嫩小種，重者亦不過七、八十斤。所製之火腿，小者只有三、四斤，大者不過五、六斤。其飼豬之料，甚為考究，絕不食穢，異於他處。民家多用木甑蒸飯，其米湯流沉鍋中，汁甚濃郁，專門養豬，早晚多另以豆渣、糠屑餵養，有時還煮粥給豬吃。夏天則加瓜皮菜葉，冬必餵熱食，調其飢飽，察其寒暖，呵護備至。每日還有專人引出放牧，使其運動，故其肥膘不厚而肥瘦相稱，皮滑肉細體香，以冬天專醃之後腿品質最佳。其特徵為：外觀皮細、無粗毛孔眼，摸之潤膩，切開無黃膘（肥），且爪蹄彎曲，久藏不蛀，煮時氣香滿室，入口味甘。且以茅船漁戶養得最好，製作極精，味更香美，號稱「船腿」，是等閒不易得的妙品。

　　雖然金華火腿整隻皮色黃亮，香氣清純，味鮮脆嫩，形如竹葉，更以色、香、味、形等「四絕」而享譽於國內外市場，但因製作時間之不同，另有醃製於隆冬的正冬腿；醃製於初冬的早冬腿；醃製於立春的春腿；醃製於春腿之後的晚春腿及醃製於春分之際的茶腿等名目。只是春腿、茶腿的毛孔、栗眼甚多，晚春腿爪直不彎，早冬腿的皮較粗，品質皆不及正冬腿，是以袁枚才有好火腿難覓之嘆。

　　再說，古人在製作火腿時，須經過修坯、醃製、洗曬、整形、醱酵、

堆疊、分級等十餘道工序，歷經十個月製成。自二十世紀八〇年代以來，改採低溫醃製、中溫脫水、高溫催熟、堆積候熟等新工藝，即使縮短生產週期，而且可以常年生產，不過風味略遜一籌。袁枚如果生於今日，肯定對其品質，搖頭嘆息，久久不能自己。

臺鯗

以色白者為佳，故一名白鯗，它是目前三千多種鯗的成品中，最主要且味極美的一種，因用大黃魚製成，所以又名大黃魚乾。如按其加工方法的不同，可分成去頭後乾片的無頭鯗；在脊部開一刀、腹部開兩刀的三刀鯗及用整條黃魚製作的瓜鯗這三大類型。主產於浙江和福建的沿海，其名產有浙江溫嶺縣（即臺州）出產的松門白鯗和象山縣爵溪出產的爵鯗等。袁枚似乎偏好前者，稱它「肉軟而鮮肥」。其實其上品以色白、肉厚實，背部青灰色，潔淨有光澤、刀口齊整、鹽分少、乾得透為特徵。一旦碰到冷濕空氣或雨露等潮變，將變成紅色（一名赤變），必風味盡失。

總之，除以上所列舉的食材外，其他的食材，都可以準此類推，反正「萬變不離其宗」，可「放諸四海而皆準」。食材既然如此重要，那些能夠選出好食材的人，勢必得有豐富的選料知識、高人一等的目光及超乎常人的好運氣，才能獲致極品。像美食節目《料理東西軍》，其主軸便是尋找所謂的「夢幻食材」，過程曲折離奇，攫住眾人目光。等到上佳食材羅致，廚師就能順勢而為，發揮手藝，燒出好菜，讓人驚豔。袁枚一語道破，謂一席佳餚，給採買占四成的比重，而廚師的比重只占六成。一開場便指出食材先天物性的重要，實非同小可，真是高明啊！

作料須知

　　廚者之作料，如婦人之衣服首飾也。雖有天姿，雖善塗抹，而敝衣襤褸，西子亦難以為容。善烹調者，醬用伏醬，先嘗甘否？油用香油，須審生熟；酒用酒娘，應去糟粕；醋用米醋，須求清洌。且醬有清濃之分，油有葷素之別，酒有酸甜之異，醋有陳新之殊，不可絲毫錯誤。其他蔥、椒、薑、桂、糖、鹽，雖用不多，而俱宜選擇上品。蘇州店賣秋油，有上、中、下三等。鎮江醋顏色雖佳，味不甚酸，失酸之本旨矣。以板浦醋為第一，浦口醋次之。

　　所謂作料，就是調和食物的材料。除習見的蔥、薑、大蒜、辣椒等素材外，尚有鹹、甜、酸、麻辣、鮮、香、酒等味，香型的調味料及佐助料等多種，五花八門，種類繁多。其中，鹹味者，以鹽、醬、豆豉、醬油等為主；甜味者，以飴糖、白糖（註：古稱糖霜）、蜂蜜等為主；酸味者，以醋、番茄醬、檸檬汁等為主；麻辣類者，以胡椒、花椒等為主；鮮味者，以蝦籽、蝦油、蠔油、菌油等為主；香味者，以茴香、桂皮、八角等為主；酒香者，以白酒、黃酒、酒娘等為主。至於佐助料方面，則以菜油、麻油、芡粉、瓊脂（即涼粉、洋粉）、紅糟等為主。袁枚在「作料須知」

◎《欽定授時通考》中所引有關《四民月令》的部分內容。

一節所舉例者，只是當時及目前較具實用性及普遍性較高的幾種而已。而它的重要性，一如小姐女士們的衣服首飾。儘管她們天生麗質，也懂得如何打扮（註：蘇軾詩云：「若將西湖比西子，淡粧濃抹總相宜。」），但一穿上破舊襤褸的衣服，就算是中國四大美人之首的西施，也沒辦法讓她姿容出色。

因此，一個善於烹調的人，在運用醬、香油、酒娘（包括黃酒）和醋這些作料時，必定十分考究，絕不馬虎了事。

醬

本來是一種重要食品，以肉醬（即醢）為主。按明人張岱在〈夜航船〉的說法，始於商代的君主湯。起先是用肉加工製成，其法為將新鮮的上肉研碎，再以鹽及釀酒用的麴拌勻，裝進容器內，用泥封口，置於太陽下，曬上半個月，待酒麴的氣味轉化為醬的氣味，便可食用。由於醬是酒、肉和鹽交合而成，別有一番滋味，故號稱「百味之將帥，領百味而行」，是當時美味的代表之一。到了周代，人們發覺除肉之外，草木之屬都可以做醬，品種大量增加，是貴族們的主流食品，如依《周禮》的記載，當時的醬品已高達百來種。與此同時，醬的作用，亦起了很大的變化，從主要

的配食品，一躍而成了調味品或蘸料，像《禮記》內，便記載著：食魚膾（今之生魚片），蘸芥醬；吃雕胡米飯和野雞羹，用螺肉醬；燒雞和鱉時，肚內塞蓼葉，用肉醬；燒魚時，肚內亦塞蓼葉，搭配魚子醬；吃乾肉片，蘸蟻卵醬，吃熟臠肉片，則蘸魚醬。林林總總，不一而足。同時，吃什麼食物用什麼醬，都有一定規矩。

故孔老夫子說：「不得其醬不食。」又，古人把醬的製成，視成天地陰陽之氣相交而生。崔寔《四民月令》寫道：「五月一日可作醢。」農曆的四、五、六月為三伏天，也就是夏季。此時作醬，利於質變。此當為袁枚「醬用伏醬」一語之所本。中國約於漢代，開始以大豆製醬，《齊民要術》一書，曾載當時製作之法。此製醬之法，在魏晉南北朝時期傳入日本，乃今日本味噌之起源。

當下中國的醬，以豆醬、麵醬、蠶豆醬這三大類為主。

一、**豆醬**——又稱黃醬、大醬、老胚、老胚醬，以黃豆或黑大豆為原料製成，亦可加米、麥子或麵粉一起製作。

二、**麵醬**——又稱甜麵醬、甜醬、金醬，以麵粉為原料製成。其色黑者，則稱黑醬。

三、**蠶豆醬**——以蠶豆為原料製成，內加辣椒，又稱豆瓣醬、豆瓣。

而在烹調應用中，醬主要用於調味及取色，因而有「食味之主」、「八珍主人」的說法。一般而言，南方多用豆醬，為粵菜的重要調味料，名菜

◎ 賈思勰所著《齊民要術》。

有「柱侯乳鴿」、「柱侯牛腩」等。北方多用麵醬，既可燒菜、炒菜（其名菜有「醬鴨」、「醬燒筍」、「醬爆雞丁」、「蔥爆羊肉」等），亦可充作「烤鴨」、「軟炸裡脊」、「樟茶鴨」、「香酥鴨」的蔥醬碟及餡料（如「醬肉包子」）、小菜（如北京「仿膳飯莊」的「炒四醬」）、「炸醬麵」的炸醬等，用途相當廣泛。豆瓣醬則多用於西南一帶，是構成川菜的調味料之一，以帶辣味的燒炒菜品、水煮菜品及火鍋為大宗。像「麻婆豆腐」、「豆瓣魚」、「水煮魚片」、「毛肚（即麻辣）火鍋」等，均是名餚。清代名醫王士雄稱醬「調饌最勝」，確為知味識味之言，其清與濃，搭配之妙，存乎一心。

油

本名脂或膏。按《釋名》的說法，「戴角曰脂，無角曰膏」；《考工記》鄭注則云：「脂者，牛羊屬；膏者，豚屬。」由上可知，最早的油都是從動物身上提取出來的，凡從牛、羊、鹿等有角者提煉出來的稱脂，而從豬、狗等無角者提煉出來的，則稱膏。

據《周禮》、《禮記》等書記載，早在兩千多年前的西周時期，當時

最早使用食用油及食用油品種類最多的中國人，常用脂膏施於烹飪之上，一種是放入少許煮肉，另一種則是將它塗抹在食物上，然後用火烤，脂香四溢，挺有風味。

等到榨油技術誕生後，中國才開始有素油，將它用於烹飪，應始於三國時期。首先躍入食材的品種，就是麻油（一名香油），晉人張華《博物志》，乃有關麻油製作及用於飲食的最早文獻。到了唐宋時期，麻油使用普遍，北方尤為流行。宋人沈括的《夢溪筆談》即記載著：「如今北方人喜用麻油煎物，不問何物，皆用油煎。」也因而鬧了個大笑話，原來宋仁宗慶曆年間，一群學士聚會，使人買了一簍生蛤蜊，令廚師調理，左等右等，就是不來。大家都很驚訝，派個人去檢視，回報說：「煎蛤蜊已焦黑，肉一直未爛。」眾人聽了，莫不大笑。由此亦可看出，麻油在當時素油烹調上的地位，的確無與倫比。

麻油而後，菜油、豆油、花生油、橄欖油、葡萄籽油、芥菜籽油等，相繼在中國食壇占一席之地。但直到清代，麻油和菜油，仍居龍頭老大，穩占鰲頭地位。

《調鼎集‧油論》即指出：「菜油取其濃，麻油取其香，做菜須兼用之。麻油罈埋地窨（即窖）數日，撥去油氣始可用。又，麻油熬盡水氣，即無煙，還冷可用。又，小磨將芝麻炒焦磨，油故香，大車麻油則不及也。豆油、菜油入水煮過，名曰『熟油』，以之做菜，不損脾胃，能埋地窖過，更妙。」作者童岳薦的意思，再明白不過。不論麻油、菜油，還是豆油，都須熬盡水氣或入水煮過，才會燒菜無煙或不損脾胃。如果廚子搞不清小磨香油是生是熟，燒菜時猛冒煙，一陣手忙腳亂下，滋味勢必大打折扣了。

◎ 1978 年四川新都出土的
東漢釀酒畫像磚。

酒娘

　　今通稱酒釀的酒娘，一名醪糟。是一種以糯米和酒麴釀成的帶糟甜酒，其味帶酸，江南人及四川人常食此，像「酒釀元宵」即是。不過，如用酒入饌，必以黃酒為貴。黃酒亦稱老酒、壓榨酒，乃中國最古老的酒類，有四千年以上的歷史，以酒色黃橙而得名，亦有人主張因黃帝創製而命名。它主要用糯米、粳米、黍米和玉米為原料，經特定的加工釀造過程，利用酒的藥麴（麥麴、紅麴）、漿水中多種黴菌、酵母菌、紅菌等微生物的共同作用釀製而成。屬低度酒。酒度一般在十二至二十度之間。根據成品中含糖分的多寡，可分成甜型、半甜型、乾型、半乾型等種類，如依釀製方法的不同，亦可分成元紅、加飯、善釀及香雪等四大類型。上述的酒品雖風味各異，但供烹飪用者，則以元紅為尊，可起去腥、除羶、增香的作用。另，黃酒放久後，必有沉澱物，此即所謂糟粕，須去之而後快。而在品嚐黃酒中的極品—— 紹興酒時，其要訣為苦為上，酸次之，甜又次之。如用此來燒菜，當然是以酸較甜來得優了。另，在「麻辣火鍋」或「砂鍋魚頭」中加入酒釀，滋味更佳，有畫龍點睛之妙。

醋

中國是最早以穀物釀醋的國家。《禮記・內則》便寫著:「熟炊粟飯,乘熱傾在冷水中,以缸浸五七日,酸好使用。如夏月,逐日看,才酸便用。」另在製成酸漿的基礎上,再加上麴,使其醱酵製成酸液,實已是早期的醋。

遠在明朝時,醋的品種甚多,依李時珍《本草綱目》的記載,便有「米醋」、「糯米醋」、「粟料醋」、「小麥醋」、「大麥醋」、「餳醋」、「糟糠醋」等多種配方。當時欲辨醋之好壞,則以「取其酸而香,陳者色紅,愈陳愈好」為標準。目前號稱「中國四大名醋」者,分別是山西老陳醋、江蘇鎮江香醋、四川保寧醋和福建永春老醋。又,山西太原清徐的老陳醋,以醋綿酸、香醇味長著稱,有「醋中之王」的美譽。

事實上,醋以釀造醋為佳,其數量最大宗的米醋,尤佳。且其在烹飪中,應用至為廣泛,然而,米醋縱已是五個基本味之一,卻不能單獨成味,須與他味並用,才起一定作用。大致說來,它是構成多種複合味的主要調味原料,能起增味、提味、和味、解膩、去腥和矯味的效用。不僅是調製糖醋味、荔枝味、魚香味、酸辣味等複合味的重要原料,同時還有抑制、殺滅細菌的功用。

不光如此,醋尚可降低辣味,抑制內含鞣酸食物(如茄子、藕、甘藷、茼蒿等)的褐變,保持蔬菜的脆嫩,促進豆漿起花;而在炸、烤類動物食材的外層塗抹醋和飴糖等,能增加其酥脆度(如「廣東烤乳豬」、「當紅炸子雞」、「脆皮雞」等);且在炒蔬菜時,若加點醋,可使其維生素 C 少受破

◎ 魏晉墓彩繪磚〈濾醋〉。

壞或損失，真個是妙用無窮。

此外，在烹調成菜時，還常用到的青蔥、花椒、胡椒、桂皮、桂花、糖、鹽等作料，即使用的數量不大，仍應選擇上品，不可苟且為之。像日本美食節目《料理東西軍》，其製作群在尋找頂級食材或作料時，不遠千里，不畏艱難的精神，堪稱袁枚須知理論的具體實踐，此老若地下有知，必引為知己。

而為了凸顯前旨，袁枚再舉了醬油和醋這兩個例子，從產地及品質等方面，逐一探討，內容精闢，非比尋常。

秋油

即醬油，因它「以秋日造者為勝」，故有此名。又因它係由醬所衍生，顧名即可思義。雖它誕生何時，由何人所創？史籍未載，亦不可考。不過，北魏賈思勰《齊民要術》所提到的「醬清」和「豆醬油」，據近人考證，極有可能是醬油的原始名稱及風貌。而中國首載「醬油」這一名詞的，乃南宋人林洪所撰的《山家清供》。

南宋時期的醬油，只是在製成清醬的基礎上，以篘（註：一種濾酒器）逼汁，充拌食用。然而，製作清醬與一般豆醬的區別，在於前者要不斷地撈出豆渣，添水和鹽久熬。且在逼醬汁時，將篘置缸中，等坐實缸底後，將篘中的渾醬，不停的撈出，使它漸漸見底，接著在篘上壓一塊磚，使它無法浮起。經沉澱一夜後，原汁徐徐浸入，篘中就滿滿地都是清純的醬汁。

然後用碗緩緩舀出，注進潔淨的缸中，在太陽下曬半個月以上，即是醬油。因它用豆為原料，故稱「豆油」，且用篘為製作器具，故一名「篘油」。

清代飲食鉅著《調鼎集》中，收有五則「造醬油論」，不厭其詳，精益求精，堪稱經典，今日觀之，仍具參考價值。

一、**做醬油愈陳愈好**——有留至十年者，極佳。……每罈醬油，澆入麻油少許，更香。又醬油濾出，入甕，用瓦盆蓋口，以石灰封口，日日曬之，倍勝於煎。

二、**做醬油**——豆多味鮮，麵多味甜，北豆有力，湘豆無力。

三、**醬油缸內**——於中秋後，入甘草汁一杯，不生花。又日色曬足，亦不起花。未至中秋，不可入。用清明柳條，止醬、醋潮濕。

四、**做醬油**——頭年臘月貯存河水，候伏日用，味鮮。或用臘月滾水。醬味不正，取米雹（如米粒大冰雹）一、二斗入甕，或取冬月霜投之，即佳。

五、醬油自六月起—— 至八月止，懸一粉牌，寫初一至三十日。遇晴天，每日下加一圈。扣定九十日，其味始足，名「三秋伏油」（註：此袁枚所指的「以味厚而鮮為貴」）。

到了清代，各種醬油作坊林立，產品已有包括香蕈、蝦籽在內的各式醬油。且當時即有紅醬油、白醬油之分；淬取的醬油，也開始叫「抽」。保持本色者，稱「生抽」；在日光下曝曬，讓它增色，醬香轉濃者，另稱「老抽」。而好的秋油，「即母油，調和物味，葷素皆宜」。

目前台灣本土生產的醬油，主要分成釀造醬油、陳年醬油、蔭油（由黑豆釀製）、醬油露及醬油膏等。另為健康、烹調及蘸食的需求，還有薄鹽醬油、蒸魚醬油和水餃醬油等名目。而它們除因釀造時間不同而有所區隔外，又因含氮量之不同，可分成甲、乙、丙三等。凡含氮量愈高的，其口感及品質亦相對地愈好。照此看來，蘇州秋油分成的上、中、下三等，與台灣醬油分成的甲、乙、丙三等，殊有異曲同工之妙。

又，早在明朝時，即風行大江南北、有口皆碑的鎮江香醋，向與「肴肉」、「蟹黃包子」齊名，號稱「鎮江三寶」。其名號固然甚響，但乾隆年間的美食家袁枚，卻不作如是觀，獨排眾議，把它列於板浦醋和浦口醋之後，僅說「南方以鎮江一帶出名」。

袁枚不欣賞鎮江醋的原因，在於「醋以酸為貴，甜與淡皆劣」。偏偏鎮江醋的顏色雖佳，但口味卻不很酸，犯了他老人家的忌諱，難怪評價不高。

通常在燒菜時，袁枚主張「用醋不可多滾，滾則醋味即走」。因此，料醋的酸度要足，才能久滾仍有味兒。鎮江香醋的特點，正是不太酸，因為它的釀製方式，歷來一直講究微酸而不澀，醇香而帶甘，色濃而味鮮。將它用在熱炒及涼拌時，其長處不僅發揮不出來，反而顯得「淡而無味」；若用量過多，又會影響菜餚的色澤，無法達到色味俱佳的境界。所以，袁枚在為醋排名的時候，所側重的，就是這種狀況，從而委屈了此一南方佳醋，竟使板浦的「汪恕有滴醋」凌駕其上，出盡鋒頭。

位於江蘇省灌雲縣板浦南門的「板浦醬醋廠」，其名品「汪恕有滴醋」，創牌於清聖祖康熙十四年（一六七五），距今已有三百三十年以上。因其創製者汪懿余字恕有，故店名「汪恕有」，其所製的滴醋，酸香濃醇，凡烹製的菜餚，只消滴上幾滴，隨即酸香撲鼻，讓人聞香垂涎。相傳乾隆下江南時，海州州官曾以此醋進獻，受到皇帝的連聲稱讚。時任沭陽縣令的袁枚聽說後，專程前來板浦，將汪氏滴醋與其他的醋仔細比較，認定「以板浦醋為第一」，並將「味不甚酸，失醋之本旨」的鎮江香醋置於其下，推崇備至。而今當地至今尚流傳著「乾隆帝嚐滴醋，袁子才寫名著，『汪恕有』招牌豎」這一佳話。

老實說，鎮江「肴肉」及「蟹黃包子」的美味，非得用鎮江香醋蘸起來吃才「鮮」，因它的香氣顯著，酸味不濃，不會喧賓奪主。這個不爭事實，諸君一試便知。

洗刷須知

......❦❧......

　　洗刷之法，燕窩去毛，海參去泥，魚翅去沙，鹿筋去臊；肉有筋瓣，剔之則酥；鴨有腎臊，削之則淨；魚膽破，而全盤皆苦；鰻涎存，而滿碗多腥；韭刪葉而白存，菜棄邊而心出；〈內則〉曰：「魚去乙，鱉去醜，此之謂也。」諺云：「若要魚好吃，洗得白筋出，亦此之謂也。」

　　把食材刷洗乾淨，當然是燒出其美味的重要步驟之一。不過，有些乾貨的洗刷，必須先經過浸泡或漲發的手續，才能洗刷乾淨，像燕窩去毛、海參去泥、魚翅去沙、鹿筋去臊等，都是極為明顯的例子，且為諸君一一說明。

燕窩

　　為鳥綱、雨燕科、金絲燕及其同屬的一些燕鳥，在海邊岩洞中，用其吐出的膠體液所築成的巢。又稱「燕窩菜」、「燕蔬」、「燕菜」、「金絲」、「燕室」、「燕根」、「燕盞」、「燕巢」菜等，屬畜禽製品類加工性烹飪食材。由於具有極高的營養滋補功效，歷來被視為珍貴補藥和珍稀的烹飪原料，列入「八珍」之一，為明清兩代貢品。中國以海南省萬寧

◎ 高湯鴿蛋官燕。　　　　　　　　◎ 清湯燕菜。

縣大洲島所產的大洲燕窩，質量上乘，向為東方珍品。另，中南半島如泰國、越南、柬埔寨，南洋群島如印尼等國家，均有出產。

一般而言，燕窩可分為洞燕、厝燕和加工燕這三大類。

洞燕為來自濱海岩洞的天然燕窩，又可分為白燕、毛燕、血燕及紅燕四種。其中，燕鳥第一次所築的窩，質地較純，雜質甚少，形態整齊勻稱，色牙白，光潔透亮，呈半碗狀，根小而薄，略有清香，漲發出料高，乃燕窩的上上品。如充作商品，多經熏製增白和去毛等工序。舊時常以此當成官場贈禮或進貢方物，一稱官燕、貢燕。基本上，它還可分成龍牙燕、象牙燕、暹邏燕等品種，前兩種稍圓而較大，略有毛；後一種由南洋進口，黃而較小，無根無毛。

正因大洲燕窩產量有限，早在半世紀以前，運往香港銷售的燕窩，以越南會安所產者最佳，號稱「會安官燕」，為燕窩中的極品，其價格為銷港大宗印尼的十倍以上。後因政局關係，會安官燕極少來港，只因聲名在外，目前在港市上所售燕窩，仍以「會安」、「歸仁」（註：歸仁灣有著名的燕子岬）為標榜，藉廣招徠。

當第一次所築之巢被人採去，燕鳥便會進行第二次築巢，因時間較匆忙，致形體不勻整，雜質偏多，色較晦暗，俗稱毛燕、灰燕或黑燕窩，質量次於白燕。其品種有牡丹毛燕、直哈與暹邏毛燕等。前者窩體較厚，色略白有光澤，毛、藻等雜質較少，為毛燕中之上品；後兩者不是窩體小而薄、根大瓢小、色呈灰黯，就是窩壁薄而毛多，色白雜灰黑，乃毛燕中的次貨，漲發及洗刷時，得費一番手腳。等到第二次築成的巢亦被人採去，因產卵期已近，燕鳥再趕築的第三個窩，其間夾有紫黑色血絲，故稱血燕。此時窩形已不規則，毛、藻等雜質更多，其品質再次於毛燕，售價亦最廉。根據清《粵海關志·卷九》，「食物課稅」一項的記載，當年白燕每百斤應課稅白銀四兩，而血燕每百斤只課稅二兩，課稅的差額多達一倍；準此，其市售的價格，亦當在一倍以上。

最奇的一種為紅燕。燕鳥築巢於岩壁時，被紅色滲出液浸染（註：一說認為其會呈暗紅色，與陽光之照射，或燕鳥之食物，又或其築巢所在木料之顏色有關，待考），通體呈均勻的暗紅色，所含礦物質較豐富，以產量有限，且營養及食療的效果亦較佳，頗為醫家所重，視之為珍品，價格亦最昂。

所謂厝燕，一名家燕，日本稱之為食用穴燕。它有人工飼養、築巢於民間屋簷下及專門築燕屋以招引燕子來築巢者這三樣。成品較洞燕整齊光潔，質鬆、毛少，落水後之吸附力亦強，唯不耐熱，加熱後不久即融化，故實際效果不及洞燕之燕窩。

加工燕泰半由野燕製作。野燕之燕窩，產於南洋各島之深山峭壁的岩洞中，其色多黑，雜質甚多，不堪直接入饌，須大量漂洗藻、毛等雜質，再行加工。其一是用海藻膠將之黏結成餅狀，質地近於白燕，號稱燕餅。

其二是將燕窩剩下的破碎體，不論檔次，混在一起，比例不一，其質量須視具體情況而定，又稱燕碎、燕條或燕片等。

至於燕窩在烹製前之漲發，主要有以下三種——

一、**鹼發**——燕窩置湯缽中，加溫水泡，至回軟後，用鑷子夾去燕毛等雜質，再用淨水漂洗二至三次（注意保持形態整齊），接著泡入涼水中，用先前倒去之水，以鹼粉拌和燕窩（通常 50 克燕窩用鹼粉 1.5 克，如燕窩較老，增至 2.5 克），加開水提一下，等到燕窩漲起，倒去一半鹼水，再以開水提三到四次，至其體積膨漲到原品的三倍，手捻之後，覺得柔軟中帶澀，一招便斷即成。最後用清水漂洗去鹼的成分，泡涼水中待用。欲烹調時，只消用乾布吸去水分即可。

二、**蒸發**——先將燕窩放入攝氏五十度水中浸泡至水涼後，隨即再換入攝氏七十度水中浸泡，至漲發後取出，以鑷子揀去羽毛及雜質，千萬不可弄碎，換水再漂洗兩次，接著放入攝氏八十度的水中氽燙。洗淨裝碗，小火蒸至鬆散軟糯時，即取出供用。

三、**泡發**——燕窩先用於冷水浸泡兩個小時，撈出放入白色碟內，用鑷子夾去毛和雜質，接著放入沸水鍋中，加蓋燜浸約半小時，如尚未達所需之柔軟度，可換沸水再燜浸半小時，泡入涼水待用。待烹製前，再用沸水氽燙一下。此法宜用於湯羹的菜式，由於在烹調的過程中，燕窩還須煨煮，故不必發足，以免燒過頭後，燕窩整個糜爛，失去條形及柔軟口感。

在此值得一提的是，閣下在發製燕窩時，水溫及時間，須視季節和其

◎刺參。

老嫩度適當調節，隨時檢查，避免因發不透留有硬芯，或發過頭而溶爛的
情形。且發好浸泡在水中的燕窩，要趕快應用，千萬別久放。同時，漲發
燕窩的水與夾雜質的鑷子務必要乾淨，不可沾染油污，否則影響質量，落
個功敗垂成。

海參

　　袁枚認為海參「沙多氣腥，最難討好」，然而，這個亦是「八珍」之一
的筵上珍品，早在清朝時，便有「海參席」供饌。只是要洗刷海參乾品內的
泥沙，亦須先行漲發。其漲發的方法，則因品種（註：中國主要用刺參、梅花參、
烏乳參、黃玉參、克參、白石參、白瓜參、烏蟲參與方刺參等十多種供饌）而有所不同。
其最常用的手法有二，其一為連皮發，其二為先炙皮後水發。前者多運用於
皮薄肉嫩的海參，後者則用之於外皮堅硬厚實者，像克參、烏乳參等即是。

　　一、**連皮發**──先用沸水浸泡一晝夜，揀出參體較軟的，剪開其肚皮，
洗去其泥污，接著用大拇指順著海參內壁，推出腸臟，去其內膜。待洗淨
後，即可烹調。如果參體未泡軟的，可繼續用沸水浸泡，或入鍋煮沸，再
離火泡軟，依前法施為，開肚去腸膜。

　　二、**先炙皮後水發**──此法先用中火，將其外皮炙烤到焦黑發脆，用刀

◎ 魚翅。　　　　　　◎ 天九翅。

刮去，冷水浸軟，接著用文火燜兩個小時。待治淨（即洗淨泥污，開肚去腸）後，以冷水漂四小時，再用小火煮至體軟，漂洗潔淨，即可進行烹調。

　　此外，在漲發海參時，所有的器具和水，都不可沾碰油、鹼、礬、鹽等物，前三者會使海參散爛溶化，鹽則會使海參不易發透。而且開腹取腸時，切不可碰破其腹部，保持海參原形，才不至於影響觀瞻賣相。

魚翅

　　為多種鯊魚、鰩魚、銀鮫魚等軟骨魚類鰭的乾製品，又稱「鮫鯊翅」、「鯊魚翅」、「金絲菜」。屬水產製品類加工性烹飪食材，其範圍包括背鰭、胸鰭、腹鰭、臀鰭及尾鰭，主要以鰭中的軟骨（又稱翅筋、翅針）供食。自宋以來，一直是珍貴烹飪食物，常用作筵席頭菜。它非但被列為中國「八珍」之一，並與鮑魚、海參、魚肚並列為高檔海味，向有「參、翅、鮑、肚」之稱。在《金瓶梅詞話》一書中，更將魚翅、燕窩視為「珍饈美味」、「絕好下飯」，足見其評價極高。而《本草綱目拾遺》更記載著：魚翅「今人可為常嗜之品，凡宴會餚饌，必設此物為珍享。其翅乾者成片，有大小，率以三為對。蓋脊翅一、划水翅二也。煮之拆去硬骨，揀取軟翅色如金者，瀹以雞湯佐饌，味更美。」到晚清民初時，魚翅價格日漸昂貴，

烹調手法益趨精緻，並且成了判斷廚師手藝的重要指標。當時點享魚翅，蔚為一時風尚，高檔筵席無此，肯定貽笑大方。職是之故，「東南各省風尚侈靡，普通宴會，必魚翅席」。廣東且有「無翅不成席」之說，政商界高層尤非此不珍。

魚翅的品質，以背鰭最好，一般均含有一層肥膘似的肉質體，翅筋層層排列在內，膠質十分豐富；胸鰭較次，皮薄，翅筋短細，質地柔嫩；用腹、臀鰭製者，形體更小，質量更次；尾鰭則最差。

而未加工的原翅，以形體碩大，翅板厚實，身分乾燥，表面潔淨而略帶光潤，邊緣無捲曲，翅根短且淨，無蛀及怪異氣味者為上品。

又，加工過的（經退沙、去骨等處理）淨翅，則以外觀瑕疵少，翅筋粗長，色光明亮者為佳品。

另，有兩種魚翅，洗刷費勁很難去沙，故在選購時，尤須注意，免得吃力不討好，惹得自家太苦惱。其一乃冬季生產，以炭火烘乾的熏板翅。此翅質地堅硬，色澤晦暗，漲發時不易退沙，清洗困難。其二為在捕鯊魚或加工製翅的過程中，不慎使魚鰭破損，使沙粒陷入翅內的夾沙翅。其乾品傷口處，可見較深的皺摺。由於它即使漲發，沙粒亦無法除淨。通常取出其翅筋，當作散翅來使用。

至於魚翅在烹調運用時，因其技藝複雜，在步驟上，大致有兩種類型。一種是先漲發，再賦味，最後烹製成菜，另一種則是漲發後直接烹製成菜。不過，魚翅的漲發，須視其成品加工程度來確定發製方法。而今大致可以

概括為原翅發製及淨翅發製這兩大類型。

　　一、**原翅發製**──其要求主要為退沙及發至柔軟。最常用的方法為：先將魚翅按形體大小、質地老嫩等分開，以防在漲發時，進度不一，致老的部分未發透，嫩的部位則發得過軟易碎；其次忌用鋼、鐵製的器皿。要不然翅身易生黑垢黃斑，嚴重影響品質及賣相。又在發製時，須注意以下五點：

（一）凡翅板厚大、沙質較老且乾硬者，剪去翅子薄邊，先用水煮上一小時，投入沸水桶中，蓋上桶蓋，約淨燜八至十二小時。第二次換淨水上火燒沸，改用文火燒一個鐘頭，慢慢用刀刮和絲瓜絡擦的方法，退去翅面沙粒。第二次亦換上淨水，以火燒沸後，改文火燒一小時，切去翅根，清洗乾淨；進而分別軟、硬，分裝兩只籃內，取用重物壓緊，防因水沸翻動，導致魚翅破損；接著再入水鍋，燒燜四到六小時，帶水放入桶內，繼續燜之，等到水不燙手時，便出骨和去盡腐肉，漂去腥氣；最後再以熱水燜浸四小時，置清水中半天，即可取出供用。

（二）翅板不厚、皮薄堅硬、沙粒牢固的魚翅，不宜急火燒煮，最好少煮多燜。先剪去薄邊，水煮至翅身回縮，離火燜個半小時，連同開水倒入桶內，再燜上四小時，冬天則六小時，剔骨去腐肉；清水浸一天，換熱水續浸四小時，洗淨，置清水中漂半天，取出供用。

（三）質軟皮薄、沙粒易退的魚翅，不可煮，只宜泡燜。以桶裝攝氏五十度至攝氏六十度溫水浸泡，蓋嚴；天熱須八小時，天冷則十二小時；接著加熱水後退沙，區別軟、硬，分開裝籃；入鍋煮燜四到五小時後，出鍋剔骨，再清水浸漂半日，即可供用。

（四）形小質薄的小雜翅等，可參酌上法，適度減少燜浸的時間，並降低其水溫。

（五）如遇軟翅，因其質地甚嫩，所燜浸的時間，還可再縮短，至於該當如何，應憑經驗決定。

　　二、**淨翅發製**——由於成品在加工時，業已漲發過一次，並已剔骨退沙，故發製當兒，只需要煮燜。凡粗長質老者，三到四小時即可；而細短質嫩者，兩小時左右即可。另，在煮燜後，用清水漂兩小時，就可應用。

　　事實上，有些廚師尚有其獨特的發製方法，技藝多門，方法不一。大都祕而不宣，這裡便從略了。

鹿筋

　　為鹿四肢的腱，中醫認為它有補筋骨、益氣力，治風濕關節痛、勞損續傷、手腳無力的功效，屬筋骨方面的強壯藥。而質量好的鹿筋，應該是色澤淡黃，無殘肉而潔淨，條形粗壯齊整，整個乾透亮爽，無蟲蛀及異味。

　　鹿筋入饌，亦須浸發，才能去腥。浸發之時，可把它放入水中浸洗乾淨，裝在盛器中，加入清水，蔥、薑和紹興黃酒，蒸至無硬芯及質地柔軟即可，再以清水洗淨，泡上片刻備用。

肉有筋瓣

　　本須知所謂的肉，主要指的是禽畜肉類中的豬、牛、羊、雞、鴨、鵝

◎ 肉類因部位之不同，而有不同的口感
和烹調方式。

等。一般而言，肉類雖主要由肌肉、結締組織、脂肪組織、血管組織、神經纖維和淋巴管等所組成，但會直接影響肉類的結構和特性（包括嫩度、硬度、脆度、彈力、色澤、咀嚼性及黏膠性等）的，則是肌肉、結締組織、脂肪三者的含量、比例與分布狀況。至於文中的「筋瓣」，指的便是結締組織。

此一結締組織，遍布動物身體的各部分，它乃血管、淋巴管、皮膚、腱及韌帶等組織的主要成分，並可使肌肉組織具有一定的彈性、韌性和伸縮能力。因此，其含量的多寡，將直接影響肉質的柔嫩度，通常結締組織愈多，肉質愈韌愈難嚼，更何況隨著動物年齡的增加，肌肉中的結締組織，其結構亦會改變，令肌肉變得較老而硬，故其食用價值也相對減低，這就是為什麼禽獸類食品得愈早宰殺的道理。

又，結締組織分別是由膠原纖維、彈性纖維和網狀纖維所構成的，現詳細分析如下：

一·**膠原纖維**──此部分由膠原蛋白所組成，亦是結締組織內含量最高的一種，且其含量的多寡，將直接影響肌肉的柔嫩度。在大半的哺乳動

物體內，膠原蛋白的含量，甚至可高達百分之三十三，主要分布在皮膚、軟骨、腱和韌帶中。據研究指出：膠原蛋白在攝氏六十度開始變性和收縮，而在攝氏七十五度到攝氏八十度時，才開始溶解，待溶解後，再轉變成明膠，故溫度愈高，轉為明膠的速度就愈快。像牛筋的主要成分即是膠原蛋白，經過烹調後，會變成半透明和膠質狀，就是這個緣故。又，膠原蛋白受熱後再轉變成明膠，固然能大大提高肉類的柔嫩度，只是膠原蛋白的結構中，另有一些交鏈，此交鏈的數目，會隨著年齡而增加，且其含量會直接影響膠原蛋白的耐熱能力，並間接影響到肉類的柔嫩度。

二、**網狀纖維**——呈網狀結構，具有維持肌肉構造之作用，主要分布在血管、肌膜、軟骨及神經纖維等組織。它與膠原纖維近似，一旦在水中加熱，即可轉成明膠。

三、**彈性纖維**——具有良好的彈性和伸張性，主要由彈性蛋白組成，它是一種呈現黃色的強韌蛋白質。此蛋白在肉類的含量較少，通常分布於臀部、肋眼等部位中。不過，它既不溶於水，也不能轉化為明膠，只有在攝氏一百三十度的滾水中才會分解。不過，一些酵素如鳳梨（即菠蘿）蛋白酵素、木瓜蛋白酵素、無花果蛋白酵素及取自豬或牛胰腺的胰蛋白酵素等，則可將之分解消化，進而使肌肉軟嫩，達到烹調後酥爛可口之目的。

古人刀工精妙，庖廚每將筋瓣部分以刀剔盡，今人為求省事，多採挑斷兩端或拍打的方式，即使不能盡善盡美，總算是聊勝於無了。

「鴨之腎臊」，有謂即內腎（腰子）和外腎（睪丸、石子）之腎衣，也就是其外的薄膜及血絲，必須剔除乾淨。其實，鴨的臊味，幾全來自屁股，

◎ 魚因其種類不同而有不同的處理法。

故古人不食。然而，「海畔有逐臭之夫」，有人非此不歡，那也無可奈何！

魚膽破，全盤皆苦

魚之膽甚苦，處理時不慎，整條魚盡是苦味。魚膽位於腹及胸鰭之間，廚藝高超者，只消在鰓旁下刀，用手一擠即出，本事稍有不濟的，便在魚肚附近開小孔取出，至於無此本領的，便開膛剖肚，再仔細摘除。講句實在話，魚之膽雖苦，但有的魚如香魚、秋刀魚等，日本人於燒烤後，反要食此臟，因苦會回甘，有味外之味，我個人亦對此甘之如飴。而最怕人的，應是鱟魚之腸，其狀似雞腸，味則類牛糞，故宰殺時，一不小心戳穿，聞者無不掩鼻走。因此，一不小心弄破，只有忍痛拋棄。此魚常見於台灣、金門、福建和廣東一帶的水域，袁枚想必無福或無緣消受，才未記上一筆。

鰻魚不拘產於海水、淡水，其表皮皆有一層黏液，此即所謂「鰻涎」，此部分若未去盡，則整鍋多帶腥氣。其實，為防魚表面的黏液作怪，使其不滑，只要在其上塗抹點醋，即可止滑。但要去除鰻涎，先用滾水汆燙鰻身，再用乾布拭淨，便能收效，如為圖省事，只用刀去刮，必難乾淨。又，吾友

曹一,庖藝了得,承自家傳。他表示,據其母親李女士的心得,河鰻與栗子、蒜或陳皮等同燒,鰻涎須去乾淨,且鰻身切段,須連而不斷,燒後才不捲,且充分入味,絕對無腥氣。但若和大黃瓜同煮,則要留下一些鰻涎,煮出來的味道才正點。權且附記於此,供諸君參考之。

韭刪葉而白存

言韭菜去除綠葉後,其底端的白色自然顯現,其道理和作用,均與蔥白同,目的在「僅選精華,棄其糟粕」。不過,其發源地在中國河西走廊一帶的韭菜,乃百合科,蔥屬,主要以它的嫩葉和柔軟的花莖供人食用。其名種甚多,但名兒最響且最有特色的,則是北京的「大白根」和「五色韭」。前者葉肉特厚,假莖粗長,色呈淺綠,經軟化後,色轉淡黃,葉似蒜葉,滋味極佳;後者則是前者的衍生品,當地一些有經驗的菜農,會利用其抗寒特性,經過若干特殊處理,於收穫前,能形成白、黃、綠、紅、紫五種顏色,因其色豔如同山雉脖子上的羽毛,故別名「野雞脖」,是一款不可多得的春韭。此外,一名「黃韭」的韭黃,它是藉人工軟化栽培(註:因阻隔韭菜與陽光的接觸,使其葉綠素消失且質趨軟滑)而成,其味之鮮嫩香美,更在韭菜之上。南宋詩人陸游的〈蔬食戲書〉詩即云:「新津韭黃天下無,色如鵝黃三尺餘。」可見當時四川新津出產的韭黃,已是天下名品。而今大陸的韭黃,多在冬季上市,台灣所產者,主要集中在天候較為冷涼的十一月至來年的四月間。

基本上,韭菜依其食用部位的不同,可分為葉韭、根韭、花韭及葉花兼用韭四個類型。葉韭葉片寬厚,其質柔嫩、抽薹率低,以食葉為主,根韭又稱薤菜、山韭菜、雞腳菜,主要食用根和花薹;花韭葉片短小、質地

◎ 四季菜蔬各不同。

粗硬，抽薹率高，以食用花薹為主，葉花兼用韭則葉片、花薹均發育良好，較富經濟價值。如按韭菜葉片之寬窄，尚可分成寬葉韭和窄葉韭這兩大類型。前者的產量高，質柔嫩，辛辣味較淡；後者則產量略低，纖維多，辛辣且味濃，故為食其好味，只好捨得扔，將過長的葉部去除，專用整齊而鮮挺的莖部，此或許即是袁枚食窄葉韭的心得吧！

菜棄邊而心出

這裡所講的「心」，就廣東人的觀點，應是去掉菜幫子的「菜膽」，而不是他們常見的，以吃其莖為主的菜心。事實上也是如此，就我個人而言，最好吃的菜心，首推黃芽白。它是取一個大白菜，擇其肥大者，一層層地剝，剝到最後，剩下來的精華，緊結而甘嫩，即是。此一尤物，乃製作高檔菜的妙品，像北方菜的「奶油扒菜心」、「栗子燒白菜」，都是用它入饌。而川味中的「開水白菜」，更是其中翹楚，值得推介。此菜雖以高級清湯煮鮮嫩的白菜心再蒸製而成，但絕非用開水製作。菜名所謂的「開水」，只是形容此一湯味醇厚而不膩、湯色澄澈而不淡薄的清湯，其貌酷似白開水而已。這一道菜除湯清如水、滋味不凡外，菜色鵝黃、滋味鮮美、賞心悅目，亦是品味重點。

曾任成都名餐館「姑姑筵」主廚，精通紅、白案，被郭沫若譽為「西南第一把手」的羅國榮，便擅燒「開水白菜」、「口蘑肝膏湯」、「雞皮冬筍湯」這三味，名書法家謝無量嘗罷，不禁拍案叫絕，評之為：好比《三希堂法帖》（註：乾隆選大內的著名書法帖，刊刻而成的法帖集，一度是學書法者的無上至寶）中的三件法寶，即〈伯遠帖〉、〈快雪時晴帖〉、〈中秋帖〉，謝君竟以晉人的三大法帖比擬，其推重可知。

另，文中的「內則」，指的是目前通行十三經之一的《小戴禮記》，其第十二的〈內則〉篇。東漢大經學家鄭玄認為此篇所記錄的，為男女居室，事奉父母舅姑的方法，由於「閨門之內，儀軌可則」，故稱「內則」。其全篇所言，約可分為四部分：一內則；二養老；三食譜；四育幼。「魚去乙，鱉去醜」二語，即出自其中的一段，經查該段之全文為：「不食雛鱉，狼去腸，狗去腎，狸去正脊，兔去尻，狐去首，豚去腦，魚去乙，鱉去醜。」如譯成白話文，即為凡對人不利，有毒害或不潔的東西，全棄而不食，像不吃小鱉，不吃羊（註：大儒王夫之謂此狼當作羊解釋）腸，狗要去腎，狸去正骨，兔去屁股，狐狸去頭，豬去其腦，魚要去乙（註：此有二解，一說是魚腸，因古人稱腸為乙；另一說認為魚頷下骨，狀如「乙」字，食之鯁人難出；今從後者），鱉去後竅。其原因不外狗腎性毒，豬腦敗腎，魚骨鯁喉，鱉竅不潔，全不宜食用。袁枚獨取後二句，自然是拈出洗刷的重要性，畢竟只有摘除乾淨，才能放心享用。

為了強化〈內則〉的說法，袁枚再舉諺語佐證，指出：「若要魚好吃，洗得白筋出。」此話甚不易解，原來在宰殺鯉魚之時，要注意其背上的兩條白筋，此白筋的腥氣極重。如先將它從鯉魚的背部挑出抽掉，燒出來的鯉魚，就不會有異味了。說來不離其宗，仍是強調洗刷功夫。

調劑須知

調劑之法，相物而施。有酒水兼用者，有專用酒不用水者，有專用水不用酒者；有鹽、醬並用者，有專用清醬不用鹽者，有用鹽不用醬者；有物太膩，要用油先炙者；有氣太腥，要用醋先噴者；有取鮮必用冰糖者；有以乾燥為貴者，使其味入於內，煎炒之物是也；有以湯多為貴者，使其味溢於外，清浮之物是也。

今調劑一詞，有四個意思。一是調味；二是配合藥物；三是整理調節；四是委派差缺，使苦樂平均。這裡所說的，當然是指調味。而想要調出好味道，自然是要看食材及菜餚的本質，順勢而為，才易收效，故云：「相物而施。」

酒水兼用及專用水而不用酒二語，甚為平常，應不難解。而那專用酒而不用水的代表菜色，就是二十餘年前，風行全台的「燒酒雞」及其衍生品的「燒酒羊」。

原來這道菜的發源地在福建，傳往新加坡後，再傳至台灣，結果轉了一圈，又傳回其老家廈門。話說二十世紀中葉以來，新加坡人因長期食用

冰箱冷藏的食品，久而久之，鬧出了一種消化系統不適的毛病，當地人稱之為「冰箱病」，藥石罔效，久醫不癒。正巧執教福建省中醫學院的盛國榮先生赴新講學，應患者之請，乃加以診治。他便開了一個燒酒雞的方子（註：先將雞治淨切塊，加紅棗、當歸、淮山、枸杞、砂仁等料，再用高度數的米酒燉製），患者服畢，溫中暖胃，果獲良效。由於這個方子可作菜餚食用，沒多久就流行於市肆與攤檔。結果台籍人士，再將它引入台灣市場，一時風行草偃，有口皆碑。此時正值兩岸漁船掀起以物易物的熱潮。台灣的討海人，長年在海外「貿易」，天寒海凍，常用這道菜驅寒，甚有效果。彼岸的漁民們，於是有樣學樣，跟著流行起來，乃自然而然地，走紅廈門市肆。有道是：「風水輪流轉。」想不到菜餚亦然。

猶記二十年前，我每在北投泡溫泉，必點此菜一嚐。但見酒傾鍋內，點火即燃，火焰活躍，煞有情趣。或許是台灣人喜新厭舊吧！想不到才十年光景，即褪流行，現僅在一些小店肆裡現蹤，不復當年的火紅情景。

鹽醬並用的菜不少，其特點是佐酒下飯均佳，一般是用甜麵醬，亦有用番茄醬者。前者像山東家常菜的「黃燜雞塊」、北京「月盛齋」的名菜「醬羊肉」、雲南傳統名菜的「醬汁雞腿」、甘肅傳統名菜的「醬漬青海湟魚」等均是，後者則以福建的傳統名菜「荔枝肉」為代表。另，專用清醬不用鹽的菜餚，首推廣東的美味「生抽煎中蝦」或「生抽煎牛仔骨」，色澤紅亮，肉質Q爽，外皮焦香，滋味香美。至於用鹽而不用醬的菜色就多啦！這類的菜餚以清為主，如江蘇名菜「清炒蝦仁」、山東傳統名菜的「清汆蠣子（即牡蠣）」、福建佳餚「雞湯汆海蚌」皆是。

又，須用油略炸過，以去其膩者，其最常見之食材，應為豬腳或蹄

膀，北方人稱此工序為「走油」，由於炸後其皮會出現皺紋，江南人謂之「虎皮」，客家人則稱「縐紗」，都算形容得維妙維肖。此外，先噴醋以去腥氣者，此「噴」常用澆淋方式為之，其目的在消滅其腥臭，每見於河鮮或海鮮之屬。

冰糖是白砂糖的再製品，以白砂糖熬煉而成，呈塊狀結晶，像極冰塊，因而得名，以白色透明者質佳。它原名「石蜜」，中國早在東漢時期，便開始製作，據《異物志》的記載：「甘蔗榨取汁，始飴餳，名之糖，益復珍也。又煎而曝之，既凝如冰，破如磚，其食之，入口消釋，時人謂之『石蜜』者也。」到了唐初，高僧玄奘再從印度引進新的生產技術，中土出產的冰糖，至此更具水準。以冰糖入饌，江南人多用於燒肉，名餚有「冰糖甲魚」、「楓涇丁蹄」等，北京傳統名菜「冰糖肉」，則為其流亞。另，湖南的名點「冰糖湘蓮」，是用當地的白蓮加冰糖蒸製而成，成品湯清蓮白，蓮子全浮於湯上，宛若顆顆珍珠蕩漾在清泉之中，令人頓生食欲；至於口感，則以蓮子粉糯，糖水甜潤，清香宜人著稱。

煎炒之類的菜色，像家常菜中的煎魚或炒肉絲等，其重點在乾而透，必須入味，如見湯汁淋漓，食來必不是味兒。

然而，要使味溢於外，非得寬湯或大湯，才能收效。比方說，江蘇揚州的名菜「雞火乾絲」，自家人多吃燙的，招待外賓時，才用煮的。它除了將豆乾批成薄片，再切成細絲，先入沸水中燙過，再入雞湯略浸外，必搭配火腿絲等扣碗正中，煮到湯汁乳化並入味，再淋澆其旁即成。由於色彩清淡，口味清鮮、風格清雅，故有「清清淡淡質姿美，縷縷絲絲韻味長，水陸並陳融飲食，葷素合饌利榮康」之美譽，是以湯多為貴的代表珍饈。

配搭須知

諺曰：「相女配夫。」《記》曰：「儗人必于其倫。」烹調之法，何以異焉？凡一物烹成，必需輔佐。要使清者配清，濃者配濃，柔者配柔，剛者配剛，方有和合之妙。其中可葷可素者，蘑菇、鮮筍、冬瓜是也。可葷不可素者，蔥、韭、茴香、新蒜是也。可素不可葷者，芹菜、百合、刀豆是也。常見人置蟹粉于燕窩之中，放百合於豬、雞之內，毋乃唐堯與蘇峻對坐，不太悖乎？亦有交互見功者，炒葷菜，用素油；炒素菜，用葷油是也。

古人講究門當戶對，故閨女擇佳婿時，除家世背景外，一般的大戶人家，都會先合彼此的八字，以免日後發生沖剋的情形，那就不是一段好姻緣了，這即是《禮記》所謂比擬一個人，必須用與他同一類型的人做比喻之具體寫照。換句話說，此即物以類聚，進而相輔相成的道理。袁枚認為烹調的方法，基本上亦是如此。畢竟要燒製出一道佳餚，必須主料與輔料搭配得宜，才能相得益彰。為此，袁枚拈出一個原則，就是使清的主料配清的佐料；濃的主料配濃的佐料；柔的主料配柔的佐料；至於剛的主料則配剛的佐料。只是這段文字文采斐然，但沒說出個所以然來。因為清、濃

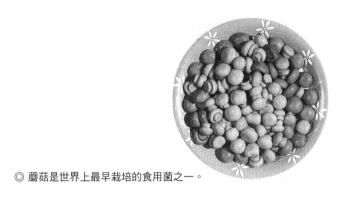

◎ 蘑菇是世界上最早栽培的食用菌之一。

尚可理解，剛、柔實不知其所指為何？也許是爽與嫩吧！

　　袁枚接著舉例，佐料可以用葷的或素的來搭配，主要是蘑菇、鮮筍和冬瓜這三種食材，諸君可由此舉一反三。

「一家食其味，十家聞其香」的蘑菇

　　而今所謂的蘑菇，具體而言，可分成口蘑、臺蘑和洋蘑菇這三大類。後者乃菌類地衣類蔬菜烹飪原料，為擔子菌綱菌目傘菌科蘑菇屬的雙孢蘑菇，又有白蘑菇之稱，以其傘蓋未張的菌蕾供食。它和香菇一樣，皆是世界上最早栽培的食用菌之一，至今已有三百年以上的栽培史。據資料顯示，現代栽培的技術，始於十八世紀初期的法國，迨一九〇二年，科學家用組織分離法培育純菌種成功後，人工栽培術便迅速地傳入英、荷、德、美、中、日及韓國等七十餘國。時至今日，其產量已占食用菇類總量的百分之七十以上。中國約在二十世紀三〇年代在上海、福州等地開始引種，後逐漸發展到江、浙、川、粵、徽、湘等省，其中福建的產量高居中國首位。台灣約於一九四五年後自福建引進，積極研發，培育出全球獨一無二的高溫洋菇，即使在攝氏二十五度時，亦能發菇，從此進入產菇的顛峰期，

除有以鮮品洋菇供食外，罐頭洋菇、脫水洋菇和冷凍洋菇等產品的出口，更爭取到許多外匯。然而，一九七〇年代中期後，由於工資上漲，成本大為提高，韓國及大陸的廉價品，很快取而代之。目前主要的產地，為中南部的台南縣與彰化縣。

洋蘑菇的菌肉肥厚，質地柔嫩，具有獨特的菇香，其鮮品（含野生種）須先洗淨沙土雜質，削去沙根再應用。適合多種烹調方法，並可採用多種味型調味；可充主料單用，亦可當成輔料與葷素諸料搭配；既可製成冷盤、熱菜、湯羹，也可用於火鍋；實為素菜的主要食材之一，如取此仿製腰花，不論在形態和口感上，均極相似。

素有「植物肉」之稱的洋蘑菇，屬高蛋白質食品，中醫認為本品味甘性涼，有益胃醒脾，理氣化痰，消食等功效。不過，袁枚生長的年代，此品尚未傳入中國，故本節「配搭須知」所舉的蘑菇，絕不是當下通行全球的洋蘑菇。

臺蘑亦稱香蘑，乃山西省五台山的名產。由於其肉質肥厚細嫩，滋味鮮醇芳香，加上營養豐富，具有食療功用，常食可延年益壽，故自古以來，即被譽為「仙家珍品」。

五台山盛產的臺蘑，其名品甚多，有菌把粗長，近根部鼓起，狀、味均似雞腿的雞腿蘑，亦有狀呈羊肚蜂窩眼狀的羊肚菌，還有鮮味獨具一格的天花蕈（即天花菜）。另，據元人吳瑞《日用本草》的記載：「天花菜出山西五台山。形如松花而大，香氣如蕈，白色，食之甚美。」元宮廷並以此當成「玉食」。等到清康熙年間，皇帝數度親臨五台山，品享過臺蘑，

尤鍾情於天花蕈，後被列入貢品。此貢品一入大內，康熙一定先用此孝敬其祖母孝莊太皇太后，並賦〈天花〉詩一首，詩云：「靈山過雨萬山青，朵朵湘雲摘翠屏。玉笈重緘策飛騎，先調六膳進慈寧。」

儘管臺蘑用於烹飪，無論炒菜、做湯，不僅葷素皆宜，而且鮮香特美。當地迄今仍流傳著「一家食其味，十家聞其香」的俗諺，但袁枚所指的蘑菇，應非這些如天花蕈、羊肚菌和雞腿蘑等著名臺蘑所能囊括的。

口蘑的口，指的是張家口，它無法人工種植，而且愈來愈稀少。口蘑長在草原的「蘑菇圈」上，此圈相當大，呈正圓型，圈上之草極綠，綠得近乎發黑。每年的九月間，雨晴之後，天氣潮悶，乃是發菇之時，而且今年出蘑菇後，明年仍在此蘑菇圈出菇，到底是啥原因，其生長的祕密，至今仍未揭開。

口蘑的品類甚多，主要有黑蘑、白蘑、青腿子等數種。

一、**黑蘑**——此極常見，菌摺棕黑色，菌行稱之為「黑片蘑」，價雖賤，但味濃。北京涮鍋子、「炸丸子開鍋」裡所放著都是黑片蘑，只是後者所放的，為口蘑渣而已。

二、**白蘑**——此蘑菌蓋、菌摺都是白色，較黑蘑為小，然其味極鮮，且不遜於雞湯。

三、**雞腿子**——即臺蘑的雞腿菌。亦有其狀近雞腿子，鮮品之色微綠的青腿子。不過此二物乾製之後，皆呈灰白色。

口蘑須乾製後，其香始出。而且採得後，馬上得穿線晾乾，否則極易生蛆。又，食用口蘑前，須以開水發開，因其摺中有沙，不可用手搓洗，得把發過的口蘑置於大碗內，注滿清水，接著以筷子像打雞蛋似地反覆攪打。待泥沙沉底後，換水續打。總得換上三、四次水，打個上千下，至碗內不再有泥沙，隨即以手指摳去泥根，才大功告成。

燒製口蘑，宜重葷大油。劉鶚在《老殘遊記》裡，曾提到用口蘑燉鴨，即是一例。據散文大家亦是著名美食家汪曾祺的經驗，他「曾在沽源吃過『口蘑羊肉哨子蘸莜麵』，三者相得益彰，為平生難忘的一次口福。在呼和浩特一家飯館吃過一盤『炒口蘑』，極滑潤，油皆透入口蘑片中，蓋以慢火炒成，雖名為炒，實是油燜」。同時他還指出：「『口蘑煨南豆腐』，亦須葷湯，方出味。」看來他的親身體驗，已為袁枚所說的「可葷可素」，做出最好的詮釋。

「味冠素食」的鮮筍

竹筍是一種根莖類蔬菜烹飪食材，乃禾本科多年生常綠木本植物竹的芽或嫩鞭，主要以肥碩鮮嫩的筍肉供人食用。如以品質而論，以冬筍最佳，春筍次之，筍鞭最差。

號稱「味冠素食」的鮮筍，取它入饌，既可作主料，又可當配料，不但能與雞、魚、肉、蛋為伍，且能與豆製品、蘑菇、莖葉類菜蔬同燒，同時適合炒、煮、燜、燴、燒等多種烹調方式，也能根據需要，將它加工成絲、片、條、塊、丁等形狀，進而燒製出冷盤、熱菜、大菜、湯羹等菜式。更因配料不同，烹調方式不同，風味因而不同，呈現各樣風情。事實上，

莫看只是一只筍，亦可因其部位鮮嫩之不同，以致在烹調運用時，可以有所區隔。例如筍的頂部較嫩，宜用來炒食或作肉圓、魚圓、蝦圓等的配料；中段可切成筍片或筍塊供單燒或與其他食材配合；至於其根部，因質地較老，適合用之於煮、煨或製湯等。

又，鮮筍中含草酸量較高，因此在烹調前，應先採用焯水、焐油等法，藉以減輕其含量。當下以筍製作的佳餚不勝枚舉，可葷可素，其運用之妙，誠變化萬千。

一、**可素者**—— 其名菜有「薺菜冬筍」、「燴雙冬（主料為冬筍、冬菇、配料多為豆苗）」、「雪裡蕻炒筍絲」、「鮮蘑冬筍」、「炒香冬」等。

二、**可葷者**——其名菜有「竹筍醃鮮」、「節節高（竹筍炒肉絲）」、「筍燒肉」等。其中的「筍燒肉」乃歷史名餚，原來蘇軾擔任杭州通判時，曾於某年初夏來到潛縣（今杭州臨安縣），下榻在金鵝山的「綠筠軒」。此地茂林脩竹，景致甚佳。他老兄心懷一暢，隨即賦〈於潛僧綠筠軒詩〉一首，詩云：「可使食無肉，不可居無竹。無肉令人瘦，無竹令人俗。人瘦尚可肥，士俗不可醫。旁人笑此言，似高還似癡，若對此君（指竹筍）仍大嚼，世間那有揚州鶴？……」此詩戛然而止，餘味似有未盡。巧的是晚膳時，縣令刁鑄以筍燒肉款待他，並謂：「吃筍最忌大嚼，只能細嚐。」蘇軾依言而試，果然滋味不凡，於是打趣續吟：「若要不俗也不瘦，餐餐筍煮肉。」

關於「筍燒肉」的滋味，幽默大師林語堂所言極是：「筍燒肉是一種

極可口的配合，肉藉筍之鮮，筍則以肉而肥。」又，刁縣令所謂的筍宜細嚼，也是有道理的。民諺云：「吃一餐筍肉，要刮三天油。」意乃竹筍的纖維質粗，可將食物中的油脂吸附而排出體外，並能降低胃腸黏膜對脂肪的吸收，因而減少體內脂肪的積蓄，並可消耗過多的脂肪。故《本草衍義》云：「筍難化，不益人，脾病不宜食之。」《筍譜》甚至把它說是「刮腸篦」。

此外，《筍譜》的作者，宋人贊寧對吃筍之法非常講究，他說：「凡食筍者，譬如治藥，得法則益人，反是則有損。採之宜避風日，見風日則本堅。入水則肉硬，脫殼則失味，生著刃則失柔。煮之宜久，生必損人。」換句話說，竹筍須掘出即烹煮，不可久置於空氣中，放久必老。也不可和別的菜蔬一樣，採收後用水澆灌，畢竟它一見水，將會硬而不柔。吃時宜先連殼煮過，才不失其鮮味，如先剝其殼切開，就得馬上炒食，以保其脆。而且筍最好煮久一點，生食恐對人體不利。講得頗有道理，甚有參考價值。

消暑去脂的冬瓜

冬瓜為瓜類蔬菜烹飪食材，屬葫蘆科冬瓜屬，乃一年生攀緣性草本植物，主要以果實供人食用。

早在明、清時期，烹製冬瓜的方法，多為素菜，像《多能鄙事》的「蜜煎冬瓜」；《群芳譜》的「蒜冬瓜」；《養小錄》的「煮冬瓜」、「煨冬瓜」等。當然啦！像山東濟南的名菜「冬瓜鴨子」，江蘇武進的佳餚「火腿冬瓜」等，則以葷材配燒，食之別有風味。至於孔府菜的「花扣冬瓜」，

◎ 冬瓜味甘、性涼，能利水、清熱、解毒。

則是個甜菜，用蓮子、白果、栗子等搭配，煮時先將以上諸料擺好，冬瓜皮朝下擺在上面，蓋上豬肥肉膘，扣上湯碗。接著炒勺內加清水、白糖燒開，撇清浮沫，倒在砂鍋中。砂勺內另加油、糖炒成銀紅色，下蜂蜜，倒入砂鍋內，蓋上砂鍋蓋，用慢火收至黏汁狀，棄豬肥肉膘不用，將冬瓜連鍋墊提出，反扣在盤內，澆上黏汁，均勻撒上青梅丁、桂圓肉丁、山楂糕丁、核桃仁即成。此菜用砂鍋慢火煨透，乃筵席中常用的大件甜菜之一，以甜味滲透、香甜可口著稱，等閒不易嚐到，堪稱別開生面，實為冬瓜菜的異品。

然而，冬瓜之味清淡，近人用於烹飪，多搭配肉類、火腿、蝦米、干貝等鮮香原料，一般須先削去冬瓜的外皮，挖去瓜瓤、籽，再切成塊、片或整形烹製。常用的烹調法有蒸、燉、燒、燴、炒等，調味料必以鹽為主，另可充作食品雕刻的原料，當成盛具，像南宋至清皆有文字記載，只是所裝之物料和製作細節有所不同的「冬瓜盅」，即是其代表作。目前此菜以揚州人和廣東人燒製最精，但處理方式頗有出入。

「冬瓜盅」這道菜，今日有整個製作，也有截段製作的。整個的做法為：連皮冬瓜一個，先切去其蓋再掏空其瓜瓤，接著填塞雞肉、豬肉、火腿和

海參等料，覆上瓜蓋封嚴，然後整顆入鍋燜透即成。

截段的做法，功夫細得多，其製作要領為：取冬瓜一截，（直徑三十公分）瓜口切成鋸齒狀，剜去瓜瓤，表皮篆刻圖案，放進沸水中，約煮十分鐘，用冷水洗淨，以花生油抹皮，放在湯盆裡，將雞骨汆水後，置於瓜盅底部，加奶湯（約八成滿）、鹽，置蒸籠上燉至瓜肉軟爛。另把豬肉丁、鴨肉丁用太白粉拌匀，汆後洗淨，加鹽、酒、薑片、蔥段、火腿丁、奶湯，蒸燉至軟爛，去蔥、薑。待瓜盅熟透，去掉底部的雞骨、原汁，將蒸透的豬肉丁等放入，次第添入熟的去骨田雞腿、熟鮮蓮子、熟新鮮香菇、雞高湯、熟蟹肉、燒鴨肉丁、夜來香花，並在瓜盅周邊撒上火腿末，即可登席薦餐，供食客們享用。

此菜的特點為湯清味鮮，芳香四溢，有防暑解熱作用。其皮面之篆刻，圖文並茂，可以雅俗共享，誠為冬瓜融葷素於一盅的無上美味，真筵席之上饌。

此外，將冬瓜蒸熟，刮取其肉，配肉糜，或配魚米、雞茸之類，製成羹菜亦有特色。又，冬瓜可切片汆軟後，捲成主料，製成「白玉」捲式菜或夾式菜，亮麗可人。還有冬瓜湯一味，其內可配葷素各料，味既清鮮，又可清暑解熱，乃夏令不可多得之家常菜。

冬瓜味甘淡，性涼，無毒，能利水，清熱，解毒。加上無脂低鈉，不但可遏阻碳水化合物的脂肪轉化，且減少水、鈉停蓄，能耗體內脂肪，具減肥的效果。唐人孟詵早見及此，謂：「欲瘦小輕健者，可常食之。」確是經驗之談。

袁枚認為有的食材在搭配時，只適合用葷料，不適合用素料，他舉的例子中，主要是蔥、韭、茴香和新蒜。其中的蔥、韭、蒜，被道家列入五葷之內；蔥和蒜更與薑和辣椒齊名，合稱「四辣」，嗜食者頗眾。

蔥的豐富多變

蔥乃蔥蒜類蔬菜烹飪原料。屬百合科蔥屬，為多年生宿根草本植物。原產於中國西部和西伯利亞地區，是由野生種在中國馴化選育而成，主要以葉鞘組成的假莖（俗稱蔥白）和嫩葉供人食用。中國栽培的主要品種有大蔥、分蔥、細香蔥和胡蔥等。台灣所產者，主要者為分蔥（俗稱日蔥，多產在宜蘭地區）及細香蔥（俗名北蔥，主產於雲林地區），間亦有大蔥和珠蔥等零星出產。

大蔥主產於淮河、秦嶺以北和黃河中、下游地區。以假莖高大粗壯的山東章丘大蔥最負盛名，號稱「蔥中之王」，有大梧桐、二梧桐、氣煞風等良種。已故文學名家老舍在形容其蔥白時指出：「最美是那個晶亮，含著水，細潤，純潔的白顏色。這個純潔的白色，好像只有看見古代希臘女神的乳房者，才能明白其中的奧妙，鮮、白，帶著滋養生命的乳漿，……它比畫圖用的白絹還美麗，而且確定甜津津的。」描寫具體而生動，能引人不盡遐思。

分蔥又稱四季蔥、菜蔥、小蔥。種株矮小叢生，整個細小柔嫩，唯辛香味濃郁，主供菜餚調料。

細香蔥又稱香蔥，主產於長江之南。基部稍為肥大，質嫩而帶辛香，

亦多作調味用。至於胡蔥，又稱火蔥、蒜頭蔥、瓣子蔥、藏蔥。除用其莖葉外，鱗莖可供醃漬。

關於蔥的食用，古籍載之甚詳。像《禮記》的「脂用蔥」、「膾，春用蔥」；北魏《齊民要術》記載了蔥作烹調之調味品多處；《清異錄》則記載了蔥在烹調中的調味功用，云：「蔥和美眾味，若藥劑必用甘草也。」故逐稱其為「和事草」，此一論點與蔥多作烹調中的輔料，有絕對的關係。

蔥的用途甚廣，製菜多作配料，像山東菜中的蔥爆、蔥燒菜，選大蔥段或片與牛、羊、豬等動物性食材共烹，可達到去腥羶氣之功效。如用山東大蔥蘸甜麵醬，加上烤鴨皮以煎餅捲而食之，清甜微辣，誘人饞涎。細香蔥及分蔥亦可充作輔料，先切成數段，再油炸至金黃色，即是所謂的「金蔥」，可燒製「金蔥扒鴨」、「蔥燒海參」、「香蔥雞」等名菜。此外，以蔥當調味料，可謂變化多端。如用蔥絲於清蒸菜；用蔥花於炒、爆、焙菜；用蔥結來燒菜。另可製成蔥油、糊蔥油、蔥薑油、蔥豉油、蔥椒油、蔥椒紹酒等，運用於拌、燴、炒、爆等菜品中。至若施之於主食及糕點中，更是眾妙紛呈，就無須細表了。因此，無論是專業廚師或是家廚，蔥均為廚房必備之物，雖然味兼葷素，實以葷味為主。

夜雨剪春「韭」

與蔥形似而味異的韭菜，亦是蔥蒜類蔬菜烹飪原料。屬百合科蔥屬，乃多年生宿根草本植物。原產於中國，其栽培歷史，迄今已有三千六百多年。最早的記載，當為《詩經》、《尚書》、《山海經》、等古文獻。《禮記》並云：「庶人春荐韭」、「豚、春用韭」等，並將它列為「五

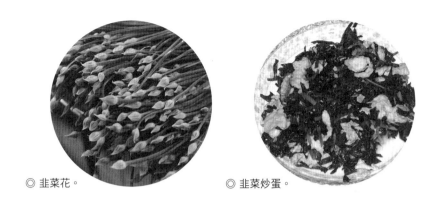

◎ 韭菜花。　　　　　　　　　　　◎ 韭菜炒蛋。

蔬」之一，可見當時運用之廣。《漢書》內，已記載著溫室栽培韭黃之事。目前韭黃常見於筵席，算是較高檔的菜色，韭菜則是家常菜的要角，一般是上不了檯面的。畢竟韭黃須經軟化栽培，成本高賣相自然較韭菜為高。

　　又稱豐本、草鐘乳、起陽草、一束金、懶人菜的韭菜，依其食用部位不同，可分為葉韭、根韭、花韭及葉花兼用韭四種類型。葉韭葉片寬厚、柔嫩、抽薹率低，以食用葉為主；根韭又稱披菜、雞腳菜、山韭菜，主要食用根部及花薹；花韭菜短小而粗硬，抽薹率高，以食用花薹為主；葉花兼用韭不論葉片或花薹，均發育良好，全宜食用。另，按其葉片寬窄尚可分成窄葉韭和寬葉韭兩個類型。前者產量高，質柔嫩，辛辣味較淡；後者則剛好相反。又，韭菜最佳的賞味期在春、秋季，夏季味最差。關於春韭之美，杜甫有「夜雨剪春韭」，陸游有「園畦剪韭勝肉美」等饒有韻味之佳句。至於夏韭之惡，最有名的諺語為：「六月韭，臭死狗。」它之所以會如此，乃夏天時，韭菜含二氧化硫量最高，故有一股強烈濃濁的味道，即使煮熟，「臭」味仍重。宋人寇宗奭云：「春食則香，夏食則臭，多服則昏神暗目。」即是指此。又，它會昏神暗目，蓋硫在體內作怪的緣故。

◎ 韭菜原產於中國，其栽培歷史，迄今已有 3,600 多年。

　　韭菜入饌，用途非一。如充作主料，可單炒，也可水焯後涼拌，色綠質嫩，非常可口。如果當配料，常與豬肉絲、魷魚、花枝、雞蛋、蝦米等爆或炒，香氣四溢。又，它與豆製品如腐皮、豆乾切絲等也很搭，硬說韭菜可葷而不可素，似乎窄化了它的烹調功用，硬是少了一些家常美味。

幼兒的營養良伴茴香

　　茴香菜屬木蘭科草本植物，是葉菜類辛香蔬菜，又稱茴香苗、小茴香、茴香草。由於古人常懷此衿衽，故名懷香。又為了同八角茴香區別起見，故人們習慣稱為其小茴香。茴香菜原產於地中海地區和南歐一帶，唐朝時由古波斯和佛誓（今印度境）傳入中土。它為人類最早栽培的植物之一，深受羅馬人推崇，詩人華茲沃斯便說：「鬥士們以茴香混入日常所食，所以如此凶猛和粗暴；而戰勝敵人者，佩上一圈茴香冠。」且在當時羅馬的大宴小酌中，茴香菜從種子到根部，均可食用，只是吃的目的不同，羅馬戰士為了保健，女士則為了減肥。加上傳說它具有降魔威力，盎格魯撒克遜人將之列為九種聖草之一。同時因它具有療效，查理曼大帝更在公元八一二年詔告，每座帝國花園都得種植。

葉呈濃綠色，深裂成絲狀，具有一股特殊辛香味的茴香菜，雖是春季的常蔬之一，但夏、秋兩季亦可栽培。種子帶有芳香，可作香料用。採收時可用刀刈割，也可連根拔收。由於茴香含有大量的維生素和鈣質，對體弱者而言，不啻是一種理想的蔬菜，特別適合幼兒生長期食用，可替代魚肝油和鈣片。中國人食此，除與肉充作餃子、包子和餡餅的餡料外，也可切成寸段炒肉絲，或當烹調矯味品用。這或許是袁枚認為它可葷而不可素之所本。然而，西方人的吃法則大異於是。其種子多用於醬汁、魚和麵包中，冬天則以其嫩芽拌沙拉；其嫩莖一般是拌沙拉；其葉多充作多油魚類的填塞料，亦可煮湯或剁碎撒在沙拉及白煮的蔬菜上；至於其球莖（一名優茴香），不僅可生鮮切片或擦碎夾三明治、拌沙拉，而且可當成根莖類蔬菜煮食。看來茴香菜的食法，中西真是大不同啊！

蒜雖難聞卻營養豐富

大蒜當然是蔥蒜類蔬菜烹飪原料。屬百合科蔥屬，為一年生或二年生草本植物。古稱葫，又稱葷菜、胡蒜。以其鱗莖、蒜薹、幼株供人食用。其原產地在歐洲南部和中亞一帶，最早由古埃及、古波斯、古希臘、古羅馬等地中海沿岸國家栽培。西漢時，張騫從西域引入中國，廣植於陝西的關中地區，後遍及全中國，並取代中國原生種的小蒜。而今中國已是世界上大蒜栽培的面積和產量均居首位的國家，台灣的主產地在雲林縣，其次則是宜蘭縣和新竹縣兩地。

種類甚多的大蒜，如按鱗莖的皮色，可分為白皮蒜和紫皮蒜；如按其瓣數，亦可分為獨頭蒜、四瓣蒜、六瓣蒜、八瓣蒜等；如按是否抽薹，還可分為有薹種和無薹種；如按葉形及質地，尚可分成狹葉蒜、寬葉蒜和硬

◎ 蒜瓣用途最廣。

葉蒜；如按種植方法之不同，另可分成青蒜（蒜苗）和蒜黃等，琳瑯滿目，五花八門，既有吃頭，又有看頭。

　　以蒜入饌，用法頗多，依其功能，可單用、配用、調味及裝飾等。青蒜約於秋末冬初上市，切段可作炒、爆菜的配料，也可水燙後涼拌；切成蒜花後，可用於涼拌菜和燒燴菜的佐料；切成細條，可作清蒸、拌菜的調料，兼有配色作用。蒜薹，又稱蒜毫，可單炒或與肉類搭配燒、炒，像家常菜中的「蒜薹燜肉片」、「蒜薹炒香腸」、「蒜薹炒臘肉」等，都是下飯佐酒的好菜。其中用途最廣的，非蒜瓣莫屬，當它整個食用時，適合搭配腥羶味重的動物性食材，如「燒黃魚」、「燒鱔段」等，其名菜甚多，如江蘇的「燉生敲」，四川的「大蒜鯰魚」、「大蒜燒鱇魚」，廣東的「蒜子瑤柱脯」等；另，大蒜切成片或米時，多用於炒、爆類菜餚的調料；至於用小的臼搗成的蒜泥，適宜調配成蘸料，像四川名菜「蒜泥白肉」，就非此不可。此外，蒜泥還可與甜醬、麻油一起調拌成一種糊狀調味品，謂之「老虎醬」（或稱「老虎蒜」），配合炸類菜餚食用。

　　由於味型最多的川菜，有蒜參與調味的，就有魚香味型、怪味味型、糊辣味型、紅油味型、荔枝味型、糖醋味型及獨立成味的蒜泥味型。難怪

◎ 春夜宴桃李圖。

四川著名的飲饌學者熊四智先生會指出：大蒜施之於烹飪，「十處打鑼九處在」。

基本上，蔥、韭、茴香和新蒜四者，謂之「可葷而不可素」，大致還算切題。但以下所要談的芹菜、百合、刀豆，謂其「可素而不可葷」，就與事實頗有出入了。

多 C 多纖維的芹菜

芹菜為葉莖類蔬菜烹飪食材。屬傘形花科芹屬，乃二年生草本植物，又稱旱芹、勤菜、香芹等。以其肥嫩的葉柄供人食用。其原產於地中海沿岸沼澤地帶，早在兩千多年前，由古希臘人馴化成功，並逐漸遍布世界各地。中國的芹菜自俄境高加索地區引入，再馴化培育出中國特有的細長葉柄型的芹菜，目前大江南北均有栽培，雖四季皆產，但在夏秋時節大量上市。現為中國重要的蔬菜之一。

芹菜品種亦多，按其葉柄形態，一般可分為中國芹菜和西芹這兩種。中國芹菜又稱本芹。其葉柄細長，如依其葉柄顏色，又可分成白芹和青芹

兩大類型。

　　白芹之葉較細小，淡綠色，葉柄細長呈黃白色，植株較矮小柔弱，「香」味濃，品質好，易軟化。青芹之葉片較大，綠色，葉柄粗，亦綠色，植株高而強健，「香」氣亦濃，軟化之後，品質更好。又依葉柄是否實心，尚可分成實稭和空稭兩種類型。前者葉柄充實，質脆嫩，耐貯藏，適應性強，不易抽薹，唯其生長速度較慢，適合秋季和越冬保護栽培；後者葉柄中空，質地較粗，春季易抽薹，品質較次，但抗熱性甚強，生長速度亦快，適於秋季栽培。

　　至於西芹，又稱洋芹，大棵芹。棵高，葉柄寬而肥厚，實心，味淡，肉質脆嫩，如依其顏色，亦有青柄和黃柄之別。其主要品種有矮白、矮金和倫敦紅等。

　　除以上的分類外，按其收穫季節之不同，還可分成春芹菜、夏芹菜（伏芹）、秋芹和越冬芹菜。另，它與韭菜一樣，經軟化栽培後，亦可變成通體嫩黃的芹黃，亦屬高檔菜色，乃筵席上的佳品，曾在一些所謂的滿漢全席中，瞧見它的蹤跡。

　　芹菜為一種別具風味的香辛蔬菜，去葉後的柄，乃主要食用部分，鮮香、脆嫩。又，以芹菜入饌，烹法多用於炒、拌，或做為一些葷菜的配料，也可用來製作餡心，或醃、醬、泡、漬作小菜。然而，袁枚喜歡用它的葉柄與素菜搭配，譬如加筍，「以熟為度」，但反對用它炒肉，因為「清濁不倫」。其實他老人家也太拘泥了，著名的「金鉤（中型明蝦製成的蝦米稱「金鉤蝦米」）拌翠芽」、「蝦米燴芹菜」、「火腿炒春芹」、「芹黃

◎ 百合甜點拌炒皆宜。

拌雞絲」、「芹黃魚絲」、「芹黃鱔絲」、「芹菜炒干貝」、「西芹炒花枝」、「芹菜炒龍腸」等，哪一樣不是用葷的呢？謂其葷素皆宜，一點也不為過。

甜點拌炒皆宜的百合

百合為根莖類蔬菜烹飪的原料，屬百合科百合屬。乃多年生宿根草本植物。又稱菜百合、中庭、百合蒜、蒜腦薯、強仇、中逢花、野百合等。以其地下肉質鱗莖及花供人食用，亦可製作成澱粉。原產地為亞洲東部的溫帶地區，中國、日本及朝鮮等地的野百合分布甚廣，現已傳至歐美各國。

百合全屬約有八十餘種，中國占其一半，達四十一種之多，供人食用的，主要有龍牙百合、川百合、蘭州百合、捲丹百合及王百合等五種。採收期一般在十一月。

中國約在南北朝時開始廣泛食用百合，今多用於製作甜點、甜菜，以甘肅的「百合玫瑰羹」，陝西的「甘蔗百合」，山東的「冰糖百合」，河南的「燴百合」，新疆的「鑲百合」、「八寶百合」、「炒百合泥」等最

負盛名，亦有製成「百合粥」及「百合綠豆湯」者。如燒成鹹品菜，尚有「百合煮肉」、「百合肉片」、「鮮肉百合捲」、「百合炒牛肉」、「百合蝦仁」、「百合雞片」以及雲南白族人用百合瓣夾肉片製成的「鶴肝」等。此外，蘭州市業者自行創製「百合宴」，計有三十餘款，在中國享有盛名。明乎此，勢必對袁枚百合「可素而不可葷」的「卓」見，不表認同。畢竟他所謂的「清濁不倫」，在此似乎欠說服力。

可蜜為果的刀豆

刀豆為一年生蔓草豆類，苗長至一、二丈，葉為卵圓形複葉，由三小葉組成，花呈紫青色或白色，蝶形花冠，花後結長大扁平之莢，大者長尺餘，闊至二寸，莢肉藏淡紅色或白色種子，略帶橢圓形，長八、九分，如拇指大，成熟者作淡紅色，有光澤，間亦有白色者。中國的主要產地在兩廣一帶，韓國的樂浪亦有生產，名「挾劍豆」，乃諸豆中最大的一種，以其出產地不廣，平常不易見到。

清代名醫王士雄在其醫學名著《隨息居飲食譜》中指出：刀豆「嫩莢可醬以為蔬，蜜以為果」。殊不知刀豆之種子可與豬肉、雞肉煮食，味亦極甘美。由此可見，袁枚列舉的「可素而不可葷」的三種食材，皆宜用葷料來搭配，不光只是充作素料搭配的食材而已。

菜餚的主配料不協調，吃起來不對味，自在情理之中。關於此點，袁枚舉了兩個例子，其一是置蟹粉於燕窩之中，其二是放百合於雞、豬之內。前者尚可理解，後者則與目前的主流吃法有別，但仍有跡可尋，且為諸君娓娓道來。

◎ 唐代野宴圖。

置蟹粉於燕窩之中？

所謂蟹粉，一種是將蟹煮熟去黃，取肉烘乾，磨成細粉，貯存於瓶內，勿令透風。此譜出自清人童岳薦的《調鼎集》，據云鮮美清爽，風味獨特。另一種則是蟹煮熟後，將裡面的肉、膏或黃剔出，炒而食之，稱「炒蟹粉」；亦可把蟹肉、蟹黃、蟹膏等剔出後，加些芡粉、薑末，入鍋煮沸，名為「蟹羹」。本段所云的蟹粉，應指後者。

具體而言，烹製燕窩多用湯羹菜式，甜鹹均可，亦可燴、拌。作鹹品菜餚時，須注意宜清不宜濃，宜純不宜雜。由於它本身少味，故常應用上湯調製，或配以具鮮味的配料；又，搭配葷料時，盡量用清鮮食材，不可濃膩。另須注意者，燕窩口感柔軟或嫩糯，其配料的口感，應多順配而少逆配。此外，燕窩菜品，中國的各菜系均有，品種甚多，通常用作筵席上的主菜。

燕窩乃「食品中最馴良者」（見《本經逢源》）及「藥中至平至美之味者也」（見《本草求真》）。以它入饌，最好採用燉的方式處理，才能盡物之性；如用煮或煲，將流失過多的營養成分。其次是鹹食時，應在臨吃之際下鹽，若燉的時候即下鹽，鹽分會將燕窩分解。其三是味宜純一，

即燕窩應用清純的湯來燉，方顯本色；故鹹食多用清雞湯、蘑菇清湯；甜食多用冰糖水、杏汁、椰汁。若於家常食用，當以「燕窩粥」和「燉燕窩湯」最為常見。

南京人喜歡把蟹粉加於燕窩之上，由於蟹粉極鮮，必奪燕窩之味，而且湯汁淋漓，彼此攪和一起，礙其清麗觀瞻。袁枚所不取者，正是這種狀況。然而，踵事增華的，不僅南京人而已，像廣府人製作的「官燕竹笙」，與之相較，不遑多讓。此菜用洗淨的竹笙與發透的燕窩製作，因其長相類似，倒也相得益彰，只是製作時，先用鍋爆香蒜頭，夾出丟棄，接著淋澆紹酒，加入竹笙炒勻，再下上湯、鹽、糖及胡椒粉，煮至上湯盡為竹笙吸收，加蓋封嚴，改用中火保溫。然後置鍋於中、大火上，下油，添薑汁、酒，續下上湯及火腿茸（留少許作裝飾），燒到湯開，加入官燕同煮到湯再沸。將芡汁調勻後，緩緩吊入燕窩內，不停攪動鍋鏟，以免芡汁結塊。緊接著加入蛋清拌勻後試鹽味。最後倒小鍋內之竹笙置深碟內，上加官燕芡，撒下火腿茸，趁熱即上席。按此菜之造型，極似「蟹粉官燕」，味道則更濃豔，袁枚如地下有知，亦當攢眉蹙額，搖首嘆息不已。

放百合於雞豬之內？

百合可與葷料同燒，前已言之甚詳。事實上，我個人曾在「上海極品軒餐廳」嚐過「百合炒牛柳」及「百合炒蝦仁」這兩道佳餚。前者百合清脆帶爽，牛肉腴糯而嫩，而且黑白相間，既漂亮又中吃；後者百合清爽可人，蝦仁脆中帶嫩，同時紅白匹配，亦大方且味美。我想袁枚認為雞、豬之肉不相宜，可能與色澤有關，因此二道葷材，炒出來都略白或帶白，顯與百合的純白，在觀感上，甚為突兀不雅，因而有以下「毋乃唐堯與蘇峻對坐，

不太悖乎？」這番話出來。

愚按：唐堯乃遠古明君，帝嚳之子，初封於陶，繼封於唐，故稱陶唐氏。以其子丹朱不肖，遂行禪讓之法，將帝位讓予舜，千古以為美談。蘇峻於晉成帝時為歷陽內史，後稱兵作亂，兵敗被殺。袁枚把兩個天差地別的人品擺在一塊兒，就是凸顯烹飪用料配搭如果不當，實在不合情理。

此外，袁枚認為在烹調時，可以相輔相成，且因此反而相得益彰的，就是「炒葷菜，用素油；炒素菜，用葷油」。

宋初始用素油

而今人們不管油本身是葷是素，均稱其為「油」。然而，這在古時候，可是有所區別的，且漢代之前，擣果榨油的方法尚未發明，故無今之素油。且此葷油亦有分別的，能溶解的叫膏，凝結的叫脂，兩者全從動物體內萃取出來的。另有一說稱無角動物的油為膏，有角動物的油為脂，但以前說較為通行。

據《周禮‧庖人》的記載：「凡用禽獸，春行羔豚，膳膏香；夏行腒鱐，膳膏臊；秋行犢麛，膳膏腥；冬行　羽鱻膳膏羶。」也就是說，凡用禽獸鮮魚獻給周天子食用，春季用羔羊、小豬和以膏香（牛油）；夏季用乾雉、魚乾和以膏臊（狗油）；秋季用小牛、小鹿和以膏腥（豬油）；冬季則用鮮魚、羽雁和以膏羶（羊油）。由上可知，當時所用的油，都是現在所謂的葷油（動物油），根本沒有素油（植物油）。到了漢代，雖出現了柰（蘋果）油和杏（杏仁）油等植物性用油，但它們不是用來燒菜，只是供塗繪

之用，似為工藝上的需要。直到北宋沈括撰《夢溪筆談》，始云：「今之北方人，喜用麻油煎物，不問何物皆用油煎。予嘗過親家，設饌有油煎法，魚鱗鱉虬，然無下筯處，主人則捧而橫嚙，終不能咀嚼而罷。」他既說是至今，可見運用素油於菜餚之上，最早應始於宋初，且南方人尚吃不慣。其後莊綽著《雞肋篇》一書，指出宋時的食用素油，只有麻油，也是油中的最上品。總而言之。現代人麻油幾乎供澆蘸拌之用，極少用來煎菜。至於柰油、杏油，更非日常食用之物。

明代時，素油的種類愈多，如宋應星的《天工開物》即云：「凡油供饌食用者，胡麻、萊菔子、黃豆、菘菜子為上，蘇麻、芸薹子次之，莧菜子次之，大麻仁為下。」這裡所謂的胡麻油即麻油，黃豆即豆油（沙拉油），芸薹子油即菜油，都是今日所常用的。惟當時尚無由落花生所榨取的生油。原來落花生原產於美洲，其傳入中國，約在明神宗萬曆年間，今簡稱為花生或別稱長生果。它後來反而成了中國食用素油的大宗，風行大江南北，可謂後來居上。

葷油使用歷年久矣

目前中國人食用的葷油，最常見者為豬油，其次是雞油，再過來才是牛油和羊油。台灣人而今常食牛油，還是拜西餐之賜。不過，牛油的營養價值低於豬油，因它所含的必須脂肪酸較豬油為低，但膽固醇卻高出甚多，加上其消化吸收率亦較低，故較適合體虛畏寒者食用，凡患心血管疾病者更不宜多食。另，牧區的人們常食的牛骨髓油，其熱量頗高，膽固醇的含量更高，但用它製作炒麵等，吃法簡便，風味獨特，自古一直視它為冬令補品。比較起來，羊油所含的必須脂肪酸更低於牛油，而膽固醇比牛油還

高，加上其消化吸收率低於牛油，看來極不適合人們常食。

豬油

一稱「大油」的豬油，非但是中國，同時也是台灣最常食用的葷油。它除了板油外，尚有一種腸間的網油，通常用來包裹食材（像鱔魚、禾花雀、豬肝等）燒炙或蒸，食來別有風味。又，其肥肉中亦含有脂肪，別名「肉油」。此種油在菜館中最喜採用，能烹調出另類鮮味，誘人饞涎。

凡植物菜蔬的莖葉，在烹調時，用豬油炒過者，比用素油炒製者來得酥軟，味亦香美。其原因無他，蓋因素油中含水量較多，爆炸的功能強，易使蔬菜類的莖或葉變硬。基於此，凡欲使菜蔬產生鬆脆之效果，廚師們必用植物油，而欲增進菜蔬的酥軟度，必用葷油，尤其是豬油，始易奏功。

關於豬油的保健價值，清人黃宮銹《本草求真》中說：「豬脂氣味甘寒，力能涼血潤燥，行水散血，解毒殺蟲，利腸、滑產、止咳。」清代名醫王士雄在《隨息居飲食譜》一書裡，亦對豬油評價甚高，認為它尚可「甘槁（羸瘦）潤肺，澤槁濡枯，滋液生津，……清熱消腫，散癰通腑」，且以「白厚而不腥臊者良」（註：酸敗的豬油會產生「哈喇味」，不宜食用）。不過，說句老實話，目下的豬油，其品質遠非當年可比，即使是號稱清香油的，仍有一段落差，這就是為什麼至今很多人仍難忘懷豬油拌飯或豬油拌麵滋味的真正原因吧！

雞油

在當下所用的葷油中，不論在滋味、營養或保健價值上，俱列為首選

的，非雞油莫屬。它乃佐助原料類烹飪原料，為雉科動物家雞腹內脂肪經加工而成的半固體狀油脂。色呈鵝黃，由於熔點低，常溫下呈凝固狀。

雞油的加工方法一般有兩種。一是熬製：將雞脂改刀成小塊，同生薑片一起置中火上的炒鍋，用手撥勺翻熬至雞油溢出，撇去薑片、油渣即成。二是蒸製：把雞脂稍加改刀，放入盛器內，加蔥結、薑片，油出即成。由於蒸製的較熬製的在加工過程中易於控制，加上製品色澤純，油質清，故為主流製法，且以此製出的雞油，另稱「明油」。

雞油色澤黃亮，鮮香味濃，水分少，無雜質，含亞油酸（註：可加速膽固醇在人體內的正常代謝，不致使過多的膽固醇沉積在血管壁中）24.7％，居葷油之冠，且消化率高，營養豐富，故亦為烹調中常見的葷油之一。此外，雞油通常用於白汁菜餚，不僅可增加菜餚的油潤感和香味，同時能使菜餚的色澤更加悅目。又，以雞油充作菜湯的調味，其味更為鮮美（註：須在出鍋前加入），因而很受大眾的歡迎。

以雞油製作的名菜，葷素皆有。較著者有江蘇的「雞油菜扇」，北京的「雞油扒魚翅」，浙江的「雞油春筍」及四川的「雞油慈菇」等。且部分的麵條、水餃、鍋貼、餛飩等麵點、小吃中，都可用雞油調味增鮮。又，雞油還可配合蒸製一些菜品，能起增加滋味及調和色澤等作用，運用十分廣泛。

素油種類亦漸增多

至於素油方面，除前面所介紹者外，尚有成書於清代的《調疾飲食辯》

◎ 今日的食用油品選擇眾多。

所列的吉貝油（棉花籽油）及清人李調元《粵東筆記》列舉的欖仁（橄欖）油及茶籽油。降及近世，素油的種類益多，其較為世所稱的，有號稱「出自東方的靈丹妙藥」之米糠油，有「健美油」之稱的葵花籽油、小麥胚芽油及玉米油等，五花八門，極耐尋味。

　　純就運用而言，玉米油適合涼拌菜，小麥胚芽油常充作全脂奶粉的抗氧化劑、人造肉和人造奶油等。它們與葵花籽油、橄欖油、米糠油、茶籽油及棉籽油等一樣，為袁枚時代所無或罕見者，故存而弗論。在此主要探討的是花生油、豆油、菜油及麻油四種，其中，又以菜油居首要位置。

花生油

　　花生油俗名「長壽油」。據說康熙皇帝特嗜此油，每次出巡，內侍們都要攜此油相隨，以備不時之需。經成分分析發現，花生油含不飽合脂肪酸達 80％ 以上，其中油酸占 60％，亞油酸占 20％，屬優質植物油。不僅如此，它還含有維生素 E（註：長壽因子）、腦磷脂、卵磷脂和植物固醇等。只要長期食用，既可降低膽固醇、防止動脈硬化及冠心病的發生，且能防止皮膚老化，延緩細胞衰老，使人精力充沛。由於中國人近代經常以此烹

◎ 麻油料理在冬天廣受歡迎。
◎ 麻油雞。

飪,故許多名菜如「麻婆豆腐」（註：在台灣用花生油,四川則用菜油）、「紙包雞」等,非用此則滋味不夠純正道地。

豆油

豆油是豆科植物——大豆種子所榨取的素油,其妙在抗氧化的能力特強,能防治動脈粥樣硬化、冠心病及高血壓等症,有防衰老及延年益壽的作用。然而在烹調方面,它雖是植物油中質量最好的,但基本成分是脂肪,故肥膩稍甚,因而其地位先為菜油所奪,後又為花生油取代。不過,台灣在前些年,極力促銷沙拉油下,它遂鹹魚翻身,用者大增。

大體言之,豆油和菜油一樣,經油爆後,可使食材鬆脆,北方人飲饌因天寒故,特愛油肥,所至皆受歡迎。

麻油

麻油北方人稱「香油」,但江蘇人所說的「香油」是指豆油,別稱此為麻油,有小磨麻油及大磨麻油之別,以小磨者為勝。胡麻本身是緩和性

滋補強壯藥，能潤澤肌膚，滋補腦髓神經，通潤便祕之家常食品。它先炒過磨成麻醬，吸取醬上浮油，即是麻油。近世改用蒸取，出油多而渣少，氣質香醇，為菜餚香料，能開胃進食，小磨者尤佳。像「涼拌黃瓜粉皮」、「涼拌蒿菜筍丁豆乾」、「飯蒸茄子白菜竹筍」等家常菜，澆淋少許麻油，即香美異常，為素食勝品。《調鼎集》謂：「麻油取其香。」即是此理。另，葷菜中如「麻油烤鴨」、「麻油酒燉雞」、「麻油酒腰花」，亦為冬令佳餚及補品。此外，各種油類多膩，唯麻油不膩，雖積年藏置，皆清瑩澈底，乃特異之處。

菜油

菜油為佐助原料類烹飪原料，係以十字花科一至二年生草本植物油菜的籽粒（含油 35 ～ 48％）為原料榨製而成的透明狀或半透明液體，又稱菜籽油、真香油等。經過精煉者，另稱「白紋油」。中國的菜油主產於長江流域和西南各省，產量居世界首位，為中國主要的食用油之一。

菜油在中菜烹飪時，廣泛運用於炒、煎、炸、爆、貼、燒、燜及燴等菜餚，亦可用於麵點及某些食材的初步熟處理，如油浸、油淋及油發。較著者有「油發蹄筋」、「油發魚肚」、「油發響皮」；又，傳統川菜的「甜燒白」、「鹹燒白」之炸肉，「口袋豆腐」、「炸豆腐」及「炸丸子」等。同時菜油尚可用於粉蒸菜式，起滋潤菜品、增加香味之作用。某些菜餚出鍋前，用熟菜油淋明油，藉以增色添香。另，部分以烙、貼、煎、炸等法製成的風味小吃，每以菜籽油為傳熱介質，如牛肉餅、鍋貼、炸春捲等；且有些點心的起酥、插酥，都少不得它；民間還用其調拌、調味，如製作拌涼菜、涼麵和油潑辣子等。此外，菜油更廣泛運用於中國的素饌

素食之中。

「取其濃」的菜油，其對人體可是利弊參半的。它除了含脂肪外，尚有一定量的維生素 A、B2，且其不飽和脂肪酸的含量甚高，消化吸收率更是所有食物中最高者，可達 99％，然而，它所含的芥子　與芥酸較多。前者可水解為腈、硫氰酸脂及異硫氰酸酯。腈的毒性甚強，可抑制動物的生長並致死；另兩種則可阻斷甲狀腺對碘的吸收，從而使甲狀腺增生腫大。後者如被人體大量攝入，將出現心肌中脂肪積聚，導致心肌單核細胞浸潤而纖維化，並出現肝硬化的症狀。明乎此，就知道各種葷、素油在烹調上的取捨之道了。

為了印證袁枚「交互見功」的論調，筆者特地找了黃媛珊女士所著的食譜，該書共有三集，出版於民國四十三年至五十三年間，為今日琳瑯滿目、各式各樣食譜之鼻祖。書中「炒葷菜，用素油」者，信手拈來，即有「梅酥肉」、「鍋貼烏魚」、「辣子雞丁」等；「炒素菜，用葷油」者，亦有「雞油豆苗」、「冬菜蘿蔔球」、「奶油菜花」、「糟煨冬筍」、「鮮蘑蠶豆」等。顯然袁枚的觀點極有見地，雖未「放諸四海而皆準」，但「雖不中亦不遠矣」了。

獨用須知

味太濃重者，只宜獨用，不可搭配，如李贊皇、張江陵一流，須專用之，方盡其才。食物中，鰻也，鱉也，蟹也，鰣魚也，牛、羊也，皆宜獨食，不可加搭配。何也？此數物者，味甚厚，力量甚大，而流弊亦甚多，用五味調和，全力治之，方能取其長而去其弊。何暇舍其本題，別生枝節哉？金陵人好以海參配甲魚，魚翅配蟹粉，我見則攢眉。覺甲魚、蟹粉之味，海參、魚翅分之而不足；海參、魚翅之弊，甲魚、蟹粉染之而有餘。

每種食材都有它獨特的味道，或濃或淡，或重或輕。一般而言，濃重的，就要保留它的風味，才能引人入勝；中性的，不外搭配相當的食材，藉以相輔相成；至於味道輕靈不顯的，才要提升滋味，以味媚人。因此，本身即夠味的食材，只適合以它為主，不必其他的輔佐料幫襯。這情形就好像李贊皇和張江陵這兩位仁兄一樣，必須放手讓他們去施展抱負，才能人盡其才，救國匡時，如果掣肘，便無用武之地。

◎ 明神宗時權臣張居正。

李吉甫與張居正

　　文中的李贊皇，即唐憲宗時的賢相李吉甫。為憲宗中興的重要功臣，所以皇帝對他禮遇尊重，死後仍備極哀榮。按：憲宗初即位時，鑑於德宗姑息藩鎮失策，養成尾大不掉之勢，遂銳意整軍用武，翦除叛逆的藩鎮。當時朝中大臣意見相左，史稱主張用兵的為「削藩派」，反對用兵的為「削兵派」。前者以重建朝廷威信為急務，後者則恐兵連禍結，造成國庫空虛，最後徵賦擾民。李吉甫屬前者，主張用兵討逆，而且不遺餘力。

　　終使憲宗堅定信心，絕不姑息，像討伐西川叛臣劉闢、制裁浙西李錡等；皇帝都聽取他的建議，功成之後，先封他贊皇縣侯，後改徙趙國公。等到他再度拜相，「天下想望風采……人莫不忌憚，帝亦知其專」（見《新唐書・李吉甫列傳》），此時雄峙淮西的吳元濟不遵朝廷號令，吉甫認為他在「內地無唇齒援，因時可取」，與皇帝之意同，接著自請「往招元濟，苟逆志不悛，得指揮群帥，俘賊以獻」。無奈天子不許，「固請至流涕」，憲宗極力慰勉。過沒多久，暴疾而卒。然而，繼任的裴度承其遺緒，親自出馬，終於統兵討平淮西，擒吳元濟，中興唐室。功雖不必成於己，但吉甫功在社稷，卻是有目共睹。此外，《舊唐書》稱李吉甫「服

物食味，必極精美」，這或許是袁枚舉他為證的主因之一吧！

張江陵即明朝神宗的首輔大學士張居正，史稱他「負不世出之才，絕人之識」。而「少穎敏絕倫」，向有神童之譽的他，在穆宗朝初入內閣、參與中樞政務時，即使在各大學士中年輩最晚，但「獨引相體，倨見九卿，無所延納。間出一語輒中肯，人以是嚴憚之，重于他相」。

從隆慶六年（一五七二）六月下旬，張居正擢升為首輔，一直到萬曆十年（一五八二）六月去世之前，這整整十年，即史家所謂的「江陵柄政」時期。他首先強化內閣制度，健全中樞的決策和執行機構，「六曹（即部）事必咨而後行」，進而大量調整人事，逐步汰免官箴惡劣或因循守舊的尚書、侍郎、總督、巡撫等，並任用主張或傾向改革者出任要職，一再整肅紀律及提高效率，革除怠惰濫冗陋習；接著精選軍事將領，一以戰功和提升實戰能力為準，充實邊防；不但強調執法從嚴，「刑期無刑」，將嚴重危害社會治安的歹徒罪犯繩之以法，特別是對怙惡不悛的宗室和外戚絕不手軟，同時大力清丈全國土地，將行之有年的基本賦稅制度——「兩稅法」，改革為實際有用的「一條鞭法」，因而限制了豪門富戶偷免賦稅的積弊，大大減輕了一般佃戶農民的負擔。由於這些重大的改革措施，切中要害，故在十年之內，取得顯著成效，以致居正體有微恙，皇帝竟親自「手調辣麵一器以賜」或「手封藥一裹，命中守候服畢覆命」。並且多次手書，譽居正為「社稷之臣」、「股肱之臣」、「有非常之才，立非常之功」。

不過，「攝行天子之事」、「自負以帝者師，且引贊拜不名之禮，隱然兼蕭何、子房（張良）而有之」的張居正，有時自比為周公之於成王，

083

有時又自比為諸葛亮之於阿斗，使得年紀漸長的萬曆皇帝難以消受，終於在「威柄之操，幾於震主」之下，「憤結之日久矣」。因此，史稱「江陵之所以敗，惟操弄之權制太過耳」。此乃後話，在此就不多贅述了。

袁枚認為食物中只適合獨食，不可加搭配的，信手捻來，就有鰻、鱉、蟹、鰣魚及牛、羊這六樣，且為諸君一一道來。

鰻

鰻魚屬脊椎動物門、硬骨魚綱、鰻鱺目、鰻鱺科水生動物，魚體細長，可達六十公分，前部呈圓筒狀，後部側扁。產卵於海，生產於江河，屬降河入海之洄游魚類，主要分布於中國的長江、閩江、珠江流域及海南島。現已有人工飼養，生長的速度甚快，乃肉食性生猛魚類。台灣的養殖鰻，以屏東為大宗，早年出口至日本的鰻苗，品高價昂，極受歡迎。

遍翻群籍，查得古時以鰻魚製作的名菜，有《清異錄》的「軟飣雪龍」，《食醫心鑑》的「鰻鱺魚炙」，《調鼎集》的「燉鰻」、「燒鰻魚」，《清稗類鈔》的「清煨鰻魚」、「蒸鰻魚」及《武林舊事》的「鰻絲」、「清汁鰻鰾」、「鰻條彎鱉」、「炙鰻」、「米脯風鰻」、「熬鰻鱔」等，即就《隨園食單》觀之，亦有「湯鰻」、「紅煨鰻」與「炸鰻」這三種。基本上，以上多單獨燒製，甚少用他料搭配。

鰻魚肉質細嫩，肥潤腴美，富含脂肪與膠質，適合於清蒸、白燉、黃燜、紅燒等長時間加熱的烹調法，通常切段烹燒，亦可整用作龍造型，燒製高檔菜色，像浙江的「鍋燒鰻」，福建的「紅燒通心河鰻」、「注油鰻

◎ 冬瓜鱉裙。
◎ 清燉馬蹄鱉。

魚」，河南的「清蒸白鱔」，廣東的「鼓汁幡龍鱔」等，皆是其中的佼佼者。此外，日本人一直視鰻魚為壯陽的良方，特愛在立秋前十八日的「丑日」享用，據說其滋味及療效俱佳。而在處理時，關東地區講究從背部切開，關西地區則是由其腹部下刀，手法確實不同。另，他們甚愛品享新鮮切段現烤的鰻魚，或白烤或蒲燒，後者且常用來做成蓋飯哩！

鱉

俗稱「王八」，又名「元魚」、「團魚」、「腳魚」、「中國鱉」、「神守」、「河伯從事」的甲魚，屬爬行綱龜鱉目鱉科的冷血動物。其形似龜，背腹部披甲，與肉相連，背甲呈卵圓形，背部隆起。有完整的內臟、腸胃系統，用肺呼吸。雄性尾長，伸出甲外；雌性尾短，不露甲外。喜陽光，卵生，食性甚雜，多以昆蟲及小魚蝦為食。膽子很小，常白天潛伏，夜間覓食。每年十二月至翌年四月冬眠，四月後才開始活動，因棲息環境之不同，故色澤和肥滿度亦有別。凡棲息於沙底河水的甲魚，背部呈棕色，腹面黃白色，體形扁平而薄；棲息於泥底河水的甲魚，背面青褐色，腹面呈白色，體形扁平而肥厚，中國除青康藏高原外，各地均有分布，現已有人工養殖。台灣的養鱉業，以高雄縣的甲仙鄉為盛，曾出口日、韓等

地，後因鱉體易藏霍亂弧形桿菌，現已式微。

另，鱉亦有分江產與河產之別，通常江產者背黃肚白，河產者背黑肚白，俗以江產者為上，因其質地肥嫩。中國的名產頗多，例如四川峨眉元魚、湖北洪湖甲魚、江西九江大甲魚、安徽當塗中華鱉、浙江嘉興湖鐵甲、山東微山湖及東平湖大鱉、河南潢川鱉、河北白洋淀團魚等均是。除此而外，安徽黃山一帶的山區，出產一種大如手掌、又稱沙鱉的馬蹄鱉，細嫩味美，甚為食家所珍，宋代梅聖俞食罷，曾賦「沙地馬蹄鱉，雪天牛尾狸」之詩句，兩者並列，足見貴重。

選購鱉必須鮮活品，死鱉有毒，不可食用，且宜大不宜小（註：馬蹄鱉例外），重以一市斤至二市斤間為佳，雌優於雄，同時以春天所產的「菜花甲魚」和秋天所產的「桂花甲魚」滋味最美，後者尤佳。民諺所謂的：「初秋螃蟹深秋鱉，好吃鱉肉過寒冬」，就是最佳的註腳。不過，鱉肉固然鮮腴滑美，但其最美的部分，則是「肉加十鱉猶難比」的裙邊，其身價遠高於鱉肉，自古以來，一直是筵席上的珍品。它反而是雄較雌為肥大，選用時還須細加鑑別。

肉質特別鮮美的甲魚，營養異常豐富，並獨自兼有雞、鹿、牛、羊、豬、蛙、魚等七種味道，且具食療功用。蓋鱉肉除裙邊、四腿之外，可食之處不多，但其湯汁則極濃醇，主要就在於所含的膠原蛋白極多之故。清代名醫王士雄謂其「宜蒸煮食之，或但飲其汁益人」，即是此理。

基本上，甲魚烹製時，最宜清燉、清蒸、清燒等，以保持其原汁原味之特色，亦可用濃重口味，如黃燜、醬燜、紅燒、滷煮等。既可以整用，

亦可以剁塊（帶骨），又可拆肉供用，同時能以熱炒、大菜、湯羹、火鍋等方式製作，只是不宜製作涼菜，因放涼後易生腥味。又，在調味上，其適用之味型甚廣，最好加胡椒粉，既能祛濕、闢腥，且可以提升滋味。如用清燉等法成菜，食時宜以上等醬油充作蘸料，除調味之外，尚可去腥、增鮮。然而，遠古無醬油，在製作甲魚時，是以甘蔗汁、糖漿等為蘸料或配料（註：可參考《楚辭》）。

隨園老人在其《食單》上，所記載的甲魚燒法，計有「生炒甲魚」、「醬炒甲魚」、「帶骨甲魚」、「青鹽甲魚」、「湯煨甲魚」及「全殼甲魚」等六種。觀其內容，只有「青鹽甲魚」一味，有以筍尖為配料，其他的佐料均是蔥、薑、蒜，調料則是秋油（醬油）、雞汁、酒、鹽等。大致與其所指出之「須專用之，方盡其才」的本旨相合。然而，堪與甲魚匹配的食材極多，而且葷素不拘，但以葷為多。其名菜不勝枚舉，如江蘇的「霸王別姬」（配雞），浙江的「鳳爪甲魚」（配雞爪），江西的「金絲甲魚」（配蛋液），陝西的「白雪團魚」（配蛋清），天津的「元魚酒鍋」（配冬菇、冬筍），四川的瑞氣吉祥（配刺參），福建的「杏圓鳳爪魚肚燉水魚」（配杏仁、雞爪、魚肚），雲南的「蟲棗燉甲魚」（配冬蟲夏草、大棗）等等，皆為其中的佼佼者。即以袁枚所處時代之前而論，亦有唐代之「遍地錦裝鱉」及宋代之「冬瓜鱉裙羹」這兩大歷史名菜，可見即使貴為一代食宗，也有可能以偏概全。

話說見於《清異錄》的「遍地錦裝鱉」，乃韋巨源在晉升右僕射時，循例向唐中宗敬獻的一席「燒尾宴」中的一道大菜，關於其製法，書中僅記載著：「鴨蛋羊網油燉甲魚」，後來西安的「仿唐菜」本此燒製，以兩市斤重的鮮甲魚一隻、鹹鴨蛋四枚、綿羊網油一張和六個雞蛋清、雞高湯

為原料製成。在烹製時，先將甲魚整治乾淨，入沸水中略焯，去除血污，接著羊網油裁去邊角，以蔥、薑、花椒油略浸，入滾水汆。隨後鴨蛋蒸熟取蛋黃，雞蛋清則打散，加雞高湯和調料攪勻，上籠蒸成芙蓉。再取菜心焯熟，與蛋皮絲拌好，置於芙蓉之上。然後，將炒鍋燒熱，加油少許，下蔥、薑、蒜，爁（即煸、焙）出香味，取出蒜瓣，把甲魚背朝下，放在炒鍋中略炒，添醬油、糖、鹽少許、鮮湯適量，燒開後移小火燜至甲魚軟透，湯汁濃稠之際，取出甲魚，放於盤中的芙蓉上。另取炒鍋，置香油，放入鴨蛋黃，爁出鴨蛋油，均勻澆淋在甲魚上，並蓋上背殼。最後用綿羊網油把盤子封嚴，上籠蒸透即成。此菜縱然形象美觀，肉爛肥鮮，但踵事增華，多了富貴氣，似乎不符今人養生之旨。

至於「冬瓜鱉裙羹」，那更是名揚千古的傳統時令菜，係以多膠質的鱉裙和嫩冬瓜作羹，成品鱉裙軟糯，冬瓜酥麋，由於清鮮相配，葷素互補，醇香味美，快人朵頤，為適合在盛夏食用的菜餚上品，膾炙人口，迄今不衰。

此菜源自荊州古城江陵。據《江陵縣志》的記載：「北宋時期，仁宗召見荊州府尹張景時，問道：『卿在江陵有何景？』張才思敏捷，出口成章，隨即答曰：『兩岸綠楊遮虎渡，一灣芳草護龍洲。』仁宗又問：『所食何物？』張曰：『新粟米炊魚子飯，嫩冬瓜煮鱉裙羹。』仁宗聽罷，甚感欣慰。」自此之後，此羹便被列為上乘筵席佳餚。直到清初李漁撰《閒情偶寄》時，將嫩冬瓜改成新蘆筍，可見這兩味時蔬可以互換，各有各的滋味。

而今，湖北省的江陵市仍有此一佳餚，「聚珍園菜館」所製特佳，吸引著中外饕客。於是有人讚道：「荊州處處魚米香，佳餚要數鱉裙羹。」

◎ 任伯年所繪《把酒持螯》。

水族尤物——螃蟹

　　清人張潮在《幽夢影》上寫著：「筍為蔬中尤物，荔枝為果中尤物；蟹為水族中尤物；酒為飲食中尤物；月為天文中尤物；西湖為山水中尤物；詞曲為文字中尤物。」將蟹列為水族中的尤物，其推重可知。然而，這比起清初的大美食家李漁的一番見解來，只是小巫見大巫，不足以曲盡其妙。照他的講法，則是「蟹之鮮而肥，甘而膩，白似玉而黃似金，已造色、香、味三者之至極，更無一物可以上之」。因此，嗜蟹如命的他，每年食蟹季節未到，便開始存錢，準備大快朵頤，家人戲稱此錢為「買命錢」。

　　螃蟹之分，雖因出產水域不同，而分淡水蟹和鹹水蟹兩種。但在二十世紀前，中國人食螃蟹，除沿海地區外，清一色是產於淡水中的毛蟹。牠屬節肢動物門、甲殼綱、十足目、方蟹科動物之中華絨螯蟹，向有「無腸公子」、「橫行介士」、「郭索」、「西湖判官」、「江湖使者」、「黃大」、「內黃侯」、「含黃伯」等別名。基本上，淡水毛蟹可分成河蟹、江蟹、湖蟹、溪蟹及溝蟹等，但產量以前三者為大宗，河蟹尤多，生產於長江流域，每年的九月至十一月為生產旺季。又，湖蟹公認為蟹中第一美味，遂有「嚐過湖蟹，百味不珍」之諺。

中國食蟹的歷史悠久。早在《逸周書》、《周禮》等書，均有以蟹製醬（即蟹胥）的記載，從南北朝至隋唐時期，南方亦有糟蟹、蜜蟹和鏤金龍鳳蟹（即醉蟹）等吃法。撇開這些上方玉食，宋代的《東京夢華錄》、《夢溪筆談》則記載了炒蟹、酒蟹、㸒蟹、洗手蟹等市井之食。只是各種蟹饌的具體做法，卻因沒有文學流傳，以致無法一窺堂奧。另，據食籍記載，元人多食煮蟹，明清兩代則講究吃蒸蟹，惟近百年來，有人嗜食煠（註：即焯，將蟹清洗整治後，懸於鍋中，下鋪細鹽，以火炕之，至熟乃止）蟹，認為其滋味較煮、蒸更美。不過，當下仍以清蒸之法，居食蟹的主流地位，港人尤精此道，吸引無數饕客。

蟹的食法甚多，既可燒成菜饌，亦能製作點心。其成菜方式有蒸、燴、炸、熘、燜、燒、焗、烤、拌、醃、醉、糟等，可謂五花八門。同時在充主料外，亦可當配料用，甚至是調味料。點心則用做餡料。在諸種蟹饌中，當以原隻清蒸最能顯出其「一腹金相玉質，兩螯明月秋江」的特色。其法：應先充分清洗，並捆牢其蟹足，臍則向下，排放籠中，旺火沸水速蒸至透，自剝自食，最宜黃酒。其蘸汁須有薑、醋，藉以暖胃祛寒，殺菌消毒。又，淡水蟹內帶有肺蛭、肝蛭等寄生蟲類，最貽後患，故吃蟹一定要蒸得極熟，醉蟹、醃蟹，少碰為妙，一旦得病，甚難根治。

據民間食蟹的經驗，蟹的胃、肺、心、腸，萬不可吃。如未於烹調前先行清除，食用之際，務必摘棄。

一、**胃**──打開蟹蓋，在蟹殼內的眼目內側，有些雜七雜八的組織，其中一部分即是蟹胃。細加觀察後，狀似砂袋之物，俗稱「砂和尚」，其內容物乃蟹所吃食物的殘餘，宛若泥砂，此係蟹中最不潔亦最危險部分，

如果誤食，會引起腹痛肚瀉，患胃病者食之，後果堪虞。

二、**肺**——蟹殼掀開之後，其下身部分的兩側，有灰色一條條的東西，極似菊花瓣，為蟹的呼吸器官，亦即蟹的肺（腮）部，除不潔外，口感亦惡，通常丟棄不食。

三、**心**——在蟹的兩腮正中央，有個小突起物，其內有一呈六角形卵白狀者，俗稱「蟹和尚」，實際上為蟹的心臟，這部分要清除，以免誤食之後，引發身體不適。

四、**腸**——縱使蟹號稱「無腸公子」，其實它是有腸的。將蟹臍揭下，在臍的末端就看到一條腸，亦是藏污納垢之所。

由於淡水蟹一旦死絕，必肉敗味變，易滋生細菌，不宜食用；故均以鮮活供市。而在選購時，以蟹螯箝力大，肚臍色白而凸出，毛順不雜，腿爪完整，肉飽滿，爬得快，蟹殼青綠色，有光澤，眼靈動，能連續吐沫有聲音為佳。此外，活淡水蟹如用草繩紮緊，使其勿動，裝入濕蒲包置陰涼處，可放置十至十五日，並可遠運。更因淡水蟹尤其是大閘蟹是飛機上的常客，經常長途旅行，從上海飛往世界各地。旅途忍飢耐渴下，想要其肥壯豐碩，實在是強「蟹」所難。故買回而嫌太瘦，可試行將牠育肥，通常只要飼以少量芝麻或打散的雞蛋，泰半都能「肥」身。倘一時不欲食用，可排放在冰箱最下層的生果格內，並覆上濕毛巾，每天「沖涼」一次，可保一週不死，好好享受美味。

淡水蟹須整個吃才正點，且愈大愈珍貴。像「震澤漁者得蟹大如斗」

和太湖一帶早年蟹長尺許、斤把重的「尺蟹」或「斤蟹」，尤為席上之珍。目前能享用到重約十至十二兩間的「蟹皇」，誠屬難能可貴，吃到八兩以上的，已是頂級品；得弄隻淨重六兩以上受用的，堪稱理想。面對以上尤物，明人張岱認為牠們五臟俱全，單吃最好；明末清初的李漁亦說蟹既是世上至美之物，自然「只合全其故體，蒸而熟之，貯以冰盤，列之几上，聽客自取自食，旋剝旋食則有味」。顯然他們的主張與袁枚的「蟹宜獨味」一樣，必須獨用，不加搭配。

「鰣」鮮味美清蒸佳

河鮮中的鰣魚，也是袁枚心目中的獨用妙品。古時將富春江的鰣魚與黃河的鯉魚、伊洛的魴魚和松江的鱸魚並列，號稱「四大美魚」。牠屬脊椎動物門、魚綱、鯡形目、鯡科動物。體呈橢圓形，側扁。體長約在四十公分上下，最長的可達七十公分。頭背光滑、口大、吻尖、無齒。鱗片白如銀，大而薄，有細紋。背部灰黑色，上側略帶藍色光澤，體側及腹部銀白色。而富春江所產者，因唇部略帶胭脂色，一向物以稀為貴。

至於哪裡的鰣魚最好吃，江浙兩省人士，各有獨自看法，莫衷一是。浙江人認為以產於六和塔江邊之「本江貨」為上品，只是為數甚少。江蘇人則認為鎮江焦山一帶的鰣魚質柔腴，味鮮美，一食難忘。由於焦山屹立於江心中流，山上蒼松翠竹，山下迴流湍急，蟲漂特別豐富，正是鰣魚流連聚集之所，難怪宋代大文豪蘇軾食罷，賦詩讚美不已。其詩云：「芽薑紫醋炙銀魚，雪碗擎來二尺餘。尚有桃花春氣在，此中風味勝鱸魚。」顯然認為其味更在松江鱸魚之上。此外，民間一向把鰣魚列為「長江三鮮」之一（註：另二鮮為刀鱭、河豚），同時將牠與蠶豆、莧菜並列為「立夏三鮮」。

到了清末民初時，北京還將鰣魚列為「中八鮮」之一。然而，二十世紀後半葉以來，因撈捕過度，導致長江鰣魚銳減，為免資源匱乏，中共當局已採取休漁及禁捕措施，予以保護。

鰣魚尚有一些很有意思的別稱。比方說，牠的性情勇猛暴躁，魚鱗鋒快，遨遊迅速，若碰到其他魚，常會被其腹下棱形鱗劃破，故博得「混江龍」的名號；且牠自身亦知其美在鱗，故甚愛惜，捕魚人用絲網沉水數寸捕浮游之鰣魚，只要一絲掛鱗，牠就靜止不動，「以護其鱗」，遂稱「惜鱗魚」；而產自寧波海域的鰣魚，形體特大，加上身上甚多刺骨，故有「箭魚」的綽號。其中，最特別的是「三來魚」或「三黎魚」。由於鰣魚在初夏時，為了產卵，便從注入中國東海的大河川，如珠江、富春江、錢塘江、長江等，成群回溯上游。漁民就在下游撒網捕獲。正因回溯河川的時間，一定在夏季，故在魚字偏旁加上「時」字因以為名。其在廣東珠江水域，會往返游來游去，同時在上游孵化的幼魚也會游下來，一共可以捕獲三次，故清代的大美食家梁章鉅在《歸田瑣記》中，才會以此名之。

新鮮的鰣魚必魚目光亮，魚鰓鮮紅，魚體銀白，魚鱗完整，肉質堅實，嗅之無不良異味。唯此魚出水即死，極易陳腐，必須趁鮮快食。每屆春末，鰣魚初到，名叫「頭膘」，數量甚少，捕獲不易，是老饕眼中的頂級珍味。「頭膘」之後，繼之而來的稱作「櫻桃」，亦是上品，等到端午時，盛產之鰣魚，已不算珍食，江南的鎮江、揚州一帶的民俗，端午親友往來，好以鰣魚互贈。等到鰣魚產卵之後，就在深水迴游入海，此時魚身精華盡洩，乾疲乏味。由於霎時便無蹤跡，即使捕獲，也是老瘦無脂，漁者稱之為「鰣白魚」，每製作成鹹魚，身價大跌。

烹魚皆須去鱗，惟於鰣魚獨否，因牠的鱗片有甚多脂肪可供尋味，故《山堂肆考》稱：鰣魚味美在皮鱗之交。故烹調方法，鮮品自然以清蒸的風味最佳，此多用於出水鮮，而放一段時間的稍陳貨，則用紅燒、白燒、粉蒸、煙熏及鐵板炙等方式成菜。多充作筵席中的主菜，著名的菜餚有江蘇的「清蒸鰣魚」，安徽的「砂鍋鰣魚」以及「紅燒鰣魚」、「煙熏鰣魚」和「香糟鰣魚」等多種。

基本上，極鮮之鰣魚在清蒸時，不置調味品，僅用蔥、薑去魚腥足矣，甚至不必放此二物。至於宋吳氏《中饋錄》記載的以花椒、砂仁、醬、水、酒、蔥拌勻和味再蒸；元人吳瑞《日用本草》載的「以五味同竹筍、荻牙帶鱗蒸」；明人李時珍《本草綱目》總結的「以筍、莧、芹、荻之屬，連鱗蒸食」；近人多用豬網油包裹鰣魚蒸食，亦有與苦瓜同蒸的；浙省人氏好用「以上好之火腿蒸之」，號稱「味極鮮腴」；而長江下游之人，多半以其中段「放大碗內，上置火腿片、香菇、綠筍尖絲，小方塊生豬油若干及酒釀少許，外加蔥、薑、酒，隔湯蒸之」，云：「真至味也。」

又，清人童岳薦《調鼎集》記關於鰣魚的燒法甚多。像「煮鰣魚」：「洗淨，腹內入油丁二兩，薑數片，河水煮，水不可寬（即多），將熟，加滾內油湯一碗，爛少頃，蘸醬油。」「紅煎鰣魚」：「切大塊，麻油、酒、醬拌少頃，下脂油煎至深黃色，醬油、蔥、薑汁烹（采石江亦產鰣魚，姑熟風俗配莧菜燜，亦有別味）。」「淡煎鰣魚」：「切段，用飛鹽少許，脂油煎。將熟，入酒娘（即釀）燒乾。」「鰣魚圓」：「膾綠雞圓（凡攢團，宜加肉膠及酒膏，易發而鬆），鰣魚中段去刺，入蛋清、豆粉（加作料），圓成，配筍片，雞湯膾。」，「鰣魚豆腐」：「鮮鰣魚熬出汁，

◎ 清蒸鰣魚。

拌豆腐,醬蒸熟為付,加作料膾。又,鰣魚撕碎,爛豆腐。」「醉鰣魚」:「剖淨,用布拭乾(勿見水),切塊,入白酒糟罈(白酒糟須乾,臘月做成,每糟十斤,用鹽四十斤拌勻,裝罈封固,俟有鰣魚上市,入罈醉之),酒、鹽蓋面、泥封。臨用時蒸之。」「糟鰣魚」:「切大塊,每魚一斤,用鹽三兩醃過,用大石壓乾,又用白酒洗淨,入老酒浸四五日(始終勿見水),再用陳糟拌勻入罈,面上加麻油二杯,燒酒一杯,泥封,閱三月可用。」

綜上觀之,極鮮之鰣魚只消清蒸,不施他料而味至美,即使有配料,套句袁枚在《隨園食單》裡的話,用「蜜酒」蒸食,也就夠了。如果以油煎的方式料理,「加清醬、酒釀」亦佳。此即袁枚在「獨用須知」的本意。然而,非至鮮之鰣魚,古人為使其提味增鮮,就加了一些葷素配料,雖能收到一些效果,終究不是詮釋鰣魚獨用的方式了。

除了以上鰻、鱉、蟹及鰣魚這四味河鮮宜「獨食」外,袁枚認為「味甚厚,力量甚大」,不可加「搭配」的食材,尚有牛、羊二種,在此一一為諸君說明之。

味厚力大宜獨烹的牛料理

　　中國是最早馴養牛為家畜的國家之一。早在先秦時期，牛已列為六畜之中，並以牛為犧牲，而且為三牲之首，稱為「太牢」。而其烹飪的方式，依《禮記》所記周天子「八珍」中的搗珍、漬、熬、糝，這四種皆用牛製作。此外，周代的烹飪方式，尚有肜（牛肉羹）、牛炙（烤牛肉）、牛脩（牛肉乾）、牛膾（生牛肉片蘸醬）、牛胾（醬牛肉塊），吃法更及於脾臄（牛舌）、肥牛之腱（牛腱子）等。且當時犒賞三軍，多用牛、酒，可見牛之為用大矣哉！至於對牛的加工技藝，如《管子》裡介紹屠夫坦的「日解九牛」及《莊子》中的「庖丁解牛」，都是大家耳熟能詳的故事，而後者的神乎其技，更是令人嘆為觀止。

　　秦代以後，中國食牛的記載仍多，像西漢司馬遷《史記‧馮唐列傳》載：「魏尚為雲中守，五日一椎牛饗賓客、軍吏、舍人」；東漢王充的《論衡》記：「飲酒用千鐘，用肴宜盡百牛」等皆是。不過，漢代以後，重農思想抬頭，以致許多朝代都曾下過禁屠令以保護耕牛。例如陶穀《清異錄》即載：後唐「天成、長興中（公元九二六至九三三年），以牛者耕之本，殺禁甚嚴」即是。是以除從事畜牧生產的部分少數民族外，通常都於冬閒時，用淘汰牛供食，直至近代為止，其消費量因而始終甚低。是以對於牛肉的風味，文人甚少詠讚，食籍亦少收錄，只有《晉書》記王羲之好食；《大唐傳載》記「有土人好食燽牛頭」；《桃源手聽》記某皇帝嗜牛筋；唐《雲仙筆記》記巴蜀地區盛行的「甲乙膏」，非尊親厚知不能享用等零星記載。

　　牛屬脊椎動物門、哺乳綱、偶蹄目、牛科動物。主要分成牛屬的黃牛、

水牛屬的水牛和犛牛屬的犛牛這三種。其共同的特徵是體形壯碩，體重數百公斤至千餘公斤不等；草食反芻，胃有四個；一般而言，都帶有角。如按其用途，可分為肉用、乳用、役用以及兼用等多種。由於中國農業目前尚未全面機械化，仍多以牛為役使畜，牛肉的消費量一直甚低，但近年來，菜牛的飼養量大為提高，已漸改變原始風貌，且好食牛肉之人，其比例亦逐日攀升中。

中國的牛肉質向以犛牛的最好，黃牛肉次之，水牛肉再次之。以下就牠們的分布、數量及質地等，逐一介紹。

一、犛牛—— 又稱「旄」、「氂」、「犛」。主要分布於中國青藏高原及西南等地，中國所產獨多，占世界總數的九成左右。其肉色呈紫紅，由於其肌理組織較為細緻綿密，且肉用種肌間脂肪的沉積較多，以致柔嫩醇香，風味極佳。早在戰國時，《呂氏春秋》即有「肉之美者——犛象之約」的記載，加上《玉堂閒話》亦載有「一（犛）牛致肉數千斤，新鮮者甚美，縷如紅絲線」，可謂讚譽有加。不過，長久以來，犛牛在產地仍以役使為主，食用者則甚少。直到二十世紀八〇年代以來，才以活牛出口，廣受各地歡迎。

二、黃牛—— 又稱「畜牛」。主要分布於淮河流域及其以北地區，台灣及金門亦有零星出產。如就體型和性能上的差異，可分為蒙古牛、華北牛和華南牛這三大類。其中，較著名的品種有「秦川牛」、「晉南牛」、「南陽牛」、「魯西黃牛」、「延邊黃牛」等。一般而言，體格高大結實，肉色深紅近紫紅，肌肉纖維較細，組織亦甚緊密，肌間脂肪分布均勻，吃口細嫩馨芳，經醬、滷等方式烹調冷卻後，即收縮成較硬實團塊，可頂

刀薄切如紙樣。近年改役用為食用，開始飼養肉用黃牛，其肉質因餵飼得法，品質業已進一步提升。

三、水牛——主要分布於長江流域及其以南的水稻產區。其軀體粗壯，役力強，肌肉發達固然是其優點，但就食用來說，其色暗紅或暗紫，纖維粗，組織不緊密，脂肪含量亦少，且滷食成菜後，不易收縮成塊，切時容易鬆散，加上帶羶臊味，故風味及品質均差。然而，此應與人們一向以淘汰的老殘水牛供食有關，現已藉肉用水牛的飼養，想獲致優質的水牛肉，為食牛者闢一蹊徑，不再以黃牛及近年來風靡全球的和牛為限。

牛除了毛、齒、角、蹄甲外，全身上下，均可供烹調應用。而在烹調時，幾乎都作主料，並適應各種刀法加工，適宜包括生食在內的各種烹調法，且可賦予各種味型，能作主食、各式各樣的菜餚和小吃。其菜餚不論是冷盤、熱炒、大菜、烤牛排、鐵板燒、湯羹、火鍋等，獨樹一格。中國的名菜如北京的「烤牛肉」、「醬牛肉」，內蒙古的「烤牛肉」，江蘇的「六合盆牛脯」，廣東的「蠔油牛肉」、「爽口牛肉丸」，四川的「水煮牛肉」、「燈影牛肉」、「乾煸牛肉絲」和清真菜的「架裟牛肉」等等，名小吃如陝西的「牛肉泡饃」，甘肅的「蘭州牛肉麵」，安徽的「牛肉煎餅」，湖北的「老謙記枯炒牛肉絲」，廣西的「太牢燒賣」、「牛肉丸」，四川的「小籠蒸牛肉」、「順慶牛肉粉」，雲南的「滷牛肉燒餌塊」，以及江蘇的「牛肉鍋貼」、「牛肉餛飩」等。至於目前流行於歐、美、台灣，出自廣東的「越式牛肉和粉」及紅遍兩岸三地的台灣「『川』味牛肉麵」，則是其流亞。其他如滷醬牛肉的名品亦復不少，像山西的「平遙牛肉」，北京月盛齋的「醬牛肉」等，均宜冷切下酒。此外，牛肉亦可用於醃、臘、乾製，像牛肉鬆、牛肉乾、牛肉脯等食品，宜粥宜飯宜酒宜

◎ 西藏高原特有的犛牛。

茶，同時也是可口的點心。

由上觀之，味厚的牛肉，確實不宜另加搭配。

歷代宮中食羊風氣

羊一名「少牢」、「白沙龍」、「火畜」、「長髯主簿」等，乃脊椎動物門、哺乳綱、偶蹄目、牛科、綿羊屬和山羊屬動物的統稱。據中國二十世紀八〇年代末期的統計，羊的存欄數約兩億多隻，主要分布在北方牧區、半農半牧區、農區和南方山區。台灣亦有零星出產，且以山羊居多。

中國馴化野羊為家畜的歷史悠久。據研究指出：捻角山羊可能是中國山羊的野生始祖；東方盤羊則可能是中國綿羊的野生始祖。早在新石器時代的仰韶、龍山文化遺址中，便挖掘出大量羊骨，可見當時羊已開飼養繁殖。而距今三千年前後的殷商甲骨文便記載著羊通「祥」，即古「祥」字（註：漢・許慎的《說文解字》云：「羊，祥也。」即是），故羊在古代為吉祥之物。

同時甲骨文記述祭祀用羊名「少牢」，重大的慶典最多時，一次用牛、

羊各三百多頭。另，《周禮‧天官篇》所載的八珍中，除炮豚用乳豬，肝膋用狗肝外，其餘的淳熬、淳母、搗珍、漬、熬、糝和炮牂，都與羊肉有關。炮牂更是用整隻小羊製作。此菜於烹製時，先行宰殺，剖腹去除內臟，接著把棗子塞在肚內，外面用蘆草包裹捆紮，再塗上濕黏土，置入火裡燒烤。待濕土烤至乾透，剝去外殼乾泥。洗完手後，再將皮肉上的灰膜去除。隨即取用米粉加水調成粥狀的糊漿，塗滿小羊身上，同時取鼎注油燒熱後，把羊炸至皮脆時取出，切成片狀，放入一只小鼎內，添些許香料，再把小鼎置於裝有大湯的鼎中，然後用文火連續煮上三天三夜。臨吃之際，以醋、醬調味食用。這種烹法十分考究，以致肉質肥而不膩，酥香糯美。直到漢代，仍在食用。只是其工序繁複，不符經濟效益，故自漢代以後，小羊專用火烤，少了油炸程序，更能嚐其原味，此即烤全羊之始。

西周時期，羊僅限於貴族享用，後因繁殖成功，春秋戰國時期，漸成為人們普遍的肉食。據《韓非子》的記載，當時已有「烤羊肉串」。而羊肉製成的名饌亦復不少，北方有「羊羹」、「羊炙」；楚地則有「炮羔」。秦漢而後，飼羊業有了更一步的發展，食羊肉的手法，一再翻陳出新。像《齊民要術》、《食經》等書，便有多款食羊記載，提供了豐富多元的飲食文化紀錄。

到了唐宋時期，隨著烹調方法的提高，非但出現了「渾羊歿忽」、「珍郎」、「于闐法全蒸羊」、「炊羊」、「坑羊」、「鼎煮羊羔」等名饌，而且還出現了用羊肉片（或兔肉片）涮著吃的「撥霞供」（當今涮羊肉之始）等精細菜色。同時據宋代《松窗百說》記載：「乃不如羊肉、白麵、法酒，善調之，自能壯健補益。」可見當時已認識到了羊肉的養生功效，民間更有「伏狗冬羊」之諺。

元代時，蒙古族統一中國，蒙古的肥尾綿羊南遷，食羊延續宋代風氣，羊饌因而豐富多彩。另，仁宗延佑年間（公元一三一四年到一三三〇年），在宮廷擔任太醫的忽思慧，撰就了中國第一部宮廷御膳和營養學的專著《飲膳正要》，該書記載的「聚珍異饌」共九十四款，其中以羊肉為主料或副料的達七十三款，除了用精羊肉烹製外，還用羊的不同部位，通過不同的烹調方法，製作出風味各異的饌饈，實為中國藥膳史上的劃時代巨著及嶄新的里程碑。

明清以來，宮廷內雖有「爆炒羊肚」、「炙羊肉」、「羊肉包」、「燴羊頭」、「酸辣羊肚」、「它似蜜」、「黃燜羊肉」等美味。但清真菜和以羊肉為食材的饌饈，更朝向精細方面發展，種類豐富，風味多樣，尤其是回族用羊肉所烹製的菜品達千款以上，進而使中國清真菜煥發光彩，獨步當世，令人驚豔。

中國三大羊

中國的羊，種類甚多，有綿羊、山羊、黃羊、羚羊、青羊、盤羊和岩羊等。通常分成綿羊和山羊這兩大類。綿羊主要分布於西北、華北、內蒙古等地，平均重約四十至五十公斤。臀部肌肉豐滿，尾部略呈圓形且儲蓄大量脂肪，肉質堅實、色澤暗紅、肉纖維細而軟，肌肉中精肉比例大，較少夾雜脂肪。公綿羊多具螺旋形大角，且無羶氣。山羊則主要分布於華北、東北、四川等地，體型比綿羊小，平均體重為廿五公斤上下，肉呈較淡的暗紅色，皮質厚，皮下脂肪甚少，腹部脂肪較多。公山羊的羶味較濃，但瘦肉較多，仍有可稱道之處。

◎ 維吾爾族烤全羊。

目前中國的羊，其畜養量大、歷史較久，影響層面較廣的品種，主要為蒙古羊、藏羊和哈薩克羊這三類。

一、**蒙古羊**──又稱「胡羊」，係由野羊衍化而來，名種有「灘羊」、「同羊」、「寒羊」、「湖羊」等。「灘羊」，分布於寧夏黃河沼澤地帶，以賀蘭產者最負盛名。其特點為肉油混生，肉質細嫩，毫無羶味。特別是稍加催肥的羔羊肉，滋味鮮美絕倫，別有一番風味，乃肥羊肉中的上上品。「同羊」，分布於陝西關中一帶的洛河流域，唐宋以來，即受推崇。其特點是角小、耳薄、尾肥、筋細、肉味不羶且質地肥嫩。「寒羊」，分布於河南、河北、山東、山西一帶，特點為不論公母均無角，全身雪白，羊尾皆是脂肪，梢部呈「S」形上曲，肉亦細嫩腴美。「湖羊」，源於蒙古綿羊，是南宋政府建都臨安（今杭州）時，在太湖地區經長期風土馴化和飼養培育而成。其特點乃公母均無角，背腰平直，成羊體重四十公斤左右，其肉極為鮮美，甚受食家喜愛。

二、**藏羊**──甘肅南部、陝西西部、四川西北部以及雲南、貴州等地區。體小稍短，重約三十四公斤。公羊有角，母羊無角，肉較細嫩，味亦鮮香，且無羶味。

三、**哈薩克羊**——主產於新疆塔里木盆地，青海、甘肅等地亦有出產。特點是臀肥尾大，肉質豐滿亦鮮美。

不同性質烹調各異

羊肉向有「土人參」的美譽，其用於烹調，有整用和分用兩種。整用，可製成新疆及內蒙的「烤全羊」、金宮廷的「煮全羊」等。分用，則對羊肉胴體分檔取料，除羊頭外，依其不同性質，分別施用烹飪。

一、**頭項**—— 肉質老而筋多，剔去淋巴結，洗清血污後，適宜於切塊燒、醬、滷、燉。如白灼後批片，質脆有口感。

二、**上腦**—— 位於脖子後方及肋條之前，質較嫩，可批片、切絲、剞花、斬茸，適合用於爆、炒、烹、熘、涮。

三、**肋條**—— 位於肋骨部位，肥瘦相間，質地甚嫩，可切條、批片、斬塊，適宜於燒、扒、燉、燜。

四、**外脊**—— 大梁骨外，形如扁擔，俗稱「扁擔肉」。質細嫩，應用廣，可批片、切絲、剞花、斬茸，適宜於汆、炒、爆、熘等。

五、**裡脊**—— 外脊後下端，質嫩，形如竹筍，由筋膜包著，是羊身上最好的一塊肉。於剔去筋膜、經批片切絲後，適合用之於炸、熘、爆、炒、汆、煮、涮。

六、**磨檔**—— 位於後腿上端，質鬆筋少，肥瘦相間，剔去其筋絡，可切絲、批片、剖花，適宜於炸、烤、爆、炒、涮。

七、**三岔**—— 在尾根前端，亦肥瘦相間，質地甚嫩。切塊之後，宜燒、煮、燜、燉；批成薄片，可用於涮。

八、**肉腱子**—— 乃後腿上部之肉，經切絲、批片、剖花之後，可適用於炒、熘、涮等。

九、**腰窩**—— 在腰部筋骨後面，肥瘦相間，夾有筋膜，於切塊後，適宜於燒、扒。

十、**腱子**——位於前、後腿上的肉核，質老筋多，適合醬、滷。

十一、**胸口**—— 前胸部分，肥多瘦少，既可切塊燒、燜，且能批片、切絲或剖花，可運用於熘、炒、涮。

十二、**羊尾**——其脂肪較多，適合用於燒、扒等。

當下以羊肉製成的名饌，已指不勝屈，其較著者有：北方的「涮羊肉」、「月盛齋醬羊肉」、「白魁燒羊肉」；內蒙古的「手把羊肉」、「大炸羊」、「烤羊腿」，「羊肉鬆」；浙江的「白切羊肉」、「張一品醬羊肉」，陝西的「老童家臘羊肉」、「羊肉泡饃」、「清蒸羊肉」、「炸芝麻羊肉」；天津的「燴羊三樣」、「扒海羊」；山西的「茴香燜羊肉」、「太原頭腦」；寧夏的「水盆羊肉」；河南的「槐店熏羊肉」；甘肅的「西夏

◎ 宰羊圖。

石烤羊」、「珊湖羊肉」、「靖遠燜羊羔」;青海的「手抓羊肉」、「乾羊肉」、「香酥岩羊」;山東的「單縣全味羊肉湯」;江蘇的「羊方藏魚」、「子嬰三羊」(羊羔、紅燒羊肉、羊肉湯)及海南的「白汁東山羊」、「紅燒東山羊」等等。

　　基本上,羊肉味鮮而厚,本不須搭配,即自成一格,但羊和魚所合成的「鮮」字,反而眾所周知。而用此二味(註:另一通常是鯉魚)合烹的名菜,即有「羊方藏魚」、「潘魚」、「魚羊雙鮮鍋」、「魚咬羊」等,看來羊肉於獨用外,尚可加魚成菜,另有一番滋味。

總結味重獨烹六食材

　　袁枚認為鰻、鱉、蟹、鱘魚、牛、羊這六種食材,本身的滋味甚醇厚,而且力量甚大,足以單獨運用,而且其流弊也甚多,必須用酸、甜、苦、辛(辣)、鹹這五味,卯足全力來烹飪,才能取其本身長處而去除其流弊,那有捨棄其本味,再別生枝節的道理。他另指出;南京人喜歡用海參搭配甲魚,魚翅搭配蟹粉,看了就皺眉頭。畢竟甲魚、蟹粉之味,海參、魚翅分去還不夠,但無味的海參及魚翅,其本身都須賦味,才能彰顯其美,只

◎ 涮羊肉。

是甲魚和蟹粉的力量尚不足以提升，沾染之後，反而另有異味，或色彩不太搭調。

　　不過，蟹粉固然不足以提升魚翅的滋味，但純用蟹黃或蟹肉燴生（散）翅，卻是香港人喜食的美味。前者用膏蟹開殼，取出蟹黃，利用滾水浸熟或油泡至熟的方法，再與魚翅燴製，蟹黃的甘香腴美，加上彈牙爽口的散翅，既有嚼頭，味亦鮮美；後者將蟹以原隻滾熟，接著拆肉，燴製魚翅後，色澤潔白晶瑩，加蛋清調芡，更能增其嫩滑，頗膾炙人口。

火候須知

　　熟物之法，最重火候。有須武火者，煎炒是也；火弱則物疲矣。有須文火者，煨煮是也；火猛則物枯矣。有先用武火，而後用文火者，收湯之物是也；性急則皮焦而裡不熟矣。有愈煮愈嫩者，腰子、雞蛋之類是也。有略煮即不嫩者，鮮魚、蚶蛤之類是也。肉起遲則紅色變黑，魚起遲則活肉變死。屢開鍋蓋，則多沫而少香；火熄再燒，則走油而味失。道人以丹成九轉為仙，儒家以無過、不及為中。司廚者，能知火候而謹伺之，則幾於道矣。魚臨食時，色白如玉，凝而不散者，活肉也；色白如粉，不相膠粘者，死肉也。明明鮮魚，而使之不鮮，可恨已極。

　　火候是個常見的詞兒，它除了指道家的煉丹功夫及道德、學問、技藝等修養功夫外，主要是指食物的火功，且多半是指烹煮燒炭的火力大小和長短而言。即使它不直接施味於食材，卻對成菜的口味，起了關鍵性的作用，歷來對火候在成菜過程中的重要性闡釋最透徹的，莫過於《呂氏春秋・本味篇》了。它指出：「五味三材，九沸九變，火為之紀，時疾時徐，滅腥去臊除羶，必以其勝，無失其理。」可見早在兩千年前，先哲們便已認識到烹飪食材在加熱的過程裡，會發生一系列微妙變化，而且運用得當，

◎ 古時陶灶模型。

就可使食材呈現出色、香、味、形、質的最佳狀態，進而變成可口的菜餚，所謂「鼎中之變，精妙微纖」，就是這個道理。因此，掌勺司廚們有個行話，為「不到火候不揭鍋」。

火力的強弱談烹調

然而，如何才能「火候足時它自美」？倒是有跡可尋，這可從火力的強弱、食材及炊具的厚薄，熱量傳遞介質等方面著手，自然能摸索出一條可行之道，愈探愈精，妙不可言。

首先就從火力的大小及強弱探討起。以往用薪柴時，火力不好掌握，這點袁枚的大廚王小余就十分出色，每當起火後，他靠近爐灶望著烹具時，必「雀立不轉目」，大氣不敢喘一口，火一太猛，立刻喊撤，「傳薪者以遞減」，等到燒得差不多了，侍者則「急以器受」，只要稍微有點遲疑，鐵定挨頓他的排頭，因火候「稍縱即逝」，千萬馬虎不得。

大致說來，火力因其大小，可分成旺火、中火、小火和微火。如依其功用，尚有子母火及熏火之別。

一、**旺火**——又稱「武火」、「急火」、「大火」。其火苗熊熊燎出爐口，火焰高而穩定，光度明亮，熱氣逼人。操作時須快速烹飪，使食材保持鮮嫩。袁枚認為用之於煎、炒等烹調方法較宜。

二、**中火**——一名「文武火」。其火苗亦燎出爐口，惟火焰略有搖晃，呈黃紅色，光度較亮，熱氣稍大。

三、**小火**——又稱「文火」、「溫火」。其火苗不燎出爐口，火焰較小，時有起落，呈青綠色，光度稍暗，熱度亦小，適合於需較長時間烹製的菜餚，可使食材軟嫩入味。袁枚認為以煨、煮等成菜方式較為適宜。其實小火最適合以烘、燜等方式烹調。

四、**微火**——別名「焐火」。火焰更小，供熱微弱。適合較長時間烹製的菜色，能達到湯清味醇，原汁原味，酥爛渾厚的特點。此法以長江下游一帶應用較多，其炊具多用砂鍋、砂罐等，封蓋嚴密，並常使用稱為「焐窠」的特製爐灶進行加熱。「焐窠」上部放鍋，能使四周和鍋蓋均有保溫層，其下部置炭基，利用炭基微火使鍋內保持恆溫，達到焐製目的。由於焐法費工費時，雖遠在宋、元之時，即有此一燒法，但現已不常使用。台灣的「土窯雞」等，即類此法。

又，火力另以子母火和熏火等方式呈現出異樣燒法。

五、**子母火**——與煨法有異曲同工之妙，係利用燃料燃盡後的餘熱，如灰火等烹製菜餚。通常用木柴、蘆葦、麥草作燃料，燒盡之後，再利用燒餘的火灰倒裝入生馬鈴薯、甘薯、芋芀等食材的煨罐埋入其中，亦有用白果

直接投入者，其目的在使其受熱成熟，食來鬆脆噴香，保持原有風味。

六、熏火——以鋸末、稻糠、茶葉、白糖、甘蔗皮等作燃體，點火後，使其自上而下，或由裡及外慢慢媒燃生煙，並用此熏烤食材，使其帶有煙熏香味，其著者有湖南的「熏臘肉」，四川的「樟茶鴨子」，安徽的「毛峰熏鴨」，廣東的「煙熏鯧魚」，上海的「熏蛋」和挪威的「熏鮭魚」等。

其次要談的是食材老嫩及炊具厚薄兩者的影響。

烹飪食材的性質，固有老、嫩、軟、韌之分，亦因其導熱程度的大小而有所差異。如果食材入鍋不分先後，火力不管強弱，必然導致菜餚生熟不勻，老嫩參差及口味不一。因此，想要烹出美味，只有採用分別投料，運用不同的加熱方法和不同的火力及加熱時間，才有可能奏效。

其他如食材體積與火候亦大有關係，對體積小而薄的食材，採用大火、短時間加熱的方式，便可使其溫度升高到足以成熟的程度；對體積大而厚的食材，由於熱量從表面傳至中心部位所需的時間長，須用中火或小火作長時間的加熱，才不會燒成乾焦、柴澀難食。

熱傳遞介質影響烹飪技藝

末了，要談的則是熱量導體與食材成熟間的關係。所謂熱量導體即熱量傳遞介質，主要為水、油、蒸氣及火等。

一、水。水與食材之間的熱量傳遞屬對流傳熱，其傳熱量與它們之間

的溫差、接觸面積及對流傳熱系數成正比。

二、**油**。油向烹飪食材傳熱的多少，主要取決於油溫的高低。在一定的時間內，油溫高者向食材提供的熱量多，食材溫度升高快，成熟也快。反之，亦然。

三、**蒸氣、火等**。由於蒸氣比水的傳熱強度來得大，且多在密閉的空間裡加熱，因此溫度比水要高；同時以蒸氣加熱，氣不會同食材發生物質交換，故能保持原汁原味。火則可輻射熱能直接傳遞至食材表面，使水分迅速蒸發，形成乾燥的表層，產生誘人的乾香味。

由於以上這些傳熱介質加熱過程的不同，從而產生了炸、烤、蒸、煮等各式各樣的烹調方法，大大地豐富飲食內容。

此外，將經過刀工成形和質感定向處理後的各種烹飪食材，按成菜的要求配齊一定規格的數量，然後進行加熱成菜的步驟，統稱為「烹飪食材加熱成熟技藝」。這是決定菜餚口味、質感的關鍵所在，各有訣竅，變化萬千。

大致說來，中國人燒菜除了賦色、定型、增香之外，主要反映在質感和風味上。為了善變善調，自然注重火候運用，更由此創造了四、五十種烹調方法。而諸多烹調方法是與火候的調節控制相輔相成，因果互通的。總而言之，烹調成菜的一系列技藝，是按譜（菜譜、食單）、按法（烹調方法）循序施技再加以變化而成的。此一技藝則因傳熱介質之不同，又可分成火烹法、水烹法、汽烹法、油烹法及無明火加熱法這五大類，只要運

用得當，無一不是佳餚。

一、火烹法── 乃運用熱輻射、乾空氣為導熱介質，進而使食材受熱成熟的方法。它亦是最古老的原始熟製之法，其歷史可追溯到舊石器時期的中期和後期。起先沒有炊具，只能將漁獵所得禽獸及魚蝦之肉投入火中、置於火上和埋入土灰中，再利用熱輻射使食材受熱成熟。後來人們進一步利用面積大的植物葉子（如蕉葉、荷葉等）包裹食材，或用細長葉子編成席狀包裹，接著又在裏層表面塗泥，用火燒製。其盛行時期，一直延續到陶器出現以後，即使到了今天，仍有一些生活習性原始的民族沿用此法。同時為了翻新花樣，尚能登席薦餐，成為既新穎又復古的烹調方式。

另，像「叫化雞」的烹製方式，即是古法今用最典型的例子。由於這些用火間接加熱成菜的食物，食來別有風味，故迄今還有著十分重要的應用價值。基本上，目前的火烹技法，以烤、熏、烘等為主。

二、水煮法── 以水為傳熱介質，在水對熱傳遞的作用下，使食材受熱變性成熟的方法。由於水具有導熱平穩、溫度恆定、不易焦化的優越性，故在不同的水量、溫度與時間的運用之下，菜餚會形成各種風味特色。又，水可做為溶劑，在加熱的過程中，食材經過水解，就會形成湯汁，此在調製菜餚風味方面，確具有極大意義，更何況通過水解的菜餚，其營養物質悉在其中，便於人體消化吸收。

就歷史來看，水烹法是隨著陶、銅、鐵等炊、灶、餐具的發明而產生，並進一步改良而臻於完善的。它在中國烹飪的技法上，實居極重要的位置。其基本技法中，則以燒、煮、燉、煨、燜、扒、燴、汆、燙、浸等

最為常見。

三、油烹法—— 這是用油為傳熱介質將食材加熱成熟的技法。早在距今四千年以前，可耐高溫的銅製炊具出現，於是以油進行烹製的油烹技法遂應運而生，並把烹調技藝提升到新的歷史階段，根據文獻上的記載，這段時期，人們已懂得綜合運用火熟、水熟、汽熟、油熟等烹飪技法，發展全面，根基雄厚。可以肯定的是，直至今日，油烹法依舊是舞刀弄鏟、大展廚藝的主力燒法之一。

而今以油為傳熱介質的烹調技法，因其用油量的多寡，成菜的質感亦隨之而異，通常有大油量、中油量和小油量之分，從而產生各種不同的烹調方法。

大油量加熱時，其用油量一般為食材重量的四到六倍，最宜用炸的方式成菜，更因其火力、油溫、掛糊、包裹等方式，而有清炸、乾炸、軟炸、酥炸、脆炸、胖炸（一名麵托）及捲包炸之別。中油量加熱時，其用油量約為食材重量的兩倍左右，適合於爆、炒等烹調技法。至於小油量加熱時，其用油量則是食材重量的五分之一上下，最常用於煸、煎、貼、燜等烹調方法。

四、汽烹法—— 此即所謂的蒸。利用蒸氣為傳熱介質使食材成熟的烹調技藝，其用途十分廣泛，適合於製作菜餚和主食米、麵與小吃、點心等，亦可運用於食材的初步熟處理，其工具常見的有籠屜、蒸櫃、蒸箱等。而在蒸製時，一般要求汽量足，蒸器封嚴不漏氣。以致成菜富含水分，比較柔軟、滋潤、清新，口感相對良好。

◎ 河姆渡文化中灶、斧、甑等炊具。

　　蒸法起源於陶器應世之後。中原最早的蒸器為陶甑、距今已有五千年以上的歷史，例如《世本》載黃帝創釜甑，「始蒸穀為飯」；《周書》亦載「黃帝烹穀為粥，蒸穀為飯」。然而，依河姆渡遺址博物館所陳列的第四文化層出土的陶炊具——甗、釜、甑等文物所示，七千年前的河姆渡人已應用了相當科學、完善配套的陶炊具。顯然，中華文化中蒸的烹飪技法可再向前推兩千年左右。由此觀之，蒸的技法始自中國，應無疑問。現已為世界上多種菜系所採用。

五、無明火加熱法——此法最晚出現，乃運用電能、電磁場、電磁波等發動的熱能，進而使食材受熱成熟的方法。由於這種熱能的發生，均無明顯的火焰，故稱無明火加熱，其方式可分成電爐、微波爐及電磁爐加熱等。

　　電爐加熱。（一）電灶：其形式按使用需要設計，並按瓩計算功率，由金屬箱體、加熱器、控置裝置等組成，最適合烤熟食材。（二）電烤爐：借助電能發出輻射熱將食材烤熟。它有底熱、面熱兩條線路，須先控制調節，才能恰到好處。適宜烤製糕、餅、禽肉、畜肉及水族等。其特點為發熱均勻、

可控制強、加上方便、安全、清潔、衛生等,故烤製效果甚佳。(三)遠紅外線烤爐:係利用電能把遠紅外線原件加熱,使爐內溫度升高,再將食物烤熟,亦適合各種食品之烤製。其優點為升溫快、耗電少、無毒、無異味、無污染、安全衛生、操作方便、具有控時控溫等裝置。

微波爐加熱。微波的波長屬超短波,能自由透過玻璃、陶瓷、塑膠等絕緣材質,而不消耗能量,但碰到金屬之類的材質,就會發生反射作用。微波爐靠著磁控管的電子管,能產生每秒變化 24.5 億次的微波,促使食材中自由自在、雜亂無章排列的水分子,按照微波電場的方向縱向活動,因而產生大量的熱能,使食材受熱成熟。它雖能焗、蒸,但無法炸、煎、炒等,故無法達到色澤金黃、質感鬆脆的成菜要求,事實上,以用此將成菜加熱的方式最為常見。

電磁爐加熱。係利用電能產生的交變磁場,磁力線穿透鐵鍋,使鍋底裡感應產生大量強渦流,當渦流受到材料電阻的阻礙時,即產生高熱,將食物燒熟。適合運用於煮、蒸、煎、燉、涮等烹調方式。不過,鍋底一定要和灶台板為相同的平面,兩者的接觸面積愈大,其感應的強渦流則愈大。由於受此限制,故目前電磁爐灶多應用於燒烤及涮鍋等飲食業者上。

袁枚所處的年代,無明火加熱法的炊具尚未發明,在此臚列敘述,其用意在使諸君明瞭時代演進及新一代的烹調方法。

用武火烹煮食物,袁枚認為適合用煎、炒等燒法,當火一弱,燒出來的菜色,將少股香氣和滋味,感覺不太來勁,吃起來疲軟不對味兒。現就談談煎、炒的前世今生。

◎ 鍋貼是極受歡迎的平民小吃。

漫談烹飪技法──煎

　　煎的食材不拘生熟，均須本身或加工成扁平形，以少量的油加熱，慢慢把兩面熟透，並使其顏色變黃的成菜技法。此成菜不帶湯汁，外表酥脆，內部軟嫩，香氣溢出，美觀可口。至於食材是否上漿掛糊、拍粉，則視成品的要求而定，頗有發揮空間。通常煎製品可先著味，或煎製時烹調味汁；也可在成菜後，拌味或蘸味食用。而煎製的用油量，以不覆沒食材為原則。其常用的手法為晃鍋與撥動相結合；先煎一面再煎另一面，使食材受熱均勻、色澤一致。此外，煎法在麵點及「鐵板燒」中也常使用，前者像煎餛飩、煎餃、鍋貼、兩面黃等均是。

　　早在北魏時，煎的技法已獨立存在。《齊民要術》中所載的將蛋液下鍋鐺中，膏油煎之，令成團餅的「雞鴨子餅」，即今煎荷包蛋的原型。另，其把魚肉剁成茸泥後，用手團作餅，膏油煎之的魚肉餅，如將魚肉換成豬肉，另加梅菜或鹹魚，此即廣東家常菜常見的肉餅；若將魚肉改成牛肉，用圓麵包剖半夾食，不就是西方人嗜食的漢堡？等到元代時，煎的技法進一步提升，已出現一種食材鑲入另一種食材的煎品，如《居家必用事類全集》中記載的「七寶捲煎餅」等是。目前常用的煎法分別是清煎、乾煎、

鑲煎及水油煎等。只是在運用時，以清煎的應用面較狹。

一、**清煎**—— 食材不掛糊、不上漿、不拍粉，乃直接入鍋煎製成菜的技法。比較常用者為煎蛋餃、煎蝦餅和煎牛排等。

二、**乾煎**—— 為一種用油量甚少或煎後將味汁收乾的技法。此技法又因而衍生出兩種技法。其一為將主食材漬味後，用麵粉或乾澱粉（註：常見者為太白粉、綠豆粉，芡實粉、藕粉、菱粉、荸薺粉、葛粉、馬鈴薯粉、蠶豆粉等）、蛋清均勻地塗沾兩面，入鍋以少量油把兩面煎成金黃色即成。由於煎製之成品不見油，似乾煎，故名。其較著者有山東的「煎帶魚」、「煎丸子」等。另，在煎製將熟之際，放入少量調味汁液，煎至味汁收乾為止。如粵菜的「乾煎蝦碌」、「乾煎中蝦」，京菜的「乾煎魚」等均是，品質香嫩，清爽適口。

三、**鑲煎**—— 食材採用夾或嵌等方法鑲入餡料，並煎製成菜的技法。其手法比較繁複。採用鑲煎的技法，一種是鑲入餡料後，隨即煎製，像「煎藕餅」、「鑲煎禾花雀」等即是；另一種是鑲入餡料後，再掛糊煎製成菜，其名品有「煎茄夾」、「煎肉盒」等。

四、**水油煎**—— 食材在煎時加水，利用速成蒸氣助熟的技法，適合於點心的成熟。例如上海的「水煎包」，把包子整齊地排列在刷過油的平底鍋內，用大火加熱煎製，待其將熟之際，立即加稀薄的水面漿液，蓋上鍋蓋，煎至水面之漿燼乾，包子皮黏上一層薄而脆的麵衣、底部金黃色即成。它如「生煎饅頭」亦屬水油煎，與前者不同的是，等到饅頭半熟時，啟蓋潑灑適量清水，其成品底部硬脆，上部柔軟，餡心充滿汁液。

◎ 生煎包子是水油煎的技法。

其實煎食物應對其分量的多少、體積的長短作適當的處理。比方說，煎一條稍大之魚，因魚身太長，可切成兩段同煎；如果煎豆腐塊，其因數量較多，可分作兩次煎。唯有如此，才容易保持食物的完整與美觀。

綜上所述，煎物最忌大火，必須小火慢煎，方使食物外表光潤美觀，內部酥嫩可口。否則，外觀焦黃，內心帶生，既無美觀可言，又有異味殊厭，真的不可不慎。袁才子認為煎須武火，若非筆誤，即屬觀念偏差，有以致之。

他指出另一須武火者為炒，這倒是一個正確說法。

漫談烹飪技法──炒兄爆弟

所謂的炒，乃把經過刀工處理過的片、絲、丁、條、粒等食材或本身即是小型的食材，在大火熱油中加熱，迅速翻鍋炒拌、調味、勾芡成菜的技法。這是中菜使用最為廣泛的烹調技法之一。它主要採取以大火熱油速成方式，藉以達到菜餚緊油包芡、光潤飽滿、清鮮軟嫩、口味千變萬化的效果。更何況它與煎同樣是時下「鐵板燒」成菜的主力。

炒的技法是由煎發展而來。北魏的《齊民要術》一書中，已有「炒」字出現。其中的「鴨煎法」便稱：將肥嫩鴨肉炒至極熟，下椒、薑末食之。到了宋代，炒法已普通應用，像《東京夢華錄》、《夢粱錄》、《吳氏中饋錄》等書中的「炒白腰子」、「炒麵」、「炒白蝦」、「炒兔」等即是。明清以來，它又衍生了醬炒、蔥炒、烹炒、嫩炒等技法。炒法遂成為當下中菜最火紅的烹調法之一，可分成生、熟兩種，技法多端，五花八門。

一、生炒—— 生的食材不上漿、不滑油，直接用大火熱油速炒至斷生成菜的技法。由於食材未經漬味，又不上漿，加水不用湯，也不勾芡，以致菜餚清爽不膩，極為適口。常見者有「炒菠菜」、「高麗菜炒香腸片」、「洋蔥炒肉絲」等。而從生炒派生的技法，計有清炒、滑炒、軟炒、湯炒、水炒及小炒等六種，眾妙畢備，是炒法的大宗。

清炒——俗稱「淨炒」。食材單一，不加配料，也不上漿，先溫油滑油，再大火熱油加熱至熟的技法。一般不勾芡，依食材上的漿汁著味。成菜鹹鮮滑爽，盤底無汁。其著者有「清炒蝦仁」、「清炒肉絲」等。亦有食材不上漿、滑油。直接入鍋炒製成菜者，其盤內略帶清汁，如「清炒肉片」等即是。

滑炒—— 又名「上漿滑油炒」。乃先把食材上漿劃油後再炒的技法。適合用於質地較細嫩的雞肉、豬肉、魚肉和蝦肉等動物性食材。滑炒時，除食材本身的體積小外，須先經刀工處理成絲、片、丁、條等，於上漿之後，放入溫油鍋內劃油斷生，待撈出瀝油罷，接著置入大火熱鍋中加熱，並隨下芡汁迅速翻炒，使芡汁包附在食材上。成菜柔潤滑嫩，甚至可以澆飯。如「滑蛋蝦仁」、「松仁魚米」、「蠔油牛肉」等均是。

軟炒—— 一名「推炒」、「泡炒」、「濕炒」。製作之前，食材須加工成茸或細粒，經瀉成液狀後再炒的精細技法。而在軟炒時，食材下入高溫九十度至一百三十度的油鍋後，要用手勺穩而快且不斷地推炒，使其受熱均勻，又不致過於散碎，待凝結至熟即成。一旦過火，易脫水變柴。成菜以細潤軟柔腴滑，色白有光澤著稱。如「金瓜炒米粉」、「芙蓉雞片」、「大良炒鮮奶」等皆是。

湯炒—— 又稱「落湯炒」。為一種食材不上漿、滑油，直接與白湯調味料一併下鍋，再加熱炒製成菜的技法。其於製作時，食材一下鍋，便用大火燒沸，以鐵勺炒拌，進而使其色澤、調味和勻；接著勾芡，加些明油，再推炒翻鍋，待滷汁緊附於食材上即成。成菜包汁、明亮，香透不膩，原味呈現。如「炒什錦」、「炒三鮮」、「冬筍炒麵筋」等，皆用此法。

水炒—— 另名「老炒」、「水油炒」。乃炒製時，用水的比例大過油的一種技法。如「水炒蛋」（註：即滑蛋和極近似的黃埔蛋），炒鍋燒熱後，先加一匙油，再加一碗水，一等到燒沸，將預先攪透的蛋液，不斷以鐵勺推炒，待水分蒸發即成。成菜清嫩適口，腴爽可人。又，綠葉小枝的蔬菜也常用此技法，因能保持水分或減少其水分排出，故成菜翠綠鮮嫩。

小炒—— 又稱「隨炒」。為食材先經漬味，在大火熱油中迅速翻炒成菜的技法，宜於經刀工處理後的條、片、丁、絲或本身小型的食材。成菜澤潤光亮，鮮嫩滑爽。其著者有「小炒肉」、「炒下水」、「芹菜牛肉絲」、「白油肝片」等多種。

◎ 快炒小吃總是令人胃口大開。

二、熟炒——把已煮熟的食材經刀工處理後,再用少量油炒製成菜的技法。由於是熟料再炒,能將食材內的水分進一步排出,讓它在炒熟的過程中,盡可能地多吸收調味料,故成菜的口味濃郁,饒有回味。又因其勾芡方式的不同,產生不同的菜色。如不勾芡的有「回鍋肉」、「回鍋滷味」;勾薄芡的為「蝦籽蹄筋」、「蠔油鵝掌」;勾稀糊芡的有「炒蟹粉」及勾厚芡的「清炒鱔糊」等,滋味多端,耐人尋味。其法計有抓炒及焦炒兩類。

抓炒——又名「托炒」。乃食材要先經掛糊、油炸製熟後再炒的技法。一般不需輔料,掛糊可選擇蛋清、澱粉糊或淨澱粉糊。而炸製的油溫,則以五、六分熱的為佳,始可避免食材捲曲成環或成團。一俟炸熟,即用漏勺抓(撈)起,立刻用少量油炒製,其調味的芡汁當以剛好包住食材為度。成菜明汁芡亮,外層香脆,內質鮮嫩。其最著者,乃清宮御廚王玉山所創製的「抓炒魚片」、「抓炒大蝦」、「抓炒裡脊」及「抓炒腰花」,號稱「四大抓炒」,它原本是慈禧太后愛吃的佳餚,現則成為北京「仿膳飯莊」的名菜,深受海內外食家的推崇。

焦炒——刀工處理過後的食材或小的食材經漬味後,在熱油中火炸至焦味時撈出,然後加清汁烹炒成菜的技法。當食材入大火熱油中炸時,亦

可採用複炸方法，其目的在既有焦香，也不枯柴。此外，炸後放入炒鍋內添清汁炒製時，要不間斷地顛鍋翻拌，使汁充分滲入食材即成，成菜質感乾香，脆中帶韌，滋味濃郁耐嚼。如「焦炒肉片」等是。

基本上，我認為與炸同樣須用武火者，尚有爆。由於爆的菜式不多，所以應用範圍亦窄，現常與炒並稱「爆炒」。

一般所謂的爆，係指將準備好的小型食材，利用大火、熱油、熱醬或熱湯的熱能，在極短的時間內，使之成為各種口味不同的速成菜之技法。此法宜於質地具有一定脆性的食材，如肚尖、雞或鴨肫、墨魚、活蝦及剔除骨、筋、膜的禽、畜肉等。而欲爆的食材在刀工處理上，除了厚薄、大小、粗細必須一致外，還要採用剞刀法，用刀刃切入食材深處，使連而不斷。調味料亦要先兌好汁，以利於縮短受熱時間。有的食材還須先放到沸湯內浸泡一下，使其受熱緊縮後，排出一部分水分，從而加速受熱成熟。此際再將燙泡的食材撈起甩去水分，馬上放入大火沸油鍋內，隨手用鐵勺一推，迅速連鍋端起，一併倒入漏勺瀝油。其加熱約在三、五秒鐘內完成，動作迅速敏捷，抓住瞬間功夫。如此，成菜才能達到脆嫩爽口的效果。

爆的技法應由兩宋時期的「爆肉」和「爆齏」演變而來。當時製作的「肉生」，曾使用「爆炒」一詞。明代始見「油爆」的製法，其菜餚有「油爆豬」和「油爆雞」。晚至清代，才出現焯水、油炸、爆製的成菜工序。又，油爆一名「爆炒」或「生爆」；湯爆則始自元代，如「湯肚」、「腰肚雙脆」；清代再出現水爆。而湯爆和水爆之所以借用「爆」這個詞，即因此詞含有快速操作和迅速成熟之意。基本上，此兩種爆法，類似汆的技法。此汆為利用滾湯、滾水的大量熱能，促使食材在短時間內迅速成熟的

一種速成烹調方法。

　　所謂湯爆，是將食材經沸水汆至半熟，再用已調味的沸湯至熟的技法，宜於雞肫、鴨肫、肚仁等食材。唯此法在操作上難度甚高，成菜要求清鮮嫩脆，既要去腥又能保持原味。且上桌時，隨湯附上白胡椒粉、滷蝦油、香菜等，由食客自行調汁蘸食。而湯爆菜的特點則是能使食物色彩鮮明，味道清爽，沒有油膩的特點。至於水爆的技法與湯爆雷同，差異只是其第二次沖燙食材時，所用的是沸水。

　　目前爆的技法，除前述的湯爆、水爆外，尚有生爆、油爆，以及從油爆衍生出來的各式各樣的味爆。

　　生爆為食材未經過熟處理即直接爆製成菜的技法。食材通常先處理成片狀，上薄漿或漬以甜醬，逐行用大火熱油爆製，且鍋內所加的油，必須被菜餚充分吸收，其名菜有「爆三脆」、「生爆兔片」等。又，進行爆製時，須在鍋內油溫加熱到油面燃燒呈現飛火之際，隨即投入食材爆製成菜。由於出現飛火，飲食業的行話叫「火爆」，如「火爆腰花」即是。

　　油爆乃將上漿或不上漿的食材，先入沸水鍋中急汆，撈出之後，再用大火熱油速爆成菜的技法。且食材不上漿的，有先在沸滾水中急燙，取出甩乾水分，隨即放入大火沸油中急爆成菜者，此法以北京、山東、東北等地的廚師最擅製作，如「油爆肚仁」、「油爆雞肫」等菜即是；亦有食材不經沸水急燙而是直接放入大火沸油急爆成菜者，當下以福建、廣東等地的司廚採用此法較多。其名菜有「油爆海螺」、「油泡生腸」等。而食材上須上薄漿的，通常先用溫油過油，使漿液包住食材，然後在大火沸油急

爆成菜，目前以江蘇、浙江、河南、陝西、福建等地的廚者較常運用此法。其叫得出名號的佳餚，計有「蝦爆鱔背」、「油爆雙脆」、「爆海貝」、「油爆肚尖」等。此外，廣東人把油爆別稱油泡，如不須上漿的「油泡腎球」及要上漿的「油泡蝦球」等。

味爆其實是根據所用調味料的不同，而冠以不同的名稱，如芫爆、薑爆、蔥爆、鹽爆、辣爆及醬爆等，其基本操做法一如油爆。且其菜餚之上，多冠以調味料之名，如「芫爆肚仁」、「薑芽爆雞柳」、「蔥爆羊肉」、「辣爆蟶子」、「鹽爆二條」和「醬爆雞丁」等均是。一般而言，味爆能使食物色美味香，令人胃口大開。

袁枚認為文火烹煮食物，宜用煨、煮之法。一旦火勢太猛，食材就會枯、焦，實在很難下嚥。因此，要保持食材美觀，而且又燒得透，必須小火慢煮，才能達到一定的效果。以下試就此一水、火成菜的方式剖析，讓諸君能一窺火候之究竟。

不論是用文火或先用武火然後用文火熟物，基本上都屬水烹法的範疇。此法是以水為加熱體，在水對熱傳遞作用下，使烹飪的食材變性成熟。由於水為傳熱介質，具有導熱平穩、溫度恆定、不易燒焦的特性，因而在不同的水量、溫度與時間的作用下，菜餚會形成各式各樣的風味，呈現出軟、爛、黏、潤、醇厚及嫩的特色來。另，水亦是溶劑，其在加熱的過程中，食材一旦水解，就會形成湯汁，它在調製菜餚上的重大意義，即是通過水解後，食材內的營養物質釋出，便於人體消化吸收，尤利老人與幼童。

基本上，水煮法是隨著陶、銅、鐵等炊、灶餐具的產生而臻於完善的。

它在中國烹飪的技法中，一直占有極重要的位置。純用文火熟物，除煨外，主要有燜、扒、煲等成菜方式；如果先用武火、再用文火熟物，則有煮、燒、熬、燉和燴等技法。因此，袁枚《隨園食單》在「火候須知」文火中所拈出的「煮」，實先武後文，並非純用文火，為免各位產生誤會，且將「煮」列入以後討論，在此先就「煨」及燜、熬、扒、煲等技法，先行釋義並述其本末。

文火熟物技法──煨

一般所謂煨，是指將葷、素食材，不管是否先行處理整治，均埋入有火的灰燼中，利用火的餘熱，使食材慢慢成熟的成菜方式；或把食材放入器皿中，加多量的水，用小火或微火長時間加熱，使湯面一直保持漣漪狀態，直到食材酥爛成菜的技法。而在運用此法時，食材可直接置入鍋中，亦可經炸、煎、煸、焯後，再行入鍋。前者俗稱「火灰煨」，古名「糖煨」或「爆」；後者則俗稱小火煨，為目前的主流煨法。

火灰煨通常是用樹葉、枯草、木屑或稻殼的火灰以煨製食物，舊時的農家便常利用灶灰餘火，用瓦罐煨湯及煨粥等。江南的百姓早年亦常將白果及栗子置於灰燼中，煨熟再食，其味甘香適口。而歷史上最有名的火灰煨製的佳餚，首推南宋人林洪在《山家清供》一書中記載的「傍林鮮」。他指出初夏時節，用浙江天目山盛產的竹筍，「掃葉就竹邊煨熟」，因其滋味極為鮮美，故取此一極有詩意的名字，引人不盡遐思。

用小火煨之法，係由煮、熬等技法演變而來，始見於清人朱彝尊《食憲鴻秘》一書。袁枚的《隨園食單》內，亦載有紅煨、白煨、清煨、酒煨

等煨法及一些名菜。大致來說，此技法適宜用於質地粗老不易煮至酥爛的食材，如整雞、整鴨、整鵝及畜肉等。其在製作前，不需浸漬調味與上漿、掛糊，也不用勾芡。其成菜軟糯酥爛，湯汁寬而濃稠，口味鮮醇醇厚，屬標準的火功菜。早在二十世紀三、四〇年代，餐館便要求顧客提前一日預約。後因加熱時間過長，不符經濟效益，且為業者帶來諸多不便。於是乎自五〇年代後期以後，餐館相繼採用先用大火燒沸，然後再用中火或小火煨製，進而縮短加熱時間的方法，正因偷工之故，多數湯質與味道皆略遜於舊法，自毋庸贅述了。

目前常用的煨法，計有紅煨、白煨、清煨、糟煨和武漢家常菜中常見的罐煨等五種。

一、**紅煨**——食材加醬油等有色調味料煨製成熟的技法，湯汁色呈棕紅。其名菜有《隨園食單》著錄的「蘑菇煨雞」、「湯煨甲魚」、「紅煨豆腐」、「煨麻雀」等，另有「母油（三伏頭抽醬油）船鴨」、「紅煨牛肉」、「肉絲黃豆湯」等菜餚。

二、**白煨**——食材不加帶色調味料煨製成熟的技法。成菜仍保持食材本色，湯汁渾白而濃。著名的佳餚有由「筍煨火肉」、「火腿煨肉」二菜演進而成的「醃燉鮮」及「蟹黃魚肚」等。

三、**清煨**——手法與白煨近似，較宜於植物性為主體的菜餚，其湯汁甚清。名菜有「黃芽菜煨火腿」、「煨麵筋」或「煨菜花」等。

四、**糟煨**——食材用香糟為主調味料煨製成熟的技法。其成菜具有濃郁

的酒香。常見的菜色有「糟煨玉米筍」和「糟煨冬筍」等。

五、罐煨——煨湯的食材多選用雞、排骨、牛肉、鱉肉等，放入特製的煨罐內，一次加足清水，以小火煨透而成。成菜湯清而不淡，濃而不滯，質爛滑嫩，和而不寡，具有醇厚腴美的口感。堪稱是開胃滋補的理想湯菜。

談完煨法後，接下來要談的是與煨有異曲同工之妙的燜法。

「燜」、「炆」同技不同名

燜簡單地說，是一種將經過初步熟處理的食材加湯水及調味品後密封，用中、小火以較長時間燒煮至酥爛而成菜的烹調方法。兩廣人士另稱其為炆。此法多運用於具有一定韌性的禽、畜肉，以及質地較為緊密細膩的魚類上。其初步的熟處理，則需根據食材質地分別以焯水、煸炒、過油等方式先行料理，然後進行燜製。使用燜的技法，最理想也最常見的器皿是陶製炆具，燜時要加蓋，且須嚴密，有的甚至用軟柔的紙把蓋縫糊嚴，使鍋內形成加壓環境，藉以保持恆溫，達到食材酥爛的目的。故飲食業的訣語為：「千滾不抵一燜。」尤須注意的是，燜時要經常晃鍋，以防食材黏底。此外，燜菜通常不勾芡，湯汁自行黏稠，亦有在出鍋時勾少許芡，或在裝盤之際淋點明油的。其成菜的特點為：質地酥爛，湯汁濃稠，形態完整，口感軟滑及滋味醇厚香美。

燜的技法是從燒、煮、燉、煨演進而來。古辭書中並無燜字。燜法最早見於宋代，如《吳氏中饋錄》「治食有法」中的「煮諸般肉封鍋口⋯⋯易爛又香」。元代《居家必用事類全集》內，已記較多具體燜製方法，像

127

◎ 春秋晚期四虎蟠龍紋豆。

「煮諸般肉法」中的「羊肉滾湯下，蓋定慢火養」；「罯兔」中的「瓦盆蓋，紙糊合縫，勿走氣」；「粉骨魚」中的「盤蓋定，勿走氣」；「酥骨魚」中的「盤合封閉，慢火養熟，其骨皆酥」等皆是。明代《遵生八箋‧飲饌服食箋》一書裡，開始出現「悶」字，如「心渫肉」中的「蒲蓋悶，以肉酥起鍋食之」，即為明證。

到了清代，「悶」字應用頗多，並出現了「燜」字，如《隨園食單》「鴨脯」中的「用肥鴨斬大方塊，用酒半斤，秋油一杯，笋、香蕈、蔥花燜之，收鹵起鍋」；「掛鹵鴨」中的「塞蔥鴨腹，蓋燜而燒」等。清中葉之後，「悶」、「燜」二字始見於菜名，如《調鼎集》中的「悶豬腦」、「悶雞」、「悶羊肝絲」、「悶荔枝腰」；《素食說略》中的「悶髮菜」等等即是。此外，《調鼎集》中亦出現了若干燜的技法，如鍋悶、乾悶、黃悶、蘇（酥）悶及罐悶等，不僅燦然大備，並為現代的燜法奠定了深厚的根基。

而今燜法已成為經常使用的烹調技法之一，除用於火功菜外，也常用於臨灶催爛以快速成菜的手法。由於食材生熟不同，燜可分為生燜、熟燜；因傳熱介質不同，有油燜、水燜之別；因調味料之不同，可分成

◎ 西漢青銅灶。

醬燜、酒燜、糟燜；因成菜色澤不同，再分為紅燜、黃燜，還有因技法變化而分的乾燜、酥燜、大燜、鍋燜、家常燜等。以下就習見的燜法，一一加以說明。讓閣下對燜法之妙，有更進一步的了解。

一、**生燜**——以生的食材直接入鍋燜製的技法。以「生燜狗肉」及「生燜羊肉」較為常見。

二、**熟燜**——食材經半熟或成熟後再進行燜製的技法。其在製作時，食材先經煮、蒸、煎、焯等初步熟處理後，再加湯、調味料，加蓋燜製至熟，常用於「燜豆腐」、「罎子肉」之上。

三、**紅燜**——食材使用諸如醬油與紅糖等有色調味料後再燜製的技法。其在製作時，先把食材經有色調味料拌漬上色，以熱油炸過，放入鍋中加湯及有色調味料，隨即加蓋燜至成熟。其名菜有潮州菜的「紅燜海參」，山西菜的「紅燜猴頭」，福州菜的「紅燜通心河鰻」和家常菜的「紅燜肘子」、「紅燜苦瓜」、「紅燜鴨」等。此外，充當做麵點澆頭的「燜肉」、「燜蹄」，亦常用紅燜之法燒製。其成菜呈深棗紅色，且在運用上十分廣泛。

四、黃燜——食材在燜製之時，適時適量上色成熟的技法。其手法與紅燜類似，但有的是先炒後燜，同時它所用的有色調味料如雞油等，較紅燜為淺。其名菜有清宮廷的「黃燜羊肉」，上海的「黃燜箸甲（即鱘魚）」與家常菜中的「栗子黃燜雞塊」等。

五、水燜——一名「白燜」、「原燜」。指食材不加有色調味料，直接用水煮或籠蒸後再燜製成熟的技法。它既可保持食材的固有色澤，同時適宜於高檔海料的烹調。其名菜以廣東的「原燜魚翅」等，最膾炙人口。

六、醬燜——食材以醬製品充作主要調味料所燜製成熟的技法。其在烹製之前，須先將醬煸炒出醬香味後，接著加湯加水，再加其他調味料、主食材等，然後加蓋燜製成熟。其習見的菜色有「醬燜苦瓜」和「醬燜魚塊」等。

七、酒燜——食材以酒當做主要調味料燜製成熟的技法。此酒中外不拘，可用紹興酒、紅麴酒、米酒、葡萄酒和啤酒等。且烹製時，以酒代水或加入大量的酒。本法頗適合禽、畜類的食材。成菜酒香濃郁，以上海菜的「貴妃雞」最負盛名。

八、油燜——食材經炸製後，用較多的食用油燜製成熟的技法。適合用於蔬菜類的食材。名菜有浙江的「油燜筍」和「油燜花菇」等。

九、乾燜——食材在加熱時，不加任何湯、水燜製成熟的技法。如魚塊切後漬味，在滾油中炸至半熟，置入燜的器皿，略加些食用油、紹興酒、醬油、薑等調味料，再用微火燜製成菜。其著名的菜色有江西的「黃

燜魚」等。

特殊地方才有的「煲」與「扒」

煲和扒這兩種技法，亦是用文火燒製菜餚的方法。只是前者為嶺南的廣東、香港所獨擅；後者則是北方各省拿手的成菜方式，甚少見於南方各地。

煲是一種將食材先行煎過後，再放入陶製的煲內，加沸水、調味料，然後用中小火煲至軟爛成菜的技法。通常在煲製時，按食材的老嫩，決定成菜時間的長短。須煲得較久的菜，有「冬瓜煲老鴨」等。而煲的時間較短的菜，如食材先經初步處理之「豉椒魚雲煲」等即是。

而與煲極近似的技法為煀，試說明如下：

煀為一種把整料或大塊的食材漬味，經煎或炸後，置於鍋內，下輔料、調味料、湯水等，以中、小火燒至軟爛，淋麻油推勻成菜的技法。其食材有的須上漿或拍粉，如湯汁不夠濃稠時，亦可稍下芡粉增稠。而在裝盤時，甚至須改刀。此法多見於廣東、福建等地。其技法以瓦罉煀、煎煀為主。

一、瓦罉煀——在瓦罉中煀製成菜的技法。先在陶鍋底下墊上竹箅，排上蔥條等，將已漬味的食材，如魚放在上面，再鋪上其他輔料，將極燙的油淋澆魚身，加蓋用大火加熱至沸，轉用中火煀至成熟，盛入長盤，淋上原汁、麻油等。成菜保持原味，肉質鮮嫩肥美，滑嫩清香。名菜有廣東的「瓦罉煀文岌鯉」、「瓦罉煀水魚」等。

二、**煎焗**──食材先經煎或炸後，再用中火焗製成熟，以原汁勾芡成菜的技法，其名菜有廣東的「蔥薑焗鯉魚」等。

　　最後要談的是與燒、燉、蒸相類似且用文火的「扒」技法。

　　扒是一種將經過初步熟處理後的食材整齊入鍋或扣入碗內，小火烹製收汁，保持原形成菜裝盤的烹調技法。由於此法特別重視形的排列，所以上海等地又稱之為「排」。然而，最擅長用此技法的反而是山東、北京、東北諸地。通常用於製作筵席主菜。所用之料大都為高檔食材，如魚翅、海參、鹿筋等；或者用於整隻、整塊的雞、鴨、肘子等；亦適用於經刀工處理過的條、片等動植物食材。而在製作扒菜前，主食材須先透過汽蒸、焯水、過油等初步熟處理，有時須用複合的方法，讓其入味後，再進行扒製。同時食材要先經過拼擺成形的工序，目的在保持整齊美觀的形狀。接著食材入鍋之際，應平推或扒入，加湯汁亦要緩慢或沿鍋邊淋入。且烹製之時，一律使用小火，避免湯汁翻滾，影響菜形完整。如果需要勾芡，則應晃鍋淋芡。還有的會在主料裝盤後，將湯汁收濃，再澆在菜餚上。成菜排列整齊，質感軟爛，湯汁濃醇，菜汁融合，豐滿滑潤，光澤美觀。

　　扒法在過程中，因所用調味之不同，而有白扒、紅扒、蔥扒、奶油扒、五香扒、蠔油扒之分；又因使用炊具之不同，可再分為籠扒、砂鍋扒及炒鍋扒之別。現一一分析如下：

　　一、**白扒**──扒製時不用有色調味料，保持食材本色。成菜色純油亮，口味清鮮。名菜有河南的「白扒魚翅」，黑龍江的「白扒鹿筋」，吉林菜的

◎ 新石器時代陶甗。

「白扒松茸蘑」，遼寧菜的「扒三白」以及清真菜的「白扒雞肚羊」等。

二、紅扒——扒製時用醬油等有色調味料或加糖色。成菜色澤棕紅，口味濃郁。名菜有河北菜的「扒瓢口蘑」，北京譚家菜的「扒大烏參」及常見的「紅扒羊肉」及「紅扒肘」等。

三、蔥扒——將大蔥炸黃起香後，再與主料一起扒製。成菜蔥香濃醇，誘人饞涎。其名菜有江蘇菜的「金蔥扒鴨」，河南及山東菜的「蔥扒魚唇」，清真菜的「蔥扒牛舌」等。

四、奶油扒——扒製時，有用奶油澆汁扒製的，如北京菜的「奶油扒白蘑」，河南菜的「奶油扒廣肚」。成菜具有色澤乳白、奶香四溢的特點。

五、五香扒——將主料加八角、花椒、肉桂、草果、丁香、小茴香等一同扒製，適合用於禽、獸等野味。成菜具有特殊香氣，有開胃生津之效。以黑龍江的「五香扒野鴨」及青海、甘肅、新疆一帶的「生扒羊肉」較為常見。

六、蠔油扒——將主料煨、蒸後的原湯汁加蠔油一起收濃，於勾芡後，再澆在主料上的技法。此法嶺南人士最常使用，其名菜有「蠔油扒鵝掌」及「蠔油扒鴨腳」等。

七、籠扒——食材經燒、煮等半成品後，再扣入碗內，繼續上籠蒸，至極酥爛，覆扣在盤中，用原湯汁勾芡澆上。成菜形態飽滿完整，裝盤簡便，質爛汁醇。著名的佳餚有天津菜的「扒通天魚翅」，福建菜的「扒燒四寶開烏參」，山東菜的「扒原殼鮑魚」、「扒雛雞」，河南菜的「扒窩雞」以及浙江菜的「扒八珍」等。

八、砂鍋扒——將主料的海參等用紗布包好，與雞腿、肘子等一起放進砂鍋，並用雞骨、豬骨等墊底（也有墊竹箅的），加湯以小火燒至主料軟爛入味時取出，放入盤內，同時擺好菜餚的形狀，另起鍋把原湯汁勾芡澆上；或將主料排入砂鍋，上置紗布包好的雞腿、豬肘扒製成菜的技法。

九、炒鍋扒——一般為炒鍋底用竹箅墊襯，將主料魚翅、大烏參等經焯水後排在竹箅上，再用大片的豬肘或雞腿覆蓋其上，加湯水扒製，待湯汁濃稠，取出主料覆在豬肘或雞腿上，然後扒入盆中，澆上收濃的湯汁即成。

此外，值得一提的是一種先煎後扒的煎扒技法，即把主料兩面煎黃後再行扒製。其最著名者為開封「又一新」餐館的豫菜大師黃潤生親為康有為掌杓的「煎扒青魚頭尾」。康氏品嚐之後，不禁拍案叫好，即興題了「味烹侯鯖」四字，傳為食林佳話。

在談完用武火及文火烹煮食物後，接下來要討論的是先用武火，再用文火的料理方式，用此法的目的在以小火收湯，非但使食材入味，同時令湯汁醇醲濃郁，俾開胃生津。大致說來，先用武火，再用文火的烹調技法，主要表現在燒、煮、燜、燉、熬等法之上，試為諸君們詳道其中之奧妙。

水烹法之一：「燒」

　　燒為水烹法的一環，難度較高，口味多變。一般而言，食材須先經煸、煎、炸、蒸等製成半成品後，加調加料和湯水，以大火燒沸，加蓋，轉用中、小火燒透入味，最後再用大火濃稠滷汁。其成菜滷汁少而黏稠，口味質感鮮濃軟嫩，以入味著稱。

　　然而，古代熟製食物所用的「燒」字，與今日有截然不同的內涵。原來，起初將食材直接上火燒烤，人們稱之為燒，實與目前之烤無別，而且歷時甚長。直到食物直接入鍋，在鍋下加熱熟物時，亦稱之為燒。到了宋元時期，才開始有加湯汁的燒法。像元人倪瓚的《雲林堂飲食制度集》所載的「燒豬肉」、「燒豬臟」等即是。清代時，燒法得到進一步發展，在烹飪時廣泛運用。較著者有《調鼎集》記載的「燒肚絲」、「燒皮肉」、「燒冬筍」、「燒瓢蝦絨」等，同時還出現了紅燒、乾燒等名目。而今在華南一帶，滷味的烤製仍沿用「燒」字。基本上，燒適宜於畜、禽、水產、莖根類蔬菜、豆製品等食材的烹製。

　　另，由於所用食材之不同，燒時所運用的火候各有變化，不可一概而論。通常禽、畜之肉難以熟爛，應採用中、小火加熱，以較長時間令其熟化均勻，滲透入味，不會燒糊；但魚類及軟嫩易熟的食材，則應採用中火

◎ 紅燒豬腳是台灣常見的家常菜。

加熱，以較短的時間，使之入味和成熟，且又不至於老柴。因而廚行便有「文火燒肉，武火燒魚」；「肉要煸，魚要煎，禽要炸，白燒要焯水」等諺語。總而言之，在燒之時，不管採用何種工序，其目的皆是為了使成菜增香、上色、入味、形整，並具有其應有的質感。

近代的燒法變化萬千，多種多樣。如以其基本技法區分，按色澤可分成紅燒、白燒；按初步加工處理的不同，可再分成炸燒、煸燒、煎燒、軟燒及乾燒等，如按風味來分，則可分成蔥燒、醬燒和糟燒等。

一、**紅燒**——食材在烹製時，須添加醬油、糖類等帶色調味品。成菜色澤醬紅或紅褐色。按此法為燒法最大宗，適合烹製各種性質全然不同的食材。比方說，對不易成熟的大塊畜肉、鴨禽、整魚等，燒前須預熱加工成半製成品；方肉、整魚且需剞花刀，俾易熟入味。大抵烹製前，得先用油滑鍋後，下蔥、薑熗鍋煸香，接著下食材，或煎、或煸。如燒畜、禽肉，可煸至外層緊縮色變；而疏鬆易散的豆腐等，只須稍煎，再加能賦色之調味品，如醬油、白糖等，然後添加適量的湯或水，用大火燒沸，加蓋，轉用中、小火燒透入味，最後以大火收稠滷汁；或用糊，加濕澱粉勾芡，再加點油翻鍋即成。其名菜有上海的「蝦子大烏參」、「紅燒下巴」，浙江

的「鍋燒河鰻」、「冰糖甲魚」及台灣家常菜中常見的「紅燒豬腳」等。

二、白燒——採用本法時，食材在正式烹製前，一般都經過汽蒸、焯水等初步熟處理，接著添湯或水，以鹽等無色調味品進行燒煮。湯汁呈乳白色，即使勾芡，亦須甚薄，才能清爽悅目。如「白燒蹄膀」、「燒雙冬」、「干貝菜心」及「素燒四寶」等。

三、炸燒——此乃食材在油鍋中炸製成半成品後，再燒製成菜的方法。適宜於禽類、排骨等食材。而在炸燒時，食材會先用帶色調味料稍加醃漬上色，接著入油鍋炸，再入鍋加調料，用大火燒沸，轉小火燒至酥爛，然後轉大火收汁至黏稠為止。成菜色澤呈淡醬色，鹹鮮酥爛，滷汁濃稠。著名的菜色為「紅燒排骨」、「陳皮雞」和「栗子燒雞」等。

四、煸燒——將食材先經煸炒，再燒製成菜的技法。而其先煸的作用與先炸雷同，只是其半成品不若炸燒帶酥性或乾香。不過，像大蝦或塊狀肉等食材，反而適宜用煸燒起香上色。其菜色較著者有「紅燒肉」、「煸燒大蝦」等。

五、煎燒——將食材先煎至色呈金黃，再進行燒製的烹調方法。成菜色呈棕紅且帶光澤，十分滋潤，形態完整，質感軟嫩。最適合燒製各式各樣中大型的魚類。把魚整治洗淨後，略微晾乾，在其皮層抹些醬油，既可助色增豔，又可使皮層收縮致密，防止魚形破損。若魚斤兩夠重，可切塊再煎燒。

六、軟燒——將畜類食材先經焯水、汽蒸（註：軟嫩的豆腐等食材不用先行初步加工）後，再斟酌是否用有色調味料上色，最後加湯燒製成菜的方法。

137

◎ 宋代鬥茶圖。

成菜質地軟柔。如「軟燒肚片」、「軟燒羊肉」及「軟燒豆腐」等。此外，此法亦適合於蔬菜類及鮮蕈類。只是這法子必須將菜料從滾水中稍燙一下，接著以冷水漂涼回鍋略炒，再加入適量的調味品與湯、水，燜燒至水分收乾即成。若少了以上步驟，則蔬菜易老，蕈類不軟，且兩者必含異味，食來風味大打折扣。

七、乾燒——此為燒技法中較繁複及特殊的一種。其特點在於將滷汁收稠，使湯汁滲入食材內部，或裹附在食材上的燒製方法。在進行乾燒前，會先把食材炸或煎，於上色後，用中火燒，待汁自然收濃，或見油不見汁即成。其在風味的呈現上，有香辣和鹹鮮的區別。其名菜有四川的「乾燒岩鯉」、「乾燒魚頭」、「乾燒明蝦」及台灣江浙菜館的「乾燒冬筍」等。

八、蔥燒——食材經焯火等初步熟處理後，加已炸成煸黃的蔥段、胡蔥油及其他調味品燒製成菜的方法。亦有將炸香的蔥段加湯蒸製後，置於燒好的主料邊，並用蒸蔥的湯汁勾芡，澆在主料之上，手法各有千秋。通常都會加有色調味品而燒出紅色。成菜油光透亮，有濃郁的蔥香味。此法以魯、豫等地人士最為擅長，其名菜中，最著者為「蔥燒烏參」，另有「蔥燒肥鴨」、「蔥燒牛筋」、「蔥燒蹄筋」等菜色。

九、醬燒──將食材先炸過排出水分，或經煎香表層等工序後，入醬料下鍋炒香（註：**此乃醬燒一道特殊而又必備的步驟**），隨即加調味品和適量鮮湯或水推勻，再放食材，燒至醬液見稠並均勻地裹附食材上，此即所謂的「見醬不見汁」。此法葷素不拘，有「醬燒茭白」、「醬燒茄子」、「醬燒青魚」等名菜。

　　十、糟燒──此與醬燒一樣，乃燒的技法中因調料不同所派生的一種製作方法。有的於食材加熱前先經糟醃漬，有的在加熱時添加糟為調味料，亦有的既用糟醃、又用糟做為調味料，運用之妙，存乎一心。且不拘葷、素之食材，皆適合此法燒製。成菜糟香濃郁，誘人饞涎。較常見的菜色，如「糟燒大腸」、「糟燒排骨」、「煎糟青魚」和「糟燒菜花」等。

　　在此須一提的是，閣下若燒一碗湯菜，必須把主料與配料炒好的調味盛出，菜與湯之比例為三比七，然後把水或高湯用大火燒滾，加入調味品，俟湯味可口，即把已炒好的主、配料回鍋，以大火燒滾後，連菜盛出供食，其味鮮美。

　　談完了燒以後，緊接著要說說歷史悠久的煮。

水烹法之二：「煮」

　　煮是一種將食材加多量湯或清水，以大火燒沸轉中、小火加熱成菜的技法。其加熱時間較短，一般為五到三十分鐘，以入味為度，不需另外勾芡。煮法形態多變，既可用於製作菜餚，亦可用於製取鮮湯，又可用於麵點或粥飯的熟製，乃應用最廣泛的烹調方法之一。

煮法源遠流長，推溯其歷史，應是與陶器同時出現的。先秦時期的羹、湯大都使用此法製作，像伊尹燒給商湯品嚐的「鵠羹」；周代宮廷的「和羹」、「雉羹」、「雞羹」、「脯羹」、「鶉羹」、「犬羹」、「兔羹」；《楚辭‧招魂》記載的「酸辣羹」、「龜肉羹」、「豺羹」；楚懷王享用的「雀肉羹」及因公子宋染指一試而導致政變的「黿羹」等，均是名菜。到了魏晉南北朝時期，煮法稱「胹」，如《齊民要術》提及的「純胹魚法」即是。兩宋之時，煮法有更進一步的發展，林洪在《山家清供》的記載除水煮外，另有先用水煮至半熟，再用好酒煮製成菜餚的酒煮法，其名菜為「酒煮玉蕈」。到了清代時，《調鼎集》內所收錄的煮法，如「白煮羊肉」。至於當下的白煮，通常選用生料或初步熟處理成型的半製成品。基本上，目前常用的煮法，大致可分成白煮、湯煮及滷煮等，其中又以白煮為最大宗。

　　一、**白煮**──又稱「水煮」、「清煮」。乃把主料或半製品直接放入清水中直接煮食的方法，手法簡便，妙在火候。而在煮時，不另加調味料，但有的會加米酒、紹酒、白酒、紅酒、蔥、薑等，藉以除腥羶異味。食用之前，則把主料撈出，經過刀工成形後裝盤，或將調味汁澆在上面，或隨帶調味汁上桌蘸食。其名菜有「白斬雞」、「白雲豬手」、「蒜泥白肉」、「清煮鹹大馬哈（鮭）魚」等。又，白煮如用於煮製麵點類食品時，鍋中置大量清水，以大火燒沸後，再下麵條、餃子、餛飩、貓耳朵等，待其上浮成熟即成。麵點之所以用滾水煮，主要在避免聚成一團或產生破損情形。

　　二、**湯煮**──食材放入雞湯、肉湯、白湯或清湯等之內，再煮製的方法。成品湯寬汁醇，或湯汁清鮮，通常為湯與主料一起食用。其名菜有「雞

火煮乾絲」、「生燒連鍋湯」、「雞湯餛飩」、「煮什錦豆腐」、「銀湯煮肺」等。

三、滷煮——以滷汁（有連續使用的老滷）或豆豉等為調味料，將主料放在滷汁中煮熟的方法，適合於製作冷食。其名品是「夫妻肺片」、「滷煮雞」及「滷煮鴨、鵝」等。此外，福建地區在滷製之時加添紅糟、白糟，另稱「炠糟」（註：福建一帶稱煮為炠）。其名菜有「炠糟雞」、「炠糟鰻」、「炠糟羊肉」等。

又，煮的火候與時間須特別注意。大體言之，凡煮乾的食物或帶湯的食物，其水分都得超過食物分量的一倍以上，所以煮食物時，火力要大、時間要長，直至將食物煮到熟透或爛熟為止。且須注意者為，煮鮮嫩的食物，有時宜用大火煮開；有時則大火煮開後，再用小火煮透，不能一律不變。前者如帶殼的竹筍，必須用大火把筍煮熟，然後去殼去皮充作菜料，或直接加調味料（如沙拉）及蘸汁等。當主料而食，質鮮味美，此乃清代大美食家李漁的最愛之一。其歸納食筍的心得為「素宜白水，葷用肥豬」，而筍味之美，只消「白煮俟熟，略加醬油」也就夠了。他老兄甚至認為高明的廚子，「凡有煮筍之湯，悉留不去，每作一饌，必以和之」。可見筍用大火一燒開後，其湯可供煮物之用，接著用大火燒熟，再去其皮殼而食。一筍兩用，盡筍之性。後者如煮「五香茶葉蛋」、「牛肉丸子」等，其後半段必須用小火慢煮，將可保品質鮮嫩不致老硬。他如蔬菜類的食材在烹煮時，維生素易溶於水，造成營養流失，故須連湯食用。

水烹法之三：「熬」

熬，又稱「爊」。是一種將小形食材加湯水、調味料，用大火燒沸後，轉中、小火長時間熬至食材爛熟成湯菜的技法，其手法與煮類似。適合用於蔬菜、豆腐類和畜、禽、水產類，煮粥亦可採用熬製之法。成菜的特色為有湯又有菜，質感酥而軟，清鮮且不膩。

熬法在唐人王建〈隱者居〉一詩中即有吟咏，佚名之〈大唐傳載〉則載有：「有士人平生好食爊牛頭。」到了兩宋時期，都城中以熬法製作的食品已甚普遍，如「熬雞」、「熬鵝」、「熬團魚」等，現代用熬法製菜的程序一般為，將食物加工成片、段、條、塊、丁、絲等形式，魚類則大致為整形，先用蔥、薑熗鍋，再下食材用大火稍加煸炒至斷生，然後加清水或鮮湯，其量約與食材相等，如為蔬菜，因含水分較多，湯、水之量要酌減，同時加調味料，一次加足，且通常只用鹽水，不用有色調味品，先用大火燒沸，再轉以中、小火熬製，至食材質酥味醇即成。常見的菜式有「熬肉」、「熬白菜」、「白菜熬豆腐」、「蝦米熬白菜」等。

先用武火，再用文火熟物，先前已談了燒、煮、熬這三法，接下來我們要討論的則是燉與燜。

於燒煮技法進一步發展的「燉」

基本上，燉是燒煮的基礎上，將湯汁直接提濃或收乾，且在成菜過程中，沒有大火收乾及勾芡的一種技法。頗宜於較大型的動物性食材，如整隻雞、鴨，或整條魚或大塊、大片的肉類，以及少味、無味的海參、魚翅或鮑魚、鱉裙等珍貴乾貨，也適合於蔬菜類食材，「燉芥菜」如即是。

在燠製時，食材不上漿，也不掛糊。通常會先經煸炒或煎、炸等初步處理，再放入已由蔥、薑等熗鍋的鍋內，加湯水及調味料，經大火燒沸，再轉中、小火長時間加熱，使其（燠逐漸吸附）至食材骨酥肉爛，湯汁濃稠，滋味滲透入內，湯汁裹附其外即成。成品色澤醬紅或深黃，口味香濃醇厚，滷汁少而濃稠，甚至汁已乾透，質感軟嫩酥爛，極宜下酒佐飯。不過，當下為圖省事，也有運用大火收汁與勾芡使稠的簡易燒法，只是成菜的質感、口感皆遠遜於慢火收汁，有名無實，去其精髓甚遠。

燠的技法成型於宋代，當時稱之為「燠」，其名菜有「五味燠雞」、「蔥燠排骨」及「燠腰子」等。到了清代，始普遍運用，以山東及江南地區最為常見，如「燠蝦」、「薹燠肉」、「薹燠圈子」等即是。至於目前常用的技法計有生燠、熟燠、乾燠等，另有依調味料之不同，而命名的蔥燠、醬燠、奶燠和腐乳燠等多種。

一、**生燠**：生料先經水煮或汆、焯後，即進行油煎、煸炒，再放入已用蔥、薑熗過的鍋內，加湯燠製成菜的技法。其著者有「墨魚（註：其乾品為蝦脯薹，一名明脯）大燠」、「燠鏡魚（即燠鯧魚）」和「生大燠」等多種。

二、**熟燠**：主食材經事先製作成熟後，加湯、調味料，再燠製成菜的技法。其名菜有山東的「九轉肥腸」和嶺南的「蟹黃魚翅」等。

三、**乾燠**：將主食材兩面煎黃或煸黃，再以配料熗香湯汁後燠製，最後將湯汁完全收乾的成菜方法，常見的菜色為「乾燠大蝦」、「乾燠鴨子」與「乾燠瓦塊魚」等多種。

「先武後文」的燉法

最後要談的先武火後文火的壓軸烹飪技法——燉。

燉即炖，是一種把食材密封於器皿中，注入大量水，以大火燒沸後，轉中、小火長時間恆溫加熱，使湯汁醇清、肉質酥軟而保持原貌的烹調湯菜技法。由於它講究質爛而形不散。湯濃、味醇、物爽，所以初用大火燉，撇去湯面泡沫，續用小火慢燉，其所用之小火，在時間上並不固定，像燉一碗排骨湯，約需半個小時；燉一碗牛尾湯，則需要兩個小時以上。也就是說：質細嫩的食材燉湯費時較少，質老韌的食材燉湯耗時須多，如果燉的時間不夠，食品將質硬湯薄味清，絕談不上好吃；若燉的時間太久，將使食品整個燉爛，似羹非羹，亦非所宜。總之，烹飪時間的長短，是燉菜成敗的重要因素，想要恰到好處，得學識與經驗緊密配合，才能奏效。火候運用之妙，在此至矣盡矣。

燉其實也是由煮演變而來的，只是它對成菜的湯汁，形態有更高的講究，是精益求精的產物，所以遲至清代始見諸食經記載。像朱彝尊的《食憲鴻祕》載有「燉雞」、「燉豆鼓」、「燉鱘魚」、「蟹燉蛋」等，至於童岳薦《調鼎集》上亦出現了紅燉、乾燉、蔥燉、酒燉和白糟燉等多種燉法。

在理論上，燉的湯溫須一直維持在攝氏九十度以上，使食材內所含的氮浸出物充分溶解。正因湯接近微沸，對食材組織結構的變形破壞相對較少，加上食材內脂肪難以乳化，且呈油滴逸出懸浮於湯面。又，變性沉澱蛋白亦不多，以致甚少有微粒從組織上脫落。因此，湯質清鮮醇厚，肉質酥透不碎。由於燉的器皿要求具備良好的密閉性，古時鍋蓋尚得用綿紙糊

封，逼燥裂縫時，再以水潤之。時至今日，已進步成壓力鍋，鍋蓋自然緊密比起以前的鍋實際好用太多。從而使鮮味元素發揮大減，更能保持菜餚的原汁原味。尤適合烹製無異味的韌性食材，如禽肉、畜肉等；也適宜於水產的食材，如鱔魚、鰻魚、鱉、龜等食材。同時在燉製時，每常以根、莖、菌類的蔬菜充配料，滋味更佳，饒富食趣。

燉菜的初步熟處理，一般是用焯水法，待半成品後，再進行燉製，成菜能保持食材的原有色彩、湯質清澈見底者為清燉，食材若先經煸或炸等預熟加工，再燉製或添加有色調味料使湯汁帶色者，則是又稱渾燉的侉燉。

一、清燉——此乃最常見的燉法。大致上以一種食材為主，不加有色調味料，常用於製作湯菜。成品菜與湯的比例為一比二，湯多色清，鮮醇不膩。且因其加熱方式之不同，派生出隔水燉、汽燉和不隔水燉等三種清燉法。

隔水燉。為間接受熱使之成熟的燉法。將食材焯水後，放入鉢、盅、碗內，加適量的蔥、薑、酒、醋、水等，封嚴鍋蓋，置於另一個鍋中，其注水量必須低於器皿，水沸時以不溢過該鉢、盅、碗內為宜。由於傳熱緩勻平穩，鉢、盅、碗內的水不會沸騰，衝擊力小，故湯汁極易澄清，成菜肉質酥軟，食材鮮香，湯品極高，用此法製作的名菜有「燉子雞」、「燉甲魚」、「燉乳鴿」等。

汽燉。乃運用蒸汽的導熱作用，進而使食材燉熟的方法，全仗水的沸騰汽化加熱。其專屬的特製傳熱容器名「汽鍋」，它形似砂鍋，鍋蓋能緊密封嚴，底部有一個喇叭形的汽孔上突，與鍋口齊平。加熱時，蒸氣沿大喇叭口上升，由小氣孔壓出布滿鍋內，使食材吸熱再變性成熟，其名菜首

◎ 天麻汽鍋雞是汽燉做法。

推雲南的「汽鍋雞」，以湯汁鮮美，味道香醇著稱。

不隔水燉。將洗淨的食材焯水後，加入砂鍋或其他器皿中，加適量的蔥、薑、酒、醋闢腥，接著注入冷水兩大碗，初用大火將水燒滾，使水蒸氣的熱能達攝氏一百度以上，然後續用小火慢燒，使水蒸氣保持熱能，至食材質爛酥軟為止，最後添入精鹽、味精、胡椒粉等調味品和勻，即可盛出供食。由於此法操作簡便，為家庭所常用，唯其成菜的湯汁、香氣及滋味，皆略遜於隔水燉法。其傳統名菜有江蘇的「清燉蟹粉獅子頭」，浙江的「清燉越雞」，湖北的「清燉叉河蚶」，河南的「清燉荷花蓮蓬雞」，安徽的「清燉馬蹄鱉」，江西的「清燉武山雞」及家常菜的「清燉排骨湯」、「清燉豬腳湯」等。

二、侉燉——此法因可加有色調味料增色，故有別於清燉，屬不隔水燉派的衍生技法，乃將食材經炸、煎、煸後，再燉製成熟的技法。侉燉先經炸、煎、煸的目的是起香固形，有的在炸前還須掛糊、拍粉，適合於易碎的食材，且食材初步熟處理後，通常置入陶製器皿中，以中、小火進行較

長時間的加熱始成菜。其名品有「燉雞脖」、「燉鱔酥」、「燉魚塊」及「罈子肉」等。其色呈棕黃、質酥而不爛，頗耐人尋味。

在談完火候的控制後，緊接著要了解食材的特性，於是袁枚舉了兩個截然不同的例子，前者是「愈煮愈嫩」的腰子、雞蛋之類，後者則是「略煮即不嫩」的鮮魚、蚶、蛤之類。後者不難理解，前者會讓人茫然不解，如墜五里霧中。

文中所謂的腰子，應是指豬腰子而言，原來豬腰子即豬的腎臟，是泌尿的主要器官，其輸尿管與膀胱相連，血液經過腎臟，透過其特殊功能，會自行將血中應排除之廢物濾出，使清淨的血液周而復始的循環，司其本職。另，尚有一對副腎，能分泌出一種內分泌液，其作用甚大，可使血管收縮，對人體的生殖系統有很大的影響作用。

古人在食用的經驗上，對豬腰子副腎的內分泌功用亦有所記述。如唐人孟詵《食療本草》上記載著：「久食令人傷腎。」《日華本草》亦云：「雖補腎久食令人少子。」就已知此物對生殖系統造成不良影響。所以，吃豬腰子一定要剔去副腎。但一般人根本不知副腎為何物？幸好人們在吃豬腰子時，一併會將筋膜完全去掉，以純淨之腰花為食。而去除其筋膜之際，無意中亦剔除了副腎，消弭其引發不利的作用。

關於豬腰子的食療功效，中醫認為可「溫陽益腎，行氣利水」，適用於「腎虛腰痛，身面水腫，遺精，盜汗，耳聾」等症。至於婦女產後，亦常食用豬腰子，這是宋代《濟生方》所傳述之療法，一直延續至今。在尋常食用方面，台灣人愛食「麻油炒腰花」。浙江人嗜食「爆蝦腰」，福建

◎ 雞蛋要求新鮮。

人則喜啖「炒三脆（另二脆為海蜇、油條）」其法皆以極脆嫩之腰花供食，萬不可久炒久煮，因豬腰子一旦久煮久炒，便縮硬如石，不但不易消化，而且韌硬難嚼。因此，廚師在處理腰子時，都是最後下鍋，稍微顛炒幾下，立刻起鍋裝盤，使其鮮嫩帶脆。由上觀之，袁枚認為豬腰子愈煮愈嫩，殊不可解，實有待精烹飪者印證。

　　至於雞蛋部分，清代名醫王士雄在《隨息居飲食譜》上寫著：「補血安胎，鎮心清熱，開音止渴，濡燥除煩，解毒息風，潤下止逆。」且「新下者良」。亦即雞蛋是愈新鮮的品質愈好。光就此點而言，法國美食家Madame St. Ange 所謂的：「真正的煮蛋，必須用即日下的鮮蛋。」倒有異曲同工之妙。然而除非自家養雞或鄰近養雞場，根本不可能吃到這麼新鮮的蛋。英國美食家伊莉莎白‧大衛的說法就寬容多了，她指出：「不論如何，超過三日的蛋，還是改用其他的烹飪方法比較適合。」只是一般超級市場販售的蛋，能不超過三日者幾希。因此，退而求其次，只能力求新鮮而已。

（一）另，Madame St. Ange 的煮蛋法共有五種，權且摘錄如下：
　　　　煮兩只蛋用四分之三品脫的水（一品脫等於 0.568 升）。依此比例將

（二）　適量的清水放入鍋內，煮滾。離火，用湯匙輕輕放入水中，加蓋，慢火煮四分鐘，不使水再滾為度。

（三）　將蛋大量放入冷水中煮至水滾。蛋熟便立即離火。

（四）　將一鍋水煮滾，離火，放入蛋。加上蓋子，再煮至水滾，過三分鐘即熄火取蛋供食。

（五）　將蛋放入一鍋滾水內，立即離火，加蓋燜十分鐘取蛋。

　　　　將蛋置於滾水中，加蓋封好，再煮一分鐘。離火，燜五分鐘即成。

　　依以上五法看來，第一種煮成的蛋較生，但比日本人所謂的「溫泉蛋」熟些。第二、三種煮法的好處在快，只是煮成的蛋白會比較老。應以第四、五種方法煮蛋較為理想，因此蛋是靠熱水浸泡熟的，煮成之蛋，蛋白柔清而蛋黃溏心，剝殼食之，不論吃其原味或沾細鹽而食，均饒風味。

　　不過，Madame St. Ange 認為以上五種煮蛋法，不論是煮或燜的時間，並非一成不變，以上所舉，謹供參考，主要還得靠自己的經驗。畢竟，蛋的大小、蛋本身的溫度、水的多寡、火的快慢，都是影響所煮之蛋是否能滿意的因素。針對此，她指出一定要有準確的紀錄，根據完整的數據，以便日後參考。

　　此外，蛋一煮好後，要即放入冷水中，免其繼續受熱。同時，冷水泡過的蛋比較容易剝殼，有的人為加強效果，甚至會在冷水中加冰。假使剝了殼的蛋不馬上吃，可存放在冷水中達兩小時以上，不至於會有變乾變硬的情形。我小時候吃雞蛋時，家父都會先將蛋打散，再用滾水沖服，如此蛋白不甚凝固，利於消化吸收。若將雞蛋囫圇煮食，必滾煮甚久，則蛋白凝固，須大量胃液消化解散，若胃力弱者，反致難化。又，雞蛋久滷之後，必體小而

◎ 庶民美食五香茶葉蛋。

蛋白堅凝更甚,此即淡水名產的「鐵蛋」,極難消化,不宜多食。

由上觀之,豬腰子與雞蛋皆不耐久煮,絕非「愈煮愈嫩」。袁枚又謂:「凡蛋一煮而老,一千煮而反嫩。」此誠不可思議,我實無法理解,須請方家賜告。

鮮魚、蚶、蛤這三味,倒是「略煮即不嫩」。就我個人而言,食鮮魚時,最喜愛未煮的生魚片及清蒸;蚶用熱水澆淋,使其帶生含血水而脆嫩;蛤則在外殼抹鹽而烤,俟汁出而不溢,整個帶潤而柔之際大啖,三者入口賞味,可稱並臻絕妙。

至於「火候須知」裡所說的「肉起遲則紅色變黑,魚起遲則活肉變死。屢開鍋蓋,則多沫而少香,火熄再燒,則走油而味失」,皆是經驗之談,文亦平易明白,在此就不多做解釋了。諸君只要守而勿失,相信雖不中亦不遠了。

緊接著袁枚為火候定位,認為其最高的準則,如以道、儒兩家的標準觀之,道士想要成仙,必須煉成九轉丹成的仙丹,經服食後,才能如願。而儒家所奉行的中庸之道,主要還是個「中」道,據大儒朱子的說法,中

就是「不偏」，既不偏向任何一方，那超過與未達到，均未恰到好處，因此，「過猶不及」。身為一個廚師，火候必須拿捏得宜，必須一絲不爽，分毫不差，那才能「登堂入室」，臻於藝術之殿堂。

末了，袁枚對處理魚，提出他的觀點，認為在準備吃魚的當兒，魚身色白如玉，肉凝結而不散，那是用活魚燒的，如果吃起來粉粉的，魚肉鬆散，便是以不鮮的魚燒製。明明是條鮮魚，居然燒成像死的肉一般，真是可恨之極。

關於食魚，除吃生魚片品其原味外，就以清蒸的滋味最佳。而蒸魚之妙，又以香港廚師最為擅長。其最高段者，當魚蒸好上桌時，迅速將魚扒開，魚肉尚帶血絲，食客夾起送口，此際魚恰全熟，滋味鮮嫩無比。因而港人食魚，尤其老饕者流，所選用餐座位，必離廚房甚近，以免貽誤食機，徒然蹧蹋好魚。

除此而外，魚身經蒸熟後，當「離籠」那一刻，留下整碟「魚水」，依酒樓的慣例，這些魚水魚汁，肯定隨即傾倒，再另加醬油，熟油淋於魚身之上，最後撒點蔥花即成。只是有人不免會問，魚水乃魚身的精華，味道濃郁鮮美，如此輕易傾去，豈非暴殄天物？其實，每一種海產都有自家獨特的腥味，當白灼或酥炸時，此腥味即隨著水分或食油而揮發殆盡。是以在清蒸時，腥質盡落於魚水中，將之澆淋魚身，雖然腥味略減，但嘴刁之人仍能品出。何況現代都用不鏽鋼蒸籠清蒸，其在操作當兒，所凝聚的水珠，依舊混合於魚水之中，既存在著腥味，加上其味轉淡，顯然食之無益，是以全數傾丟，反能控制火候，不僅色、香、味、形俱全，而入口那一瞬間的鮮嫩「觸」感，更是其味津津，當無一物可以上之。

色臭須知

目與鼻，口之鄰也，亦口之媒介也。嘉餚到目、到鼻，色臭便有不同。或淨若秋雲，或豔如琥珀，其芬芳之氣亦撲鼻而來，不必齒決之，舌嘗之，而後知其妙也。然求色不可用糖炒，求香不可用香料，一涉粉飾，便傷至味。

在泰西諸強國中，英國人重實際，其吃飯的目的，不外是強健體魄，吸收食物的營養。法國人重浪漫，其吃飯的講究，除菜餚的口味外，尚注重服務及氛圍。關於前者，林語堂便指出：「英國人所感興趣的是怎樣保持身體的健康與結實，比如多吃點保衛爾牛肉汁，從而抵抗感冒的侵襲，並節省醫藥費。」其實，這種科學、實用的態度，中國古已有之，而且對食療方面，研究得具體而透徹，即使只是養生，亦重視其滋味。此外，以往中國人在吃飯的態度上，因世家大族及文人雅士們，長期生活優裕、具有文化教養，早臻藝術範疇，亦非法國人所能望其項背。由於他們注重食物的美（包括色、香、味、形、觸）、飲器食具、進餐環境等，從而樹立一套高規格的飲食文化，或繁或簡，或奇或正，或奢或雅，考究的就是一個「味」。因此，老北京人把享受一頓好飯叫做「得味」，大體即反映在此一追求上。

◎ 用餐之時，飲食器具也十分重要。

在中國的相學中，以耳、眉、眼、鼻、口為五官。其中，眼為監察官，鼻為審辨官，口則為出納官。眼睛用以觀物，鼻子用以聞嗅，嘴巴用以言語及飲食。所以在吃東西時，眼與鼻這兩部位，自然就成了重要媒介。眼睛觀察菜餚的色與型，鼻子分辨菜餚的氣味，口則品嚐菜餚的觸感及滋味。在它們的分工合作下，菜餚的良窳或得味與否，也就無所遁其形了。

除了「鍋巴蝦仁」（又名「平地一聲雷」、「轟炸東京」）這種先「聲」奪人、強調聲效的菜餚（註：此菜有時在桌上、有時在桌邊為之）外，一般都是先聞其香或視其色。袁枚所謂的「淨若秋雲」、「豔如琥珀」，全是描寫「色」的佳句，而「芬芳之氣」，不消我多說，當然是指撲鼻之香了。

汆燙技法保本色

基本上，此一「色」字，包括主食材的本色、搭配其他食材的美感和烹飪時菜餚的上色。如欲保持本色，日本人的「割」（即生魚片、生肉片等）頗盡其妙，此法雖源自中國古代的膾或「鑾割」、「鑾切」，但他們至今仍講究「膾不厭細」，遂在飲食界占有一席之地，舉世知名。不過，想保持稚嫩蔬菜的顏色，生鮮而外，多用汆及燙法，其保色的關鍵，首在火候

的掌握。以下所介紹的，則是汆與燙的技法。又，汆與燙均葷素不拘，葷材經汆燙後的顏色，理論上亦可以本色視之。

一、汆—— 又稱「川」；宋以後稱「煠」、「爁」或「爨」。其法為將質地細嫩的葷、素食材，先加工成薄片、細絲或剞上花刀處理好後，鍋裡放適量的水或高湯燒至大滾，把食材自鍋邊傾入，待湯水再大滾時，加入蔥花、薑末……等調味品，隨即把食材連湯倒出，裝入大湯碗內上席供食。成菜屬湯菜，其味清鮮，調味簡單，顏色美觀，質地柔軟或脆嫩，爽利適口，食味甚佳。

汆法散見於宋、元、明、清的飲食文獻。宋代有「煠小雞」、「煠香螺」、「清煠鹿肉」、「改汁羊煠湯」、「蝌蚪煠魚肉」等；元代則有「爁肉羹」，「青蝦捲爁」等。倪瓚在《雲林堂飲食制度集》所載的「爁肉羹」，是以豬裡脊肉剞荔枝花刀塊，經漬味後，置入沸滾的湯中，略加撥動，立刻取帶湯的肉盛入器皿中，然後將汆肉的湯汁提清，再倒入肉的盛器中供食。明、清之時，汆的名菜有「生爨牛」、「爨豬肉」、「爁蟹」等，並進一步將肉製成丸子後再汆製的記載，如「汆魚圓」、「水龍子」等是。近代汆的技法，尚可分成生汆、熟汆、清汆、渾汆、水汆及湯汆等六種，手法五花八門，是一種烹調湯菜的理想方法。

生汆——將鮮嫩的葷、素食材洗淨後，切成薄片或細絲稍醃入味，不論主食材或配料，必須切成相同的形式，以便汆時均勻成熟。接著在鍋裡放高湯或水，燒至大滾，加入調味品，即可盛出供食。其技法與清汆相近。

熟汆——把葷、素食材的主食材或配料，切成薄片或細絲，由於食材已

冷，必須藉滾湯的熱能迅速加熱，才能保持物美味鮮，如「肉絲粉皮湯」即是。其手法近於渾氽。

　　清氽——一種主食材用中、小火氽製成熟後，湯色清澈見底的技法。通常在清氽時，鮮嫩的肉類會加工成片、絲、茸等細小形狀，加調料醃漬，再用蛋清、澱粉拌勻上漿，待清湯沸騰，分散連續下鍋，並用筷子徐徐撥開，湯再微沸時撇去湯面浮沫，調整口味即成。其名品甚多，主要者為「雞茸豆花湯」、「清氽肉片湯」、「清氽蠣子湯」和「氽青魚片」等。

　　渾氽——乃將主食材以大火氽製成熟後，其湯色稍稍呈乳白色之技法。如主食材形體較大，氽製所用的時間，自然較長。一般先用蔥、薑熗鍋，再加未經提煉的湯汁或沸騰乳化的奶湯，待湯滾後，即放入主食材、輔料和調味料一起氽製。名品有「雪菜大湯黃魚」和「蘿蔔絲鯽魚湯」等。

　　水氽——以主食材直接入鍋中，用清水氽熟的技法。其主食材在氽熟後，隨即撈出，放入已調好的鮮湯內即成。其菜餚有「清雞湯」、「氽西施舌」及「氽雙脆」等。

　　湯氽——將主食材入清湯或奶湯中，直接氽製成熟的技法。主食材在放入沸滾且已調好味的清湯或奶湯中氽製成熟後，連湯帶食材同入湯碗內即成。亦有生的主食材與湯鍋一起上桌，由食客自取氽食者。其名菜有「爆氽竹蓀魚圓」、「氽鮰魚片」等多種。

二、燙——此為利用沸水使食材加熱成熟的技法。在運用燙法烹飪時，可將食材直接放入沸水鍋中滾燙，也可用沸水沖燙、泡燙；有的則須用沸

◎ 汆燙是台菜中常見的技法。

水反覆沖、浸、泡直至成熟為止。燙法適宜於鮮嫩的植物食材或豆製品。食材一般不事先碼味,皆採用燙熟後澆淋調味汁或蘸調料食用之法。成菜清冽少油,色澤美觀,品質鮮潤,柔脆爽嫩,清新適口。

燙的技法由煮演變而來,早在宋代,即有記載。例如洪邁在《夷堅志》中的「韓莊敏食鱸」和「楊四雞鍋」,均載有燙食之法。由於燙法簡便易行,運用猛火加熱,時間短而收效甚宏,斷生即可供食,因而廣泛使用。雖其傳熱介質可分為滾水燙、滾湯燙、滾油燙等類別,但純以技法而論,其常用的手法,則有鍋燙、浸燙、沖燙及湯燙之分。

鍋燙——把鍋內的清水燒沸,放入食材,迅速撥動分散,至熟為止。民間如家庭、攤販,常以此法調製拌菜,如燙芹菜、菠菜、地瓜葉、空心菜、馬蘭頭與枸杞頭等。燙後撈出,瀝乾水分,切段或片,加調味料拌食。其他燙血蚶、九孔、海蜇、花枝等海味,通常直接澆淋醬汁而食。

浸燙——將食材浸入沸水中,反覆浸、提多次,至斷生、成熟乃止。名菜如「白斬雞」即是。若欲蔬菜類能顏色青翠,則須以冷水浸。若用滾水,除變黃外,菜亦變老。

沖燙——以沸水沖燙食材多次，使其達到成熟之法。如製作淮揚名菜「燙乾（干）絲」時，先將已去漿水的豆腐乾絲置入碗內，層層覆蓋堆高，用沸水澆在乾絲上，至水與碗口齊，隨即瀝淨，如此反覆燙上四次後，再取薑絲堆在乾絲上燙一次，瀝去水分，澆上調味料和麻油即成。

　　湯燙——食材或以沸滾的湯汁燙至成熟，或先經焯水再用鮮湯燙製。前者如雲南名食「過橋米線」，後者如福建名饌「清湯氽海蚌」。湯燙之妙，首在味鮮腴美，保持原汁「本」色。

糖炒非不行也只怕濫用

　　此外，袁枚認為「求色不可用糖炒」，因為粉飾之後，有礙觀瞻，亦傷至味。所謂糖炒，即臨灶用語的「炒糖色」，一名「炒紅」。乃在臨灶時，炒勺放旺火上，加白糖及黃油燒沸，至糖溶化並呈深紅色時，迅速倒入沸水，攪勻即成。然而，用此法燒成的菜中，以「蜜汁」最膾炙人口，常充作筵席中的甜菜。袁枚《隨園食單》中，亦有「蜜火腿」一味。可見袁枚所反對的，不在此一烹調方式，而是在只為求色而濫用，本末倒置，壞了美味。

　　用白糖與冰糖或蜂蜜為調味料所烹製的菜色中，基本上，以蜜汁、琉璃、掛霜及拔絲最為人所稱道，以下一一敘明。

一、蜜汁——此乃以白糖與冰糖或蜂蜜加清水將食材煨、煮成帶汁菜餚的烹調方法。明代稱為「蜜煮」或「蜜煨」，清代則稱「蜜炙」，如薛寶辰《素食說略》中的「蜜炙蓮子」、「蜜炙栗子」等，即為其中具代表

性的名菜。

蜜汁法適用於白果、百合、桃、李、梨、蓮子、香蕉、栗子等含水分較少的乾鮮果品及其罐頭食品，以及山藥、芋頭、乾薯等塊根蔬菜和銀耳等，亦有用於動物如火腿等。大體而言，小型食材不經細部加工，即可直接烹製；形體較大的食材，則須切成塊、條、片等形狀。另在烹製時，多用中、小火，利於糖汁收濃，成菜的特點為香甜軟糯，色澤蜜黃；如果是火腿，則紅白相映、鹹甜適口。

又，蜜汁之法發展至今，現代工藝的製作程序為：把食材下鍋加水、糖，直接熬煮到食材酥爛、滷汁濃稠，如「蜜汁百合」；也可將糖用油稍炒，至色呈微黃時，加水把糖熬化，再將食材置入熬煮成菜。生食材既可直接蜜汁，亦可經過油、汽蒸等初步熟處理後再蜜汁，像「蜜汁葫蘆」這道菜點，即以棗泥為餡心，用麵團包成葫蘆形，經過油定形，接著與糖、水等一起入鍋熬煮而成。又，某些不易熟爛或易散碎的食材，宜先放碗中加糖等上籠屜蒸熟後，取出翻扣在盤或碗中，潷（音比，即倒出汁）出甜汁入鍋收濃或勾薄芡，再燒在菜料上即成。如「蜜汁山藥」、「蜜汁蓮子」、「蜜汁栗子」等是。

二、琉璃—— 此為使食材包裹一層透明糖殼而成菜的烹調方法。因其形似琉璃，故名，亦有稱琥珀者。適用於動植物食材及果品，成品具有糖殼晶亮如琉璃，外爽脆，裡軟嫩或酥脆，吃口香甜的特點，亦是筵席中常見的甜菜。

此法多見於黃河流域各省分，以山東魯菜最常用，名品有「琉璃肉」、

「琉璃桃仁」及「琉璃蘋果」等；河南豫菜中的「琉璃藕」及「琉璃饃」等，亦甚知名。其製作方法為：食材加工成一定形狀後，視其性質，有的須掛糊（如「琉璃肉」），有的先拍粉後再抓漿（如「琉璃蘋果」），有的先經焯水（如「琉璃桃仁」），有的則不必作任何處理，接著過油至熟；另鍋熬糖汁，熬時火力要控制得宜，動作要快，避免糖汁過火而出現苦味。熬好糖汁後，再把食材放入炒勻，必使每塊食材都均勻地裹上糖液，最後倒在案上或大盤中，以筷子撥開，晾涼即成。

三、掛霜—— 把經過油炸的小型食材黏上一層粉霜狀白糖而成菜的烹調技法。宜用於含水分較少的乾鮮果品，塊根類蔬菜，以及一些動物性食物（如排骨、五花肉等）。體積小的食材，一般不經細加工即可直接炸製；體積略大者，則須切成塊、條、片或將其壓成茸泥包入餡心，製成丸子等形狀炸製。其成品具有外表潔白如霜，食之鬆脆香甜的特點，亦是北方筵席中屢見不鮮的甜菜。

掛霜之法始見於宋代，初名「糖霜」、「瓏纏」、「糖纏」，例如南宋清河郡王張浚宴請高宗菜單內的「糖霜玉蜂兒」、「瓏纏桃條」、「纏棗圈」即是。到了明代，出現熬汁「糖纏」之法，載之於宋詡的《宋氏養生部》。其法為：白糖加水少許燒溶化後，「投以果物和勻，宜速離火，俟其糖少凝，放在白紙上，以火焙乾」。事實上，掛霜成敗的關鍵在於熬糖的火候。熬得火候輕，成品色澤發青不泛霜色；熬得過重，則成品色澤發紅甚至出絲。是以熬糖的具體操作之法是：潔淨的勺內加清水、白砂糖置慢火上熬製，糖液先出現大泡，大泡過後轉為小泡，變稠、變白（此時即為掛霜的火候），立即倒上炸好的食材黏勻糖液，冷卻後所出現的，就是一層糖霜，結晶透亮，雪白好看。

◎ 拔絲珍珠蘋果。

　　當下掛霜的主要技法為黏糖粉法及裹糖霜法，前者先把食材炸（可先掛糊）後盛放盤中，撒上白糖粉即成；或將炸過的食材放在糖粉裡，表面黏勻糖粉而成。此法雖適用於質地軟嫩而易熟易碎的食材，如「掛霜香蕉」、「白糖沙翁」、「奶油炸糕」等，但方法簡易，只能算是掛霜法的旁支、巧門。後者則先以白糖加少量水熬至溶化（濃稠而保持色白），再把炸過的食材放入拌勻，待其冷卻時，表面凝結一層糖霜即成。其名品有「酥白肉」、「掛霜丸子」、「掛霜桃紅」等。

四、拔絲──將糖熬成能拉出絲的糖液，包裹於炸過食材上之成菜技法，又稱「拉絲」。此法多用於去皮核的鮮果，根莖類蔬菜或動物的淨肉或小肉丸。成菜晶瑩明黃，口感外脆裡嫩，香甜可口。由於夾起時，可拉出細長的糖絲，食之頗饒情趣。多充作筵席中的壓軸甜菜。

　　拔絲之法從元代製作「麻糖」的方法演化而來。韓奕的《易牙遺意》記載，製麻糖時，「凡熬糖，手中試其黏稠，有牽絲方好」。清代出現「拔絲」名稱。《素食說略》所載「拔絲山藥」一菜，謂：「將山藥去皮，切拐刀塊，以油灼之，加之調好冰糖起鍋，即有長絲……」不過，以往用冰糖出絲，現則改用白糖為之。

拔絲法的成敗關鍵與掛霜法一樣，同在於熬糖液，而且難度更高。熬時只要欠火或過火，均不出絲；且熬糖液尚有乾熬、水熬、油熬及油水混合熬四種技法，但最常見者，分別是油熬法及水熬法。前者的油與糖比例，以油剛好浸沒糖為度，因油多食材裹不上糖液；待油、糖下鍋後，則用小火加熱，不停推動，至糖全部溶化，由稠轉稀，色呈金黃之際，再投入食材翻鍋顛勻即成。後者的糖與水之比例，約為三比一，在水、糖下鍋後，轉以中、小火加熱，經不停攪動，使其受熱均勻，切忌性急過快；此時鍋中先冒出大泡，攪動猶如清水，很快轉向稠黏，攪動產生阻力，接連攪個幾下，大泡漸少，出現小泡，此時不再攪動，待糖液再變稀、色漸變深、小泡形成泡沫、舀起糖液倒回鍋中有清脆「嗶嗶」聲時，馬上投入炸好食材，翻鍋裹勻即成。

　　目前製作拔絲的程序為：將食材加工成段、條、塊狀，或用原有形態（如葡萄、蓮子、小肉丸等），視其需要掛糊或不掛糊，下五至七成熱油鍋中炸至適度，瀝淨油備用；另鍋炒糖液，糖與食材之比例，約為一比三；至可拔絲時，迅速投入炸好的食材，炒勻至每塊均已裹勻糖液，隨即出鍋，盛入抹有油的盤內，上桌趁熱快食，一旦溫度下降，便拔不出絲來。當寒冷季節時，為免冷卻過快，可於盤下托一沸水碗保溫，延長拔絲期間。另，食拔絲菜時，應備涼開水一碗置其旁，夾起食物拔絲後蘸一下，此快速降溫，既避免燙口，也可使糖衣變脆而不黏牙，諸君不可不知。

　　除以白糖、冰糖及蜂蜜求色增甘外，亦常用飴糖製作糖色，充作菜品的賦色劑，只是使用時要稀釋，且應按季節和成品質量的需要，選用適宜和適量的飴糖，同時注意準確掌握所用溫度及加熱時間，才能保證菜點色澤光亮，表皮酥香。至於使用飴糖的名菜，則有北京的「烤鴨」，廣東的「烤乳

豬」和四川的「烤方」等等。

至於廣泛運用於烤、炸菜類的飴糖，其別名甚多，主要有餳、飴、糖稀及麥芽糖等。它是以米或麥、粟、玉蜀黍等糧食經處理後，再發酵糖化，所製成的一種濃稠狀且味甜的調味品。其品種甚多，如按原料區分，有糯米飴糖、秈米飴糖、小米飴糖、玉米飴糖和大麥飴糖等。其中，以糯米飴糖的質量最佳。一般以顏色鮮明、濃稠味純、潔淨無雜質且無酸味者為上品。末了，凡用調料上色，不論是上糖色或紅麴色等，不但要均勻，且要有一定的光澤。否則，「畫虎不成反類犬」，大失上色的意義了。

此外，凡嗅覺上所感覺到的「味」，在烹調理論上則名之為「香」。食物所揮發出的氣味，大都是醇、醚、酮、酚、烯之類的有機化合物，它們會刺激鼻黏膜予人興奮或抑制作用。而且嗅覺往往先於視覺，菜餚尚未上桌，氣味早已飄來。若為四溢香氣，食者自然聞香而思朵頤；如是難聞之味，食客還未進食，就會倒盡胃口或起憎厭之心了。不過，此味究竟是香或臭，並非有個標準可循的。例如臭豆腐，不管是蒸或炸，必有「異」香撲鼻，喜食者趨之若鶩，惡食者甚至掩鼻而走。但我個人倒是挺愛的，常大啖一番。

增色、提味用的調味料

中國人自古即重視「香」這個字，但臭亦作香解，每使人丈二金剛摸不著頭腦。《詩經》中便有許多篇章談到以酒食祭祀先人或上天時，被祭者似乎在氣霧蒸騰之中，聞到了香氣。如〈生民〉即寫著：「載燔載烈，以興嗣歲。仰盛于豆，于豆于登，其香始升，上帝居歆」；意即把燒炙的肉餚盛放在祭器內，其香氣飄浮上升，上帝端居在天上，也會聞到香味，

藉以表達祭祀的效果。此外，〈楚茨〉、〈信南山〉各首詩篇中，亦有類似的描述。

中國烹飪運用香料的歷史悠久。早在先秦文獻如《周禮》、《禮記》、《管子》、《莊子》、《楚辭》、《呂氏春秋》等古籍中，均有應用香料的記載。秦、漢以後，香料日漸增多，使用更為廣泛，並從海外引入不少品種，如胡荽、砂仁、迷迭香、月桂葉、咖哩、蓽茇等。

香料即香味調味料的簡稱，亦是各種具有香氣、用於調味的烹飪原料之統稱。而運用香料的主要作用，即在於去除各種烹飪食材所含異味，賦予食品或菜餚以香味，並具有殺菌、消毒，增進食欲和飲食養生、食療等功效。

基本上，中國香味調味料愈來愈豐富，不包含食用香精，即達一百二十種以上。如依其作用，大致可分成芳香類、苦香類、酒香類和其他香味類四大類，茲舉其要者，詳加說明如下：

一、**芳香類調味料**——此類型最多，達五十種以上，名品有八角（註：又名大茴香、大料。香味濃烈，用途最廣，凡煮肉、燒雞時放些，既可解除腥羶，且可增添濃香。有溫陽、散毒、理氣、開胃、舒筋、解毒等功效）；茴香（註：又名小茴，在烹調魚、肉、菜時，加入少許，味香且鮮美，有健脾開胃、祛風散寒、理氣等功效）；肉桂（註：又名桂皮、玉桂、官桂。香味純正、優雅。烹調時常和八角調味用於腥羶味重的菜餚，亦用於製作五香粉等，能增加菜餚的香味，促進食欲。其本身有補元陽、暖脾胃、除積冷、通血脈等功效）；孜然（註：一名安息茴香。可闢腥增香。在包餃子、火鍋料及烤羊小排、烤羊肉串時，更可發揮作用，並有開胃、祛胃寒的功效）；香茅（註：一名檸檬香、大

◎ 曬辣椒乾。

風芽。可在燉煮魚肉時提味，並可疏風解表、祛瘀通絡的功效）及紫蘇、薄荷、羅勒、桂花、迷迭香、百里香、芝麻、夜香花、五香粉、八大料、十三香、花椒鹽、咖哩等。

　　二、**苦香類調味料**——此類型次多，達五十種左右，名品有肉豆蔻（註：一名肉果玉果。烹調時多充作滷湯調料等，有去異味、增香氣之效，並可消食、固腸）；白芷（註：一稱芳香、澤芬。烹調時常與其他香料合用於滷、燉等菜餚，且有祛風燥濕、消腫止痛等功效）；豆蔻（註：一名白豆蔻、多骨。烹調時多作滷湯調料，有去異增香、健胃消食、幫助消化、增進食欲之功效，唯用量不可過大）；草果（註：一稱草果仁。含有揮發油類物質。主要用於烹飪香料，燒、燉牛、羊肉時放入少許，可壓羶味，入藥則可暖胃健脾、消積化食）；陳皮（註：一名橘皮。氣微香，味辛苦，有理氣化痰、促進胃腸道排積氣之效。在烹調中取其香味，用於炸、燒、燉、炒等方法製作之菜品，主要解除異味，具有增香、提味、鮮臟之功效）；山萘（註：一名砂薑、山辣。在燉肉、滷菜時加入少許，別具風味。入藥時，可治腹瀉、牙痛、消化不良、食欲減退等症）；以及山薑、高良薑、茵陳、砂仁、胡荽、神麴、阿魏和各式各樣的茶葉等等。

三、**酒香類調味料**——此類型亦多,將近二十種。在烹調之時,常用於矯味。名品有黃酒(註:一稱料酒、紹酒。名菜有「東坡肉」、「花雕雞」等);白酒(註:名菜有「熗蝦」、「熗蟹」、「炸雞捲」、「咕嚕肉」、「汾酒牛肉」等);米甜酒(註:一稱漿酒、夫子酒。除用於菜餚調味外,江蘇多用於醉蟹、醉螺);酒釀(註:一名酒娘、醪糟。可直接食用,亦可用作小吃食品,筵席甜菜。如「酒釀元宵」、「雞蛋醪糟」等);香糟(註:又稱酒膏。有白糟、紅糟兩種。主要用於菜餚或食品調味,以江蘇、上海、浙江、福建等地最為常見。名品有「紅糟鰻」、「紅糟雞」、「紅糟羊肉」、「糟蛋」、「糟乳鴿」等);糟油(註:又稱五香糟油,江蘇太倉特產,以米甜酒加丁香、肉桂、白芷等二十多種香料釀製而成,用於菜餚調味);糟腐乳(註:腐乳加酒釀製成,多用作小菜及作菜餚調味);以及啤酒、葡萄酒、玫瑰酒、薑汁酒、糟滷、香糟湯等多種。

四、**其他香類調味料**——此類型最少,多用作包裹料,在烹調中賦予食品以不同的香氣,如「荷葉童雞」、「裹蒸粽」、「箬葉粽」、「龍竹燉雞湯」、「香竹筒飯」、「糯稻葉粥」等。

基本上,芳香類及苦香類在烹調應用時,有時單味使用,有時多味組合運用,有的則製成粉末狀,或醬狀、油狀應用,多數用於醬、滷菜(如滷肉、燒雞、醬牛羊肉、醬肘子以及滷蛋、滷豆製品等),有時用於炒、炸、燒、燴菜餚,亦有用於兌製調味汁或調製拌、燴菜者。同時,這些調味料中,居大半又是中藥材,大都性溫,利於脾胃,具有一定的養生保健作用。而在多味組合施之於烹飪時,其變化萬千,尤妙不可言。其中,非提不可的,乃中國的五香粉(五香滷粉)及印度料理烹調精髓的咖哩這兩種。

五香粉——此為中國式綜合辛香料,通常全部收入一只布袋內,稱之為

香料包或滷味包,它主要是由五種辛香料研磨而成的細粉,故名。然而,各地的配方,因天時、地利等因素而有所不同,但八角必不可少,其餘則是肉桂、小茴、丁香、草果、砂仁、山柰、豆蔻、甘草等配製而成。其色澤不一,從薑褐色到琥珀色皆有;其香氣則因各具不同的芳香物質,從而揮發出混合性的誘人香氣。中國不論南北,皆愛運用之於烹飪。一般用在熏製、紅燒魚和肉、滷肉、蛋及豆製品,風味百變獨特。北方人士有的亦喜歡直接加入炒菜、餃子素餡或充作涼菜調味之用。又《清稗類鈔・五香》云:「近俗以茴香等香料燒煮食物,亦多以五香為名,如『五香醬兔』、『五香醬鴨』、『五香熏雞』是也。」可見清代用五香便很普遍了。

咖哩—— 此外語譯音,源自印度文 masala 一字,其意為綜合辛香料,同時也指一道菜餚中,因各種食材結合所產生的特殊辛香風味。大抵而言,印度由於各地區、食物以及人氏的不同,其咖哩的種類,不下數百種之多,且南北頗異其趣。不過,以薑黃為主料的咖哩粉,乃配以白胡椒、胡荽子、小茴香、肉桂、薑片、花椒、甘草、橘皮等磨粉製成。色呈薑黃,味辣而香,現中、西餐均已使用,尤為西餐中的重要調味品。而以咖哩粉充作調味的菜餚,不論在色、香、味等方面,均有其特色。至於以咖哩粉為主料的油咖哩,於搭配生薑、大蒜、青蔥、洋蔥頭、辣椒粉、白糖等磨成的細粉,再與花生油一起熬製而成。其味較咖哩粉更鮮美,且使用上更方便,但咖哩粉迄今仍是烹調時之大宗,其成菜方式,分別是撒、炒與調兌。「撒」如燒牛肉湯時,撒入此粉燒煮即可;燒土豆(馬鈴薯)、雞、鴨等菜餚,在起鍋前撒入乾粉翻炒至均勻即成。「炒」是將咖哩粉入油鍋略一煸炒,然後將待燒之菜餚入鍋翻炒燒煮。「調」則是把乾粉加水調兌成漿,加入蔥、薑、蒜的碎泥,下油鍋煸炒後,傾入待燒的食材,經翻炒燒煮即成。通常在燒煮菜餚時,咖哩粉經調漿後,比乾粉直接煸炒為佳。何況乾粉於

◎ 新疆牛羊肉串，配料上添加不少香料。　　◎ 香料攤。

煸炒時，如果油溫過高，易出現焦黃狀；加上又欠缺蔥、薑、蒜等調味料，其味較寡且單調，自然較遜一籌了。

　　雖自古就有「食無定味，適口者珍」這個話，但是個人的口味原則上都不一樣。有的人追求食材的本味，像吃雞要有個雞味兒，吃鴨何獨不然；但有的人超愛複合味，總喜歡加點特別的料，吃來才有味兒。有的人主張味道要純要淨，鍾愛清燉或清蒸的菜餚；有的人卻異想天開，味不驚人死不休，燒出別具一格的「怪味雞」；有的人酷嗜濃且重的菜色，不如此必難下嚥；有的人欣賞淡而雅的菜品，特別像是吃橄欖一般，既耐咀嚼回甘，而且餘味不盡。總之，所謂的「至味」，確是因人因地因時而異，絕不可能放諸四海而皆準的，反而在使用香料這上頭，如能多多益善，各盡其能，各竭其美，使菜餚千變萬化，協調平衡，悅目適口，自然是知味、賞味進而玩味的最高境界。我想袁枚認為「求香不可用香料」的說法流於偏頗，司廚者還是依照各地不同的風俗習慣和人們的喜好進行調味求香，只要應用得妙，當可冠絕一時。

遲速須知

···❧···

凡人請客，相約于三日之前，自有工夫平章百味。若斗然客至，急需便餐；作客在外，行船落店，此何能取東海之水，救南池之焚乎？必須預備一種急就章之菜，如炒雞片，炒肉絲，炒蝦米豆腐，及糟魚、茶腿之類，反能因速而見巧者，不可不知。

慢工出細活，燒得妙又好

俗話說：「若要一天不得安，請客；若要一年不得安，蓋房；若一輩子不得安，娶姨太太。」好在請客只有一天不得安，為害還算不大，因而早年人們常偶一為之。只是婦主中饋，想要請個客，得先歸而謀諸婦。等到老婆大人點頭同意，便定好時間，邀請什麼人和擬個像樣的菜單。

宴客當天，主婦忙著上菜市場，東挑西揀，揀了又挑，既要物美，也要價廉，待提個滿籃回家，早已氣喘如牛，然而時間緊迫，接著披掛上陣。泡的、洗的、刮的、切的，一切準備妥當，當然汗流浹背。先君慷慨好客，有古俠者之風。家母手藝超優，幾乎每個假日，都有親友登門。大魚大肉，

水陸雜陳，好不熱鬧。尤其家住員林、霧峰的那段時間，家裡養著雞、鴨，自宰自烹，無次無之。除四冷葷、四熱炒、四壓桌、外加兩道點心外，壓軸的大菜不是「火膧土雞花菇湯」，就是「冬菜鴨」，琳瑯滿目，即使席終，仍然滿案。打包送客之後，輪到我們三個小蘿蔔頭上桌，飽啖殘羹剩炙之餘，鍋內未端出的菜依然不少。如此大費周章，自然滿桌喝采，每看母親善後，常覺鋪張太過。又因先君好酒善啖，我們自然跟著受惠。直到搬至永和，知交星散四方，「豪」舉終成回憶。

雖然慢工才能出細活，但燒得妙又好的主中饋者或廚娘，歷代不乏其人。其中，最負盛名的為李絡秀及招姐。前者為西晉汝南人，她待字閨中時，有回安東將軍周浚出獵遇雨，趕往世交李府避雨，絡秀的父兄都不在家，絡秀聽說周浚到了，便與一女婢在廚房內宰豬殺羊，準備數十人的餐點，道道考究精緻，卻無聲無息，不聞人聲響。周浚覺得不可思議，親入廚房觀看，獨見一女子貌極美，乃向絡秀父兄要求納她為妾。後者則是袁枚府中的廚娘，除年少貌美、服役甚勤、裁縫澣濯之外，還精於烹飪。只要袁枚有不時之需，必能準備妥當，正是所謂「能聽於無聲而視於無形」的最高境界。袁枚的愛妾方聰娘，懂得袁的癖性嗜好，靠著招姐「左之右之」，遂抓得住老公的脾胃，袁枚因而「常自詡其口福」。凡有不速之客到來，招姐則「摘園蔬，烹池魚，筵席可咄嗟辦，具饌供客」，打理得井井有條。可惜招姐於廿三歲那年，在袁枚的主持下，嫁劉霞裳為妻。袁枚為此還感慨地說：「鄙人口腹被夫已氏（指劉霞裳）平分強半去矣。」言下不勝唏噓。

少了招姐之後，若遇不速之客，急需供應便餐，袁枚只好備辦一些急就章的菜色，像「炒雞片」、「炒肉絲」、「炒蝦米豆腐」及「糟魚」、「茶

腿」之類應急，且認為「反能因速而見巧」。關於前四者，《隨園食單》在以後的各單中，都有提及，如「炒肉絲」、「炒羊肉絲」、「炒肉片」、「炒雞片」、「張愷豆腐（即炒蝦米豆腐）」及「糟鯗」之屬，唯「糟魚」及「茶腿」究係何物？在此且為諸君細道其詳及其運用之妙。

「糟」的運用

「糟鯗」在《隨園食單・水族有鱗單》中的內文為：「冬日用大鯉魚，醃而乾之，入酒糟，置罈中，封口。夏日食之……」袁枚對於這糟，說得並不詳盡。事實上，所謂糟乃指將食材浸入以糟為主的各種調味料配成的糟滷中，使其具有濃郁糟香的成菜技法。頗宜於各種動、植物食材，包括蛋類及豆製品。此糟菜的特點在於色澤純淨淡雅，糟香濃郁四溢，口味清爽鮮美，不僅配飯，而且下酒。

糟菜在世界烹飪中獨樹一幟，非比尋常。遠在先秦之時，酒和糟已廣泛應用於膳食中，像《楚辭・漁父》便有「何不餔其糟而歠其醨？」的記載。晉代江南的顯貴已用糟醃蟹進貢皇室；而在隋煬帝幸江都時，吳中亦貢糟蟹。不過，糟菜的具體做法，始載之於北魏賈思勰《齊民要術》的「糟肉法」，並云：「飲酒食物，皆炙糟之。暑月，得十日不臭。」南、北宋時，市食已有「糟鮑魚」、「糟羊蹄」、「糟蟹」、「糟豬頭肉」、「糟黃菜」、「糟瓜虀」等。元明清時期，糟品變化萬端，更出現了製三黃糟、陳糟、甜糟、香糟、糟油、陳糟油、糟餅等方法。糟製的食品亦隨之增多，除原有的品種外，尚有「糟腐乳」、「糟蘿蔔」、「糟薑」、「糟鴨」、「糟血」、「糟鰣魚」、「糟肚」及「糟大腸」等風味菜，極受大眾歡迎。至於以糟燒菜的極品，則以山東菜的「糟溜魚片」、「糟

蒸鴨肝」及上海菜的「糟缽頭」最負盛名。

　　糟食及菜的精髓在於糟滷，其配方因各異，能彰顯出特色。其基本配方為香糟、紹酒、精鹽、白糖、蔥、薑等，有的另添花椒、八角、小茴香、桂皮、桂花或陳皮等，浸化後瀝盡渣滓，即可使用。唯在貯存時，須灌入瓶中，再密封冷藏。當今的糟法很多，主要為生、熟糟兩大類。

　　一、**生糟**——指食材未經熟成處理即直接糟製的技法。以浙江、四川等地所製的「糟蛋」最具代表性。

　　二、**熟糟**——此為將食材經加熱成熟後，浸入糟滷而糟製成菜的技法。適宜用於整雞、鴨、鴿或雞爪、豬肚、豬舌、豬爪、魚等食材。其法為將食材煮成半成品後，整個切成較大的塊，浸沒在糟滷中，使之入味。食用之時，再切成塊或厚片即成。名品有「糟魚」、「糟雞」、「糟豬爪」及「糟毛豆」等。

　　至於茶腿部分，亦有幾個說法，在此一一拈出。

　　一、浙江金華地區各縣所產的火腿，除命名為「金華火腿」外，統稱「茶腿」。其特徵為皮光色亮、紅豔似火、香氣濃郁、形似茶葉。且此火腿經烹製成熟後，口味鮮淡，肉質鮮香堅實，極適合用來佐茶，故博得「茶腿」之名。

　　二、浙江省浦江縣所製的「竹葉熏腿」，由於在製作時，不同於金華

◎ 金華火腿。

府各縣以松煙熏製，而是用竹葉燒煙烘熏，故其皮色黝黑，另具竹葉特有的清香，號稱「茶腿」。

三、清末民初之時，運往杭州的新鮮東陽火腿，係以泥缸貯存，其上以粗茶葉鋪滿作蓋，茶香瀰漫，故名「茶腿」。凡當日開缸的新鮮火腿，鮮美滑嫩無比，可以現片現吃。清代最擅製作此一茶腿者，乃乾隆朝的孫春陽。據姚元之《竹葉亭筆記》的記載，大學士紀昀頗嗜此腿，常邊吃邊說，一會兒便食畢三斤已片好的茶腿。肚量之大，堪與他的腹笥比肩，兩者皆廣，古今罕出其右。

總之，糟魚及茶腿之妙，在於現烹現片現吃，取用既便，滋味亦佳，下酒佐茶之餘，亦適合於配飯，居家常備此物，不虞不速之客，難怪袁枚特愛。而今時移事異，日常生活習性，早就不同已往。諸君本此變換，自可熟能生巧，頻出奇招妙著，令人拍案叫絕。

變換須知

······✦·✦·✦······

一物有一物之味，不可混而同之。猶如聖人設教，因才樂育，不拘一律。所謂君子成人之美也。今見俗廚，動以雞、鴨、豬、鵝一湯同滾，遂令千手雷同，味同嚼蠟，吾思雞、豬、鵝、鴨有靈，必到枉死城中告狀矣。善治菜者，須多設鍋、灶、盂、缽之類，使一物各獻一性，一碗各成一味。嗜者舌本應接不暇，自覺心花頓開。

單一口味的重要

「味」是菜餚的靈魂，也是其個性所在。不論是蔬果魚肉，皆有其特有的風味。遠在史前時代，人們開始熟食，祭祀及宴客所用者，乃玄酒與大羹。所謂「玄酒」，清水而已；「大羹」則是不加調味料的肉汁。由於它是很珍貴的饌品，為了食之有味，必須趁熱快食，故常放在火爐上，稱為「在爨」。經由考古的發現，周代有不少爐形鼎器，器中可燃炭，推斷極可能是用來溫熱大羹的，一名「溫鼎」。

人類受用大羹玄酒的歷史，恐怕在數十萬年以上，甚至更久。換言之，

173

◎ 河南濮楊溪水坡出土的早期陶鼎。

人類飲食的歷程中,絕大部分是在原味或無滋無味中度過的。因而,當下所講究的輕淡或「尚真」、「輕飲食」等,多少是有些復古的意味。

又,孔子在教育上最大的貢獻,除有教無類外,就數因材施教了。由於每個弟子的稟性氣質不同,遂造就了德行方面的顏淵、閔子騫、冉伯牛、仲弓;言語方面的宰我,子貢;政事方面的冉有、季路及文學方面的子游、子夏。這即是袁枚所云的「因才樂育」,同時因切入點的不同,使他們受益尤深,這種「不拘一律」的形式,終使他們成才成器,進而達到「成人之美」的目的。是以袁枚主張「一物有一物之味」,堅決反對「混而同之」,也就是不管是什麼食材,統統放在一個鍋子裡滾,味道繁複,莫衷一是。

而在袁枚所處的年代,好些廚子為了吊出好湯,竟然將雞、鴨、豬、鵝等食材一古腦地滾成一鍋自認為是「好湯」。他老人家最反對這樣「千手雷同」的煮法,認為「味同嚼臘」,同時以幽默的口吻說:我怕這些被一鍋滾的雞、鴨、豬、鵝們若是有靈性的話,必跑去枉死城向閻羅王告狀,因為牠們死得不明不白,無端斷送了寶貴生命。

關於雞、鴨、豬這三種食材的沿革、類型與品種等內容，已在先前敘述過了，現專就鵝此一部分詳加說明。

鵝的沿革、類型與品種

鵝為畜禽類烹飪食材之一，被歸類為鳥綱、雁形目、鴨科、雁屬，古稱「家雁」、「舒雁」、「兀地奴」，今名「雁鵝」，上海的俗稱為「白烏龜」。其特色為生長快，肉質佳，重約四到十五公斤間，中國以華東、華南飼養較多，台灣以雲林、嘉義一帶為出產大宗。

一般認為歐洲鵝起源於灰雁，外形碩大，頸粗而短，身軀較平，頭部無肉瘤。中國鵝之起源為鴻雁，體軀呈斜方形，頸長，喙基部上端有明顯的肉瘤。後者約在六千年前，由居住在現今中國沿海的東夷人馴雁而使其演化成家鵝。目前中國的水鄉和丘陵地區均有放牧飼養，數量全球第一。

中國以鵝入饌，歷史悠久。《禮記·內則》篇即有「弗食舒雁翠」記載，即不吃鵝尾形如三角的臊包。《晉書·王羲之傳》云：「性愛鵝，會稽有孤居姥養一鵝，善鳴，求市未能得，遂攜親友命駕就觀。姥聞羲之將至，烹以待之，羲之歎息彌日。」這位姥姥如何烹鵝，史書並未記載。但時代稍晚的《齊民要術》則載有多種烹鵝成饌的技法，僅烤鵝即有「搗炙」、「銜炙」、「脂炙」、「範炙」等法，另尚有用木耳、羊肉汁煮鵝的𩛢淡法；用秫米拌醬清等在焦缽裡蒸燜子鵝肉的焦鵝法；以及醋菹鵝鴨羹、白菹法等。隋唐以來，《盧氏雜說》、《清異錄》所載的〈燒尾宴食單〉均有記述。到了宋代，據《東京夢華錄》、《夢粱錄》等書之記載，北宋首都開封及南宋都城臨安（今杭州）所售的「蒸鵝排」、

「鵝簽」、「間筍蒸鵝」、「五味杏酪鵝」、「鵝粉簽」、「白炸春鵝」、「煎鵝事件」、「燤鵝」、「炙鵝」等，已是食肆掛牌名食。元代以後，鵝饌更豐富多彩。如「鵝酢」、「蒸鵝」、「杏花鵝」、「餞蒸鵝」、「豉汁鵝」、「燒鵝」、「烹鵝」、「鍋燒鵝」、「酒蒸鵝」、「油爆鵝」、「熟鵝酢」，以及用熟鵝頭、尾、翅、足、筋、膚（皮）切極細的末製成「鵝醢」（即鵝醬）等餚饌。清代食鵝之風仍盛，光是《調鼎集》內所載之鵝餚即有「壜鵝」、「罐鵝」、「燒鵝」、「炙子鵝」、「燒鵝皮」、「鵝脯」、「熏鵝」、「醬鵝」、「風鵝」、「糟鵝」、「鵝酥捲」及袁枚在《隨園食單》中細述的「雲林鵝」等十二種。目前廣東的「燒鵝」、潮州的「滷水鵝」、揚州的「鹽水鵝」及台灣的「白煮鵝」、「熏鵝」等，仍是民間常食，頗受食客歡迎。

鵝的品類甚多，按體型可分為大、中、小三種，其中又以中、小型居多。當下中國優良鵝種的產量居世界首位。大型鵝有獅頭鵝、武岡銅鵝；中型鵝有漵浦鵝、奉化鵝、永康灰鵝、象山白鵝；小型鵝有中國鵝、太湖鵝、烏鬃鵝及興國灰鵝等。

一、**獅頭鵝**——原產廣東潮汕饒平縣，羽毛呈灰褐色或灰白色。頭大眼小，公鵝臉部分布不少黑色肉瘤，並隨歲月增長而增大，形若獅頭，因而得名。此鵝生長快，成熟早，肉質優良。生下七十日，體重即達五、六公斤，成年公鵝體重在十至十五公斤間，母鵝則在九到十二公斤間。可年產蛋廿五至三十顆，蛋重二百公克左右。

二、**武岡銅鵝**——產於湖南武岡縣。明世宗嘉靖年間，為世界有名之鵝，號稱「世之名鵝」。其掌、喙均呈古銅色，故名。成鵝重達十餘公斤，肉

嫩味鮮，肥而不膩。

三、**漵浦鵝**——中國最大的白鵝種，主產於湖南漵浦縣。體重可達十公斤，被港商譽為「中國白鵝之冠」。此鵝飼養至一百日齡，平均體重達五公斤上下，既肥且美。

四、**奉化鵝**——主產於浙江奉化地區。體形高大，羽毛潔白，胸肋發達，臀部豐滿，肉鮮骨軟，具有生長速度快，環境適應性強等優點，從出殼雛鵝到成年大鵝，一般只需六十日。成年公鵝體重約七、八公斤，母鵝則在六、七公斤間。一直是加工凍光鵝銷港、澳特區的優良品種。

五、**永康灰鵝**——主產於浙江永康縣，羽毛呈銀灰色、生長快、成熟早、產肉多、肉質甚好。體重可達八公斤左右。一年可孵四窩，向有「四季鵝」之美譽。

六、**象山白鵝**——主產於浙江象山縣。體大毛純，肉質鮮嫩，含脂肪均勻，乃中國出口佳品之一。

七、**中國鵝**——原產於中國東北，以產蛋量高著稱。目前世界各地都有飼養。其特徵為頭大、頸長、胸部發達。按毛色可分成白鵝與灰鵝，以白鵝居多。公鵝體重在五、六斤間，母鵝約四、五斤重。年產量六十到七十隻，蛋重在一百五十至一百六十公克之間。現主產於安徽、江蘇和浙江等地。

八、**太湖鵝**——主產於江蘇蘇州一帶。全身羽毛純白，喙、蹠、蹼均呈橘紅色。體態高昂、體質強健。成年公鵝重四點五公斤，母鵝重四公斤。

◎ 形若獅頭的獅頭鵝。

具有成熟早、生長快、肉質佳、產蛋率高等特點，亦是蘇州名產糟鵝的主
要原料。如根據育鵝期的早晚，尚可分為「早春鵝」、「清明鵝」、「端
午鵝」及「夏鵝」等數種。

　　九、烏鬃鵝──又稱清遠鵝或黑鬃鵝。主產於廣東清遠縣，出自新會縣
者亦佳。其喙、毛、蹼，皆呈烏黑色，肉豐骨少（註：**全身骨頭不足一百公克**）。
肉質細嫩、滋味鮮美、皮滑骨軟，特別適合用於粵菜中的燒鵝，香嫩味美，
皮脆肉爽。

　　十、興國灰鵝──主產於江西興國縣。特色為生長快，飼養週期短，最
大的可達五公斤重。肉質鮮嫩，粗纖維少。

　　談完了鵝後，袁枚認為善於燒菜的人，必須多準備鍋、灶、盂、缽之類，
才能施展如意，烹出道道佳餚，這道理一如「工欲善其事，必先利其器」般，
否則必左支右絀，捉襟見肘，即使是巧婦，亦難為無米之炊了。

略談烹飪器材

　　中國最早的鍋，應是新石器時代初期的陶釜，起初為一種專門用作炊

具煮製食物的罐，其特色為斂口圓底。到了商周時期，大口、深腹、圓底或有耳造型的銅釜，已近似現代的鍋了。魏晉南北朝之時，鐵釜使用已趨於普遍。《齊民要術・醴酪》載有「治釜令不渝法」，即指出：想要讓鐵釜不變色，就要去熟悉的鐵器鋪，購買那種最初熔成鐵汁所鑄成的釜；此精鐵不會變色，而所製成的鐵釜，材質既輕且燒食物易熟。如果是使食物難熟或變黑的鐵釜，就是含雜質多的劣品。可見當時北方某些地區已有多處供應鐵釜的店鋪，這對提升飲食技藝，實具重要的意義。此外，用於烙餅的鐺；用於煎茶、燒水、煎藥或製核桃酪的銚；和適用於煎、炸、炒的鑊等鐵製炊具，亦在此時相繼出現。另據文獻記載，魏文帝時有良工能製造「五熟釜」，此釜分成五格，可同時煮五種食品，類似後世所謂的「共和鍋」。及至隋唐到南宋間，傳熱迅速、輕巧便宜的金屬炊具得到進一步發展，其最大的特色之一，則是可在飯桌上使用邊煮邊吃的暖鍋，已十分流行。而此一爐、鍋兼備的暖鍋，實即後世風行世界各地的火鍋之肇始，影響極為深遠。明朝之後，除銅、鐵製的炊具外，進一步使用熔點低、質軟、易加工，且不鏽、無毒、防潮、耐酸鹼的錫製炊具，並有一般鍋和火鍋等，品種多樣，使用廣泛。到了近世，鍋製品的材質更是五花八門，從鋁製、不鏽鋼製到各式各樣的合金製品皆有，鍋品亦演進成燜鍋等，為現代事廚者提供方便利器。

　　人類原始的灶，只是在住所中部掘一個大小適當的火坑，將火置於正中，在其四周用柴草生火，然後進行烹煮。由於此種灶坑較淺，以致火力分散，炊煮的效率甚低；後來再出現雙連地灶，使火力得以充分利用。然而它無法移動，為了易地而炊，新石器時代的仰韶人與河姆渡人便分別製作了陶灶（爐），成了後世爐灶的雛形。接著在春秋之前，人們開始用土石壘成的土灶；戰國以後，磚灶大為盛行。此磚灶的灶火門設於前方，灶

◎ 東漢灰陶灶。

台寬敞，有多個火眼，並可在灶台上放置待烹的食物及炊事用具。又在灶台後部靠煙囪處或灶身兩側，設有可利用其餘熱溫水的湯罐，及另尚可移動的小陶灶。就因這些灶具與炊具相互配合，促使人類烹飪的技藝，進一步提升。秦漢時期，灶的形狀與今日農村的柴灶相類，呈立體長方形，前有灶門，後有煙囪，灶面有大灶眼一個或有小灶眼一到二個。只是南、北方的灶不同，北方的灶大部分是前方後圓式，且有擋火牆，南方的灶則多呈尖尾弧背式。而在爐子方面，漢代時的爐子較多，有陶爐、銅爐及鐵爐，式樣則有三足鼎、盆式及杯式等，上設支釘，下有灰膛。如從出土的漢代畫像石觀察，這些火爐幾乎用於烹飪，有的甚至可以烤羊肉串。時至今日，關於爐具方面，已有瓦斯爐、電磁爐和微波爐等，灶台（即流理台）亦日新月異，款式各元，除炊具、煮水、貯器物等基本功能外，尚有自來水的清洗台等，新穎多元、簡單方便、美觀大方，實為今日餐飲烹調方面，建立乾淨、衛生的嶄新紀元，然此絕非袁枚所處的時代，可以想像得到的。

　　盂和缽，則是盛湯漿或食物之器。前者形狀像大碗，圓形、侈口、兩附耳，主要在商代和西周時使用，既可做為盛飯的食器，亦可充做盛湯漿的飲器；後者的形狀相近，出現於彩陶時期，其大口便於注挹，鼓肩深腹既增大了容量，又可防止濺溢，平底則便於安穩的放置。此一造型極具實

◎ 閩南名菜佛跳牆。

用意義，同時亦顯現出優雅之態，利於彩繪圖案。缽後來專指僧人之食器，為梵文缽多羅的簡稱，且可稱之為缽盂。正因如此，佛家有師徒傳襲，必有一衣、一缽，後世便稱師生相授為衣缽相傳。基本上，盂與缽現皆非常用之食器餐具，在此算是聊備一格。

又，袁枚認為應「使一物各獻一性，一碗各成一味」之說，我本人不表認同。純以雞湯而言，在一大碗中純雞湯固然不錯，但添火腿同熬，顯然不遑多讓，甚至更有風味。另，首席閩菜「佛跳牆」融眾味於一罈的滋味，尤其精采絕倫，光想食及品單一味，這或許只是隨園老人個人的嗜好吧！

「舌本」略談

關於「舌本」一說，倒是可以談談。舌是「味器官」，完全是由筋纖維所組成，表面上有一層黏膜，內部充滿神經血管，一一與腦神經相通。「粟粒」即舌頭上突起的粟狀物，生理上的名詞叫舌乳頭，這種由小孔洞細胞叢所組成的舌乳頭共有三種，其一名絲狀乳頭，在舌旁及舌面，呈絲形突起的線；其二稱蕈狀乳頭，散布在前者的中間，舌尖部分最多。其三叫輪

廓乳頭，在舌根附近，排成人字形，較前兩者為大。這些舌乳頭的內部藏著味神經、動舌神經和舌咽神經，分司辨味、運動舌體與分泌唾液。如果每一神經都健全，那麼這些舌乳頭都蓬勃突出，如「粟粒」之狀。當然啦！一個人身心愉快，莫不食味津津，胃納極佳，但一遇精神困倦，情緒惡劣，自然會食而不知其味。此外，人類在飲食及說話時，唾液的供應和舌頭的靈動，均極重要。當前述三者的神經都健全時，絕對會反映出食欲振奮，神智清明，發聲秀潤，有吸引力，同時言語暢通而有序。說句老實話，這全是促進事業蒸蒸日上的重要因素。因此，金朝人張行簡在其相學巨著《人倫大統賦》中，便稱見此「粟粒」，乃是節節榮遷的象徵。職是之故，我們可以斷定一個人在品嚐時，其味蕾的良窳，除天賦生成的以外，一部分還取決於本身體質的強弱及當時運勢的好壞。

不過，香港美食名家江獻珠另有別解，指出她的祖父（註：即顯赫一時的廣州飲食名家江孔殷，人稱江太史，食事燦爛，嶺南稱尊）無意中為其製造一個美食環境，使目前從事餐飲研究品鑑的她，能比一般小孩更廣泛的接觸美食，因而很早便能知味，進而能辨識味之好歹。

她接著解釋說：「味蕾的功能及形狀因分布在舌頭的位置不同而有別，各司其職，分主鹹、甜、酸、苦四種不同的味覺。」而在這約九千個味蕾中，主要分布在舌頭，但嘴唇、舌底、上顎及兩頰內部的口腔，都有些許分布。有趣的是，胎兒及幼童的味蕾比成年人還多，而且舌底及兩頰內部的味蕾，早年特別發達，但會隨著年紀而改變。所以人至四十五歲之後，味蕾的新陳代謝趨緩，將不若少小之時敏銳。也因這層關係，美國有些心理學家們便建議父母們要及早鍛鍊孩子的味覺，鼓勵嚐新尋異，長大就不偏食。

最後她的結論是：「接納不同口味食物的能力，並非遺傳。儘管生於飲食世家，不見得你身體內便會充滿美食細胞。面對美食的鑑賞，全視乎一個人後天所受到的薰陶，尤其在童年時父母所安排的飲食模式，或多或少決定某人日後的口味。」

　　其實，她的說法只能算是一個面向。畢竟，食物的甜、鹹、苦、辣、酸這五味，可稱之為原味。一般人要分辨其重淡多寡並不困難，但要達到較高層次的辨味水平，成為古人所說的「知味者」，就非易事。因而《中庸》上說的「人莫不飲食也，鮮能知味也」，即為此意。說得白一點，人人都需要飲食，天天離它不得，但要達「知味」境界，還得靠先天及後天上的努力，始克奏功。

　　古籍上記載一些知味人能夠分別燒菜所用的柴火是新是舊，或所用的鹽是生的、還是炒過的？其中，本事最大也最令人咋舌的一號人物，應數晉代的苻朗。他自稱是苻堅的姪子，從小就被叔父目之為「千里駒」，降晉以後，官拜員外散騎侍郎。據《晉書・苻堅載記》上說，東晉會稽王司馬道子設宴招待這位超級辨味家苻朗，幾乎出盡江南美味。散筵之後，司馬道子便問他說：「關中有什麼美味可與江南一較高下？」苻朗回道：「這筵席上的菜餚非常出色，只是鹽味稍生。」後來詢問膳夫，果然如他所言。還有人請他吃燉雞，他一吃，就說這不是圈養的，而是放山雞。更神的是，有次請他嚐嚐燒鵝，苻朗竟能點出盤中之鵝哪個部位長的是黑毛，或者是白毛。主人不信，再宰隻雜毛鵝，並將毛色異同處做了記號。苻朗吃罷，一一判斷出不同部位的毛色，「無毫釐之差」。講句老實話，即使天生味蕾過人，出身美食世家，嚐時精神飽滿，如果沒有長久的經驗累積及過口時的用心體會，想要如此精於辨味，終究還是棋差一著。

器具須知

　　古語云：「美食不如美器。」斯語是也。然宣、成、嘉、萬窯器太貴，頗愁損傷，不如竟用御窯，已覺雅麗。惟是宜碗則碗，宜盤則盤，宜大則大，宜小則小，參錯其間，方覺生色。若板板于十碗八盤之說，便嫌笨俗。大抵物貴者器宜大，物賤者器宜小；煎炒宜盤，湯羹宜碗；煎炒宜鐵鍋，煨煮宜砂罐。

　　這兒所謂的「古語」，首見於《水滸傳》，該書第卅八回「及時雨會神行太保；黑旋風鬥浪裡白跳」中提到宋江與神行太保戴宗、黑旋風李逵一道兒在江州琵琶亭酒館喝酒時，當酒保端來能醒酒的「加辣點紅白魚湯」時，宋江看見便道：「美食不如食器。雖是個酒肆之中，端的好整齊器皿。」很多人望文生義，以為不如就是比不上之意。其實，「不如」乃齊人之語，即如，意同猶、當等。換句話說，美食就如美器，既表達了中國人對美食和美器要求和諧統一的傳統觀念，同時又成為對食的藝術之一個重要面向。兩者除相輔相成外，還能相得益彰。

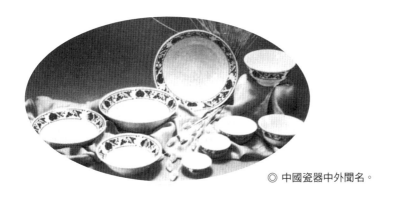

◎ 中國瓷器中外聞名。

「器具」—— 瓷器的發展

袁枚所提的「器具」，基本上是指瓷器食具。中國向有「瓷國」之譽。英文的 china 一詞，不僅是指中國，而且另一個意思便是「瓷器」。因此，瓷器在中國飲食文化中，所扮演的角色極為重要。首先是歷史悠久，自東漢成熟青瓷器燒造成功以來，瓷器即是重要的飲食器具之一，時至今日，將近兩千年，不曾或改。其次是使用普及，上至天子，下至百姓，無不用之，它絕不像商周時期的青銅重器，有著濃郁的等級烙印，尋常人不能僭越；也不像秦漢之時漆飾木器，雕鏤貴重，等閒人難以承接；更不像唐宋以後的金銀器皿，華麗奢侈，老百姓無法受用。其三是影響深遠，大約自唐代始，中國瓷器已遠銷海外，此貿易瓷對世界文明遂產生積極有益的影響。

話說東漢之時，日用瓷的生產，已在長江流域和東南沿海富含瓷土的地區蓬勃發展；直到魏晉南北朝時期，均是以浙江為生產瓷器的重鎮，盛況空前。兩晉時代，等級森嚴，宮廷皇室、門閥士族奢侈成風，其特製的飲食器皿，由於華麗實用、不沾異物、沒有異味、不怕腐敗、方便洗刷、輕重得宜，不會褪色且經久耐用，更普遍受到人們的由衷喜愛。加上南北朝時，佛教盛行，所謂「南朝四百八十寺，多少樓台煙雨中」，佛教的題

材，尤其是蓮花，遂普遍應用到瓷器的裝飾甚至是造型上，富有時代意義。隋朝時，社會經濟一度出現榮景，此時乃中國瓷器成型的重要階段。其日用器皿中，白瓷製作的飲食器具，胎質精細，色澤晶瑩，造型生動；青瓷則以帶盞的造型居多，對飲食衛生有一定貢獻，同時其高足之盤，非但能擺放拼花菜餚，而且能襯托出「高貴身分」，頗受歡迎。盛唐時期，瓷器燒造業更加繁榮，以邢窯（位於河北監城縣內，唐屬邢州）為代表的白瓷，被時人譽為「類銀」、「類雪」，堪與南方越窯青瓷的「類玉」、「類冰」相映生輝，形成「南青北白」的局面。而潔白無瑕的白瓷，由於「天下無貴賤，通用之」，在此一飲食器具上，搭配各種色澤的食物，能起層次鮮明、讓人眼睛一亮的視覺效果，其影響之大，至今仍受惠不盡。此外，唐代飲食器具名目繁多，各式各樣的碗、盤等生產，占了日用瓷的首位，宣告正式占領餐桌。又，晚唐五代江西景德鎮生產的白釉瓷，因白中泛青，別有番韻味，博得「假玉器」之美稱。

及至兩宋時期，由於經濟富庶，文學工藝發達，促進瓷業發展，瓷器的質量均創新高。北方燒造瓷器的窯場遍及全國，形成了「官、哥、汝、定、鈞」五大名窯。它們所生產的瓷器，精工細雕，美不勝收，幾乎全被皇室和達官貴人所壟斷。另，一些民窯燒製出的瓷器亦很精美，像北方的磁州窯、耀州窯，以及南方的景德鎮窯，均是其中的佼佼者。

元代統治的時間雖短，但其瓷器在中國的陶瓷史上，無疑占有重要地位，而成就最突出的，則是景德鎮窯。它不僅將唐代才出現的青花瓷，提升至成熟階段，而且成功地創燒出釉下彩的軸裡紅以及屬於顏色釉的卵白釉、銅紅釉、鈷藍釉，使瓷器發展到一個新階段。縱使餐具的種類如舊，然而具有豐富的胎質及釉色，且在造型上有其特點和新意。大抵而言，盤

的式樣多年為摺沿、圈足、砂底無釉；碗則有深腹、小圈足的敞口式與口沿內斂式兩種。尤有貴者，在裝飾上取材廣泛，凡動物、植物、歷史故事等，都做為創作題材，圖案繁複，主次分明，紋飾層次多，渾然成一體。比方說，摺沿盤，沿邊多繪海水、斜方格、捲枝、纏枝花紋；盤內繪纏枝花或折枝花；盤心部分，畫的則是魚藻、鳳凰、花卉、魚龍紋或蓮池鴛鴦等圖樣。

明代的瓷器，仍以景德鎮所產的最精，而且數量大、品種多、銷路廣，故有「瓷都」之稱。其青花瓷，以著色力強、永不褪色、明淨素雅、美觀實用等特點，而居瓷器生產的主流地位。明成祖永樂與宣宗宣德二期，是青花瓷的黃金時代，所產亦以胎釉精細、青花濃豔、紋飾優美及造型多樣而聞名。自此之後，青花瓷成為中國瓷器的主流。而今人們所使用的餐具，也以青花瓷為大宗。

明憲宗成化年間，瓷器最大的成就，就是成功燒製鬥彩。此一工藝燒製的餐具，除少數大碗外，主要是一種名為雞缸杯的高足小酒杯，各式不一，「描繪精工，點色深淺瑩潔而質堅」，其價錢也很嚇人，「每對至博銀百金」。

到了明世宗嘉靖及神宗萬曆時期，彩瓷由宣德年間的五彩（註：一種在已燒成瓷器釉面上繪出多彩圖案，再入窯爐中，用中、低溫二次燒成的裝飾技法，屬釉上彩繪。雖名五彩，但以紅、綠、黃三彩為主），已蛻化成純粹的釉上五彩，並廣為流行。又，景德鎮官窯的青花五彩瓷器，其特色為圖案花紋滿密、豐富多采、顏色濃豔，加上所燒製的數量極大，遂得以風行世界各地。不過，五彩瓷在清世宗雍正年間開始衰落。自清末迄今，此工藝多用來製作仿古瓷，因此

又被稱為「古彩」，其「贗品」極多，鑑賞者宜慎。

　　清代的盛世——康熙、雍正、乾隆三朝，隨著社會的高度繁榮及帝王們對瓷器的奢求，瓷器的生產，臻於鼎盛，可謂登峰造極。此時的景德鎮，依然是製瓷中心，青花瓷為產品的主流，只是色澤鮮明特豔，層次更加分明。且除青花瓷外，釉上彩頗為豐富，能燒造出包括釉上藍彩、黑彩在內的康熙五彩，以及金彩、琺瑯彩、粉彩、鬥彩、素三彩等瓷器。其中的琺瑯彩瓷專供御用，流傳於世的甚少。其製法為先在景德鎮燒好瓷胚或精細的白瓷，然後運至北京，由清宮內務府造辦處專設的機構「琺瑯作」組織藝匠們，以琺瑯為彩料，繪好圖案後，再燒製而成。件件皆精品，除此而外，還有名目繁複、品種多變的顏色釉瓷，如紅釉有鐵紅、金紅之分，藍釉有天藍、霽藍之別，綠釉有瓜皮綠、孔雀綠、秋葵綠之異，以及茄皮紫、烏金釉、結晶釉等特色釉。總而言之，用它們燒製成的餐具，品種更為豐富，造型都很獨特，形態十分美觀，可謂黃金時代。

　　袁枚認為明宣德、成化、嘉靖、萬曆數朝所製造的瓷器價格太貴，胎質太薄，一不小心，即會損傷，非常可惜。不如用清宮御窯所生產的瓷器，「已覺雅麗」。這可能是貨品流通的緣故，年代愈久遠，愈難弄到手，價錢也愈貴，損傷會心疼，這話倒是挺實際的。另，清人張英在〈飯有十二合〉的小品文中，其第五部分的「器」，即指餐具，指出：「器，器以瓷為宜，但取精潔，毋尚細巧。瓷大佳，則脆薄易于傷損，心反為其所役，而無自適之趣矣！予但取其中者。」頗有借鑑的價值，可取此相互參詳。

美食配美器的觀念由來已久

◎ 美食與美器之配。

　　其實在古代，關於美食搭配美器的觀點，別有精闢見解，且有規律可循。大致而言，可從以下四個面向，要求其能和諧：

　　一、菜餚與器皿在色彩紋飾上應當和諧──比方說，涼菜和夏令菜，宜用冷色（藍、綠、青色）食器；熱菜和喜慶菜，則宜用暖色（紅、橙、赭、黃色）食器。最忌者為「靠色」，如將綠色的炒青菜放在翠綠色的瓷盤中，既顯不出青菜的鮮綠，又埋沒了盤中的色彩紋飾之美。如換個方式，將它改盛白色瓷盤內，就會產生清爽悅目之感，逗人食欲。再如，將嫩黃色的豌豆黃，裝盛在綠色蓮瓣瓷盤中，格外清麗文雅。它如將果子乾盛在水晶碗裡，整體高雅透秀，果品賞心悅目，各料清晰可辨，令人食指大動，是為餐後雋品。

　　二、菜餚與器皿的圖案應當和諧搭配──例如，將「松鼠鱖魚」一菜，盛在飾有鯉躍龍門等圖案的魚盤中，會因搭配得宜，令人食趣盎然，想要一嚐為快。

三、菜餚美饌與食器應在形態上和諧統一——正因中國菜的烹飪技法舉世無雙，推陳出新，無奇不有，故燒出來的菜，品類繁多，形態各異。在食品方面，也是爭奇鬥豔，千姿百態，所以兩者之間，必須和諧。例如平底盤多為爆、炒菜或片、滷菜所用；深口海碗是為整隻雞、鴨而備；湯盤多用在盛裝熘、扒菜；用橢圓盤的目的，則在放置整魚菜，使其生動促食。

四、看饌與食具在空間上應當和諧一致——關於此點，就在要求盛裝時的菜量，必須恰到好處，不過不及。像平底盤、湯盤（包括橢圓魚盤）中的凸凹線，乃食、器結合的「最佳線」。

用此器盛菜，以不漫過該線為度。至於用碗盛湯，則以八分滿為宜。如果盛得太滿，不但難端，還會觸指，看了噁心，影響食欲，那就欲益反損，得不償失了。

而由第四點引申，即是袁枚接下來所舉出的「宜碗者碗，宜盤者盤，宜大者大，宜小者小，參差其間，方覺生色」。這種「擺」的藝術，以日本人最為擅長，已達到吹毛求疵的地步。

日本人常自詡他們進餐時，先是用眼睛看，其次才動嘴巴。眼睛這關過不了，無論是什麼美味，都懶得下箸。對他們而言，烹調就像繪畫般，是一門視覺藝術。

說到擺盤，聽起來似乎很簡單，其實不然。因為日本人對菜餚外形客觀要求之高，目光之挑剔，早超過「雖小道，亦有可觀者焉」的範疇，要

有藝術品味，不光擺得好看而已。關於這點，《曖昧的日本人》一書的作者李兆忠，便在書中道出他個人的體驗。原來他曾在東京一家高級酒吧打過工，給廚師當個下手，領教過日本料理「擺」的智慧與苦心。他寫道：「我的頂頭上司托著下巴，整天琢磨的，就是如何把這些盤盤碟碟擺得更好看些。說出來也許人不信，那盤裡碟裡放著的，無非就是幾片生魚片、幾顆蠶豆，或者一、兩條小魚，當然還有必不可少的時令點綴，像櫻花、菊花、竹葉之類，看上去形式遠遠大於內容。為了擺妥這些東西，廚師真是煞費苦心，幾點蠶豆撥過來，又撥過去，思量再三才有決定。這一下苦了我，因為做為他的下手在傳遞這些盤碟時，任何一個輕微的震動，都有可能破壞這些精美藝術品的和諧與平衡，而招來他的不悅。開始我對此頗不以為然，覺得這完全是小題大做，雕蟲小技而已。後來親自實踐，才發現事情並非如此簡單。因為我擺出來的，不管如何用心，總不如廚師的好看，不經他動一動、撥一撥，是不能端出去給客人的。」

　　接著他引用日本近代美食家陶藝大師魯山人的妙論：「菜餚與餐具無法分離，猶如夫妻，如果認為美味僅是用舌頭品嚐的，說明他還是個外行。真正的美食，必定出自精美的餐具。」而這位大師最推崇的，是中國明代的美食，因為那是中國陶瓷藝術最輝煌燦爛的時代，青花、鬥彩、五彩的釉裡紅，無論是造型的典雅，還是工藝的精良，都極一時之盛。「中國的烹藝於該時登峰造極，從此，中國不復有美食矣。」魯山人如是說。

　　看來，魯山人是把袁枚的話生搬硬套、曲解其意，當今是個講究功利的社會，一些暴發戶和新貴們，根本不懂得什麼才是好吃，怎樣的滋味才棒，追新尋異，只為炫耀，墮入「時尚」的迷障而不能自拔。日本的經濟，在二十餘年前，曾攀升至頂峰，「日本料理」跟著水漲船高，成為既昂貴又時

◎ 美麗餐具。

髦的玩意兒，人們趨之若鶩，蔚成流行風潮。即使是法國菜，亦揚棄基本功，改走「創意」路線，將「盤文化」發揮得淋漓盡致，入口的滋味究竟是如何，似乎也無人講究了，反正懂吃的人不多嘛！因此，我個人認為東洋人的「擺」，固然有其獨到之處，但矯枉過正，在走火入魔後，反而誤入歧途，將色之外的香、味、形、觸等，一古腦地拋諸腦後了。

其實，關於美食與美器的配合，在中國的飲食歷史上，是有制度及章法的。《儀禮》所載的十六種禮，什麼場合用幾豆、幾籩，放左放右，簠、簋、鉶、俎等食具，誰先誰後，都是有規定的。此外，《禮記‧曲禮》載進食之禮「左殽右胾」，有骨的肉要裝在俎內，大塊的肉要盛於豆中，而盛於豆的，則「膾炙處外，醯醬處內」，這絕不是可率性任為、出以己意的。後世如《晉書》、《舊唐史》、《新唐史》、《宋史》、《元史》、《明史》、《清史稿》等正史的〈禮志〉，均記載著每個不同朝代，其食與器相互搭配的典章制度，意義非凡，值得研究探討。

不同於廟堂之上的莊嚴肅穆，歷代文人的詩文中，亦有對美食、美器相映生輝的讚美。其最著者，例如唐代「詩聖」杜甫〈麗人行〉一詩云：「紫駝之峰出翠釜，水晶之盤行素鱗。犀箸厭飫久不下，鸞刀縷切空紛綸。」

描寫權相楊國忠和虢國夫人在享用駝峰和白色魚等山珍海錯時，是用翠綠色的釜烹飪，再由水晶盤裝盛，華貴氣象，呼之欲出。另一首〈觀打魚歌〉詩，則云：「饔子左右揮霜刀，膾飛金盤白雪高。」金黃的盤子配上雪白的玉膾，金相玉質，不也是挺美的嗎？美食美器相烘托，真個是妙不可言。

再換個角度來看，歷代餐館、酒樓對餐飲器具的重視程度，使人們深切體認到「美食不如美器」這一觀念在社會上的深遠影響。早從宋朝酒樓茶坊開始，便常以張掛名人字畫、器皿清潔相號召，這在《東京夢華錄》、《都城紀勝》、《夢粱錄》、《武林舊事》等書中，都有記載。另，據《成都通覽》的說法：清末時，成都最有影響的包席館「正興園」（位於成都棉花街），其經營招數之一，即是以「素來收藏古器甚多」、「某瓷盤瓷碗古色斑駁」吸引食客。時至今日，許多大型的餐館更用此吸引顧客上門，像位於台北萬華的「台南擔仔麵」，專用英國骨瓷餐具、典雅秀麗，一時無雙。

最後要談的是，整桌酒菜在食器上的搭配問題。關於此點，則有不同看法。有人認為，一席菜的食器如果是清一色的青花瓷或白瓷，易顯單調，望似呆板。單從食器本身觀之，就失去中國菜豐富多彩的特色。正因此，主張一席菜不但菜餚品種多樣、芳旨盈席，食器也要色彩繽紛、扣人心弦，這樣一來，佳餚耀目，美器生輝，整席酒菜，蔚成壯觀，誘人饞涎。聽起來似乎不錯，但不可一概而論。畢竟，「五色令人目盲」，眼花徒亂人意。也許該這麼說，若是正式宴會，食器應配套、整齊、劃一，如此方顯莊重。若是大小參差，顏色五花八門，如行山陰道上，讓人目不暇給，非但體面不能加分，反而顯得輕佻，不夠莊重。再者，即使是清一色的餐具，只要

構思巧妙，一樣可以見巧，兩者都能討喜。

近人周新華在《調鼎集》一書指出：曾見仿龍泉窯的青瓷餐具，一套九件，一盤八碟，釉色青潤，八碟設計成蓮瓣狀，圍成一圈，恰似一朵蓮花形狀，中間的那一圈，則是花蕊。夏日伏天，能用這樣一套餐具進食，保證讓人暑意全消。

末了，袁枚認為「大抵物貴者器宜大，物賤者器宜小」，真是一針見血之論。這涉及食客觀感的問題，是為擺盤上的相對論，當貴重之食材如鮑魚、燕窩等，置於大碗盤中，即令數量不多，也令人刮目相看，覺得它有這價值，自然會欣然下筷。反之，亦然。

所謂板板，意同斤斤計較。袁枚認為一桌酒席菜，如果主人或庖者只是執著於用當時官府菜經常套用的十碗或八盤菜餚，就顯得笨俗不堪，格格不入。因此，他主張菜餚的多寡和器具應有變化，才能得其所哉！基本上，這話可視為「美食不如美器」的延伸，充滿著智慧和美感。

且以李斗所撰之《揚州畫舫錄》而言，其卷四所載的「滿漢席單」，即可窺見當時高規格筵席的格局，此席單記於「乾隆六十年十二月」，與袁枚《隨園食單》出版的時間，僅差三年，頗有參考價值。唯其內容太多，僅錄其中大綱。

該席單共分五分。第一分，頭號簋碗十件；第二分，二號五簋碗十件；第三分，細白羹碗十件；第四分，毛血盤二十件；第五分，洋碟二十件。此「所謂滿漢席」也。由此觀之，袁枚十碗之說，應是出自這裡。當時或

許盛行，但後來為九大菜所取代，即使偶有出現，只是聊備一格。

　　八盤亦為清朝官府菜中常見的格式，直至二十世紀二〇年代，在川菜中亦居一定地位。像清宣宗道光年間的〈送點主管滿漢席單〉，其內容則是：正菜八個，熱吃八個，圍碟十六個及附送的食品、錢物等，燦然可觀。到了清末，「正興園」（註：從前把包席館稱園）承作的「滿漢全席」，格局略小，但都以四、八之數陸續上菜。從手碟（一個）開始，依次是四冷碟、四朝擺、四糖碗、四蜜餞、四熱碟、八中碗、八大菜、四紅、四白、到堂點（二個）、中點（二個）、席點（四個）、茶點（四個）、隨飯菜（四個）、飯食（二種）及甜小菜（二碟）等，琳瑯滿目，美不勝收。辛亥革命之後，川菜在繼承傳統的基礎上有所改進，總的特點為由繁到簡，程式簡單，組合緊湊，經濟實惠。當時成都、重慶兩地的包席館，例如成都的「三合園」、「聚豐園」、「榮樂園」、「福華園」、「秀珍園」；重慶的「宴喜園」、「瓊林宴」、「聚珍園」、「雙合園」等，在格局上加以簡化，但仍留了手碟、果盤、熱炒、糖碗、中點等排場。試以上等的「鮑魚席菜單」而論，自手碟（一個）以下，陸續上的是四果盤、四冷碟（亦稱四對鑲）、一中盤、糖碗（一個）、八大菜、座湯（一個）和四小菜。其分量之多，還是挺嚇人的，不知當年袞袞諸公的胃納，何以竟大至若斯，令人嘖嘖稱奇。

四川盛行九大碗

　　大約在二十世紀二〇年代時，川菜筵席進一步改進，減去手碟、乾果、中盤、糖碗之類款式。當時成都「榮樂園」創始人、一代名廚藍光鑑，鑒於前人太過闊綽，「為了適應當時顧客的需要，決定把傳統形式的檯面，

195

實行大的改革，將全席上的什麼瓜子手碟、四冷碟、四熱碟、中點、席點、糖碗及八大菜餚，統統予以改變，就是入席前廢除中點、席點，就座後先上四個碟子（冬天用熱碟，夏天用冷碟），做為筵席的開始，跟即上八個大菜，最後上一個湯吃飯。這種檯面，短小精幹，節約了顧客的開支，因此深受顧客的讚賞。」二〇年代，川菜流行的筵席格局則有以下數種：

八五席——八個七寸冷碟，五個大菜。

八八席——八個七寸冷碟，八個大菜。

七八席——七個七寸冷碟，八個大菜。

五八席——五個八寸冷碟，八個大菜。

一九席——一個大拼盤，九個大菜。

其中，流行最廣的是「一九席」，這種樸素、經濟而實惠的筵席，尤受人歡迎。以下就是重慶「小洞天」餐館於二〇年代所承採辦的「一九席」（海秀席菜單）格局，且錄下以供諸君參考。

一冷盤——「什錦大拼盤」。

九大菜——「蹄筋海參」、「炸斑指（配荷葉餅）」、「竹蓀肝膏湯」、「糖醋脆皮魚」、「瑤柱黃秧白（配蛋糕）」、「蜜汁火腿」、「冬菇燒雞」、「蟲草全鴨（配手工麵）」、「什錦果羹」。

四飯菜——「冬菜肉末」、「泡甜辣椒」、「麻醬筍尖」、「紅油菜苔」。

其實，不論是宴請貴客的筵席菜或農村流行的田席，最常見的還是九大件。像「天下第一家」的孔府，便有九大件席。若以宋代而論，「集

◎ 宴客菜色琳瑯滿目。

英殿宴金國人使」，其席面比較簡單，共有九盞。其一為「肉鹹豉」，
其二為「爆肉雙下角子」，其三為「蓮花肉油餅骨頭」，其四為「白肉
胡餅」，其五為「群仙爔太平畢羅」，其六為「假黃魚」，其七為「奈
花索粉」，其八為「假鯊魚」，其九為「水飯鹹豉旋鮓瓜薑」。另有看
食四種，分別是棗䭔子、髓餅、白胡餅及饊餅（見陸游撰的《老學庵筆
記》）。

此外，席桌設在曬穀壩上的田席，極重油葷，食材多為豬、牛、羊肉，
盛具多用碗少用盤，故又稱「肉八碗」、「九大碗」。由於農村是因紅白
喜慶喪葬而舉辦的筵席，賓客甚多，有開至上百桌者。一般開的是「流水
席」，客滿一桌開一桌。為了出菜快，在製作上每常用蒸、燉、燒之法。
因此，又稱其為「三蒸九扣」席。其菜單則有三檔。

川西最低檔的菜單為「大雜燴」、「紅燒肉」、「薑汁雞」、「燴明
筍」、「粉蒸肉」、「鹹燒白」、「甜燒白」（即「夾沙肉」）、「蒸肘
子」、「清湯」，剛好是「九斗碗」。中檔的菜單，稱「九大碗」，依次
為「雜燴湯」、「拌雞塊」、「燉酥肉」、「白菜圓子」、「粉蒸肉」、「鹽
燒白」、「蒸肘子」、「八寶飯」，且在上最後一道「攢絲湯」之前，要

上個「攢盒」。最高檔的田席就豐盛多了。通常會先來個九圍碟，用中盤裝「金鉤」，再以「糖醋排骨」、「紅油老肝」、「麻醬川肚」、「炸金箍棒」、「涼拌石花」、「燴蓮白菜」、「紅心瓜子」、「鹽花生米」等八個小碟圍成一圈；接著上四熱吃，有「燴烏魚蛋」、「水滑肉片」、「燴雞松菌」和「燴百合羹」。然後上的則是「攢絲雜燴」、「明筍燴肉」、「燉沱沱酥」、「椒麻雞塊」、「肉燜豌豆」、「米粉蒸肉」、「五花鹹燒」、「蒸甜燒白」與「清蒸肘子」這九大碗。至於川東地區的田席菜，菜餚略有不同，常見的為「鮓肉」、「鮓海椒蒸肉」、「扣雞」、「扣鴨」、「夾沙肉」等款式。基本上，亦以九大碗為主軸。

廣東老鄉獨鍾九大簋

不光是四川盛行九大碗，廣東老鄉亦唯「九大簋」是尚。簋為古代放置食物的器皿，其形狀或方或圓，材質則有木製、竹製、陶製和銅製之分。它原本是古代的食器或祭器，後來逐漸流傳至民間，遂「禮失求諸野」，仍保此一古風。

民國前後，廣東省廣州及港、澳一帶，其最常見的「九大簋」，有如下四種：

一、**喜酌**——為迎親正日所舉辦之筵席，每席菜餚為九式（碗），號稱「喜酌九大簋」。

二、**暖堂酌**——係新婚夫婦合卺交杯之宴，有「高頭五樹四如意」的祝辭，通稱「暖堂九大簋」。

三、開燈酒——又名開燈宴，是生子後第二年掛燈之喜宴，每席菜餚九碗，亦稱「開燈九大簋」。

四、壽酌——乃慶賀壽誕之宴。由於「九」、「久」同音，故取其「長長久久」之吉兆，每席菜餚亦有九品，謂之「壽酌九大簋」。

由上觀之，袁枚在文中所提到的「十碗」、「八盤」菜餚，或許符合當時狀況，但若加上個「九大碗（簋）」，就更具體而切實了。然而，就如袁枚所說的，筵席時，以美器映襯美食，常運用對比、烘托、線條、修飾、意境等法，務使食與器能達到完美的統一與和諧。而且此統一與和諧，既是一餚一饌與一碗一盤之間的和諧，且是一席美饌珍餚與一席餐具飲器之間的統一。畢竟，一桌美食，菜的形態固然有豐整腴美的，也有丁絲塊條片和不規則的，而且菜餚的色澤更是五彩繽紛的，但一經與恰如其分的餐具相配，高低錯落，大小相間，形質協調，組合完美，自能使進餐者得到細緻精妙的審美感受。此時，若沿用俗套的「十碗」、「八盤」之說，只會自我設限，施展不出高明的絕藝。

接下來，袁枚舉出的「煎炒宜盤，湯羹宜碗；煎炒宜鐵銅，煨煮宜砂罐」這四句真言，放諸四海而皆準。即使今日觀之，仍是顛撲不破的至理名言。

煎炒宜盤

基本上，「煎炒宜盤，湯羹宜碗」，主要是指盛器而言。碗、盤是常連用的名詞，雖最早都是陶製品，也都用做餐具，但兩者製作的歷程及使

用的方式卻大相逕庭，碗可謂「一路走來，始終如一」，盤則風格多變，終定一尊。

　　碗這種盛食器具，是人類從古至今在飲食生活中，最普遍常用的一種餐具，早在七千年以前，黃河流域的居民所使用的碗，其形狀為敞口、斜腹、圈足，外表有的素面，有的拍出紋飾。如與我們現在用的碗相比，除了陶質之差外，基本上沒啥太大區別，其口徑與現今的中型碗相當。

　　考古工作者先後在甘肅、陝西等地的遺址中，發掘出先民們使用的最古老、最標準的碗。這款碗是由陶土直接捏成，經過火燒，質地較硬。儘管製作不很精細，但整個外形顯得莊重大方，並注意對器形的修飾，外觀看起來不算呆板。其底部圈足，則是分製後黏合上的，黏合處用稀泥抹平，還戳印有點紋飾，此紋飾的目的，既增加了器形的美觀，又起了堅固的作用。另，有的還在圈足部位拍出交錯紋飾，或在口沿處拍成齒狀，可見他們對區區一碗，亦頗費心思。而類似這樣的陶碗，在新石器時代早期的遺存中，仍陸續發現。易言之，從裴李崗人到大汶口人的兩、三千年間，碗的形狀並未改變。甚至可以說，它一直到龍山文化時期（註：使用黑陶），也始終是一脈相承，大同小異。

　　總的來看，在各地區新石器時代遺址中出土的陶器，碗的數量居大多數，除河姆渡人形似盆狀、口沿下做出對稱形耳鈕的造型外，大半與現在使用的碗近似。由於它出現的時間早，沿用的年代長，在在都顯示著它在人類飲食生活中的實用價值，同時發揮了它在飲食生活中的巨大作用。

　　盤亦是一種盛食物的器具。乃口徑較大的扁平淺腹形狀的盛器，約起

源於距今七千年前的新石器時代，早期為陶盤。據考古發現，江南地區用盤的歷史較早，在河姆渡文化中，盤是當時的主要食器，尤其在早期階段，盤的數量甚多，造型也富變化，有翻沿盤、折棱盤、圈足盤、多角沿盤、橢圓形盤等器形，只是到了晚期，盤的盛況不再，較少見其蹤跡。

華北地區則在裴李崗文化發現過陶盤，在磁山文化見到長方形盤和圓底圓盤，在黃河下游的北岸文化出土三足盤。新石器時代中期以後，陶盤的數量逐漸增多。到了晚期的龍山文化時，最常見者為圈足盤，另有環足盤、鼎足盤等，基本上它是用餐時的盛器，與碗、缽、豆等並用。

商周時期，在陶圈足盤的基礎上，經一再演變及發展，產生了青銅盤。它一般帶有雙耳或者帶環，上面甚至有銘文。但其作用已脫離既往，成了一種盛水器具，並與青銅匜配合使用，匜澆水，盤承水，成為專門供貴族盥洗的用具。又，青銅盤也是一種禮器，用於祭祀典禮，直到漢、晉之後，仍在使用。只是近世以來，銅盤變成了盛肉的餐具。像清代滿族人食白肉時，便以銅盤托出，供食客大嚼。如據《西域圖志》載稱，清代維吾爾使用的紅銅盤之器具有三，其一為烈干，「其形正圓，圍七、八尺，高七、八寸不等，以盛馬、牛、羊肉」；其二為托古斯密斯塔巴克，「徑尺許，深三、四寸不等，其數用九，以盛各項飲食之物」；其三為塔赫錫，「小圓盤，圓徑約二寸以內，高寸許，以盛果品，其數亦用九」。此外，古詩中還有「銅盤炙得花豬好」之句，看來銅盤可充作炊器，不光是盛器而已。

及至中古時期，伴隨著瓷器的發展，瓷碗瓷盤大行其道，並沿用至今。如依質料而論，木製的漆碗盤，在龍山文化晚期的山西陶寺遺址已有發現；商周之時，數量漸多；東周至秦漢間，一度頗為盛行，後漸衰落少見。至

◎ 市肆筵宴圖。

於玻璃製的碗盤，雖漢墓有出土，唐宋仍少見，一般充作工藝品使用，但當下已不受限制，反而大量出現於餐桌中。還有在唐代以後出現的金碗盤，其價格極昂，主要供顯貴們使用。

　　所謂「煎炒宜盤」，就是以煎或炒出來的菜餚，本身較乾爽，置放於盤上，既方便取食，亦賞其色澤，能促進食欲。加上菜餚的周邊可放些盤飾，增加其整體美。同時其空間更寬廣，適合馨香四逸，馬上引人入勝。其實，炸與烤的菜色，亦頗適合盛於盤中。

湯羹宜碗

　　宜於置碗內的羹湯，兩者本一物，後分道揚鑣，如就廣義解釋，羹乃湯的一種，只是現代菜餚中，以羹命名的，多是比湯略濃、略稠一點的湯。然而，古代的羹，較今更為濃稠；且在先秦時，所謂的羹，還是一種製法不一、說法多種的食品，既可以指燒肉、帶汁肉、純肉汁，也可以指用葷、素食材單獨或混合燒製成的濃湯，有時，為了增加湯汁的黏稠度，還得往裡頭加入米屑。

羹的起源較早，傳說帝堯時就已有羹。像《韓非子》載：「堯之王天下也，糲粢之食，藜藿之羹。」而伊尹親炙的鵠鳥（即天鵝）之羹，商湯嘗罷大悅，拜為宰相，安邦定國。又，商至西周之時，羹的品種甚多，如據《周禮》、《禮記》、《儀禮》等書的記載，就有數十種用牛、羊、雞、豕、犬、兔、鶉、雉、魚、鱉和一些蔬菜製作的羹。到了春秋、戰國時期，羹的品種更多，其名品有「羶羹」、「羊羹」等。而羹也成了人們的主要食品之一，「自諸侯以下至于庶人，無等」，是人人可食的大眾化菜餚，而且只有先秦兩漢之時，製羹才須調和五味。畢竟它能反映當時烹調的最高水平，故後人稱製羹為「調羹」；此外，羹極適合佐酒下飯，故進食時，羹和飯總是擺在靠近食者之處，「凡進食之禮，……食（指飯）居人之左，羹居人之右」。飯羹並列，可見下飯必須靠羹。

當時吃羹非常考究。羹在食用之前，已先調好味道，上席即可食用；但為兼顧賓客的口味，用餐之時，案邊會準備鹽、梅、醯（音西，即醋）、醢（音海，指肉醬），就如同今日的餐桌上，備有醬油、醋、胡椒粉等一般。不過，這只是擺個樣子，表示尊重客人口味。《禮記·曲禮》要求客人「勿絮羹」，這裡講的「勿絮羹」，就是不在端上席面的羹肉加調味，免得主人難堪，以為調得不好。又，《禮記》還規定客人「勿　（音踏）羹」，「　」指不細細咀嚼逕狼吞虎嚥。這樣吃羹，不僅食相不佳，同時還會讓主人以為自己所調的羹不怎麼好吃，以致客人匆圇吞嚥。

當然啦！貴族食用的羹，幾乎全是肉類。窮人無肉，就用藜菜、蓼菜、葵菜、芹菜、苦菜等做羹，聊以下飯。孔子最慘，當他厄於陳、蔡，在絕糧時，弟子為他製羹，只能「藜而不糝」，亦即只在湯中放了藜菜而沒有加米屑，這樣製作出來的「羹」，純青菜湯罷了。或許此乃今日「湯」之起源。

中國菜自古就講究搭配，如果在肉羹裡加了蔬菜，名之為「芼」（音茂）羹。《儀禮・公食大夫禮》明確記載什麼肉羹適合添入怎樣的蔬菜，如牛羹宜於藿葉（嫩豆葉），羊羹宜於苦菜，豕羹宜於薇菜。《禮記・內則》更進一步指出什麼羹該配什麼飯，如雉羹宜配麥飯，脯羹適合配折稌（音途，細米飯），犬羹、兔羹一定要加糝等是。凡此種種，除從食物的特性本質考慮外，還有一個更關鍵的部分，就是適口。這完全是先民從實際生活中總結而得的經驗。

又，先秦時專供祭祀用的肉羹，以「大羹」和「鉶羹」的名號最響。前者是一種不加五味調味的肉羹，所謂「大羹不和」，「飲食之本」，指的是原始形態；後者的「鉶」，是一種器皿，可受一斗，作調鼎羹器用，又叫鉶鼎。此羹為用動物食材加藿、薇等蔬菜及五味在鉶器中煮成，且食用此帶菜的羹，必須用挾，「挾」即當下筷子的前身。

漢代時，羹的製作有更進一步的發展，從馬王堆遺策中，記載了二十種前所未見的羹。到了魏晉南北朝時期，《齊民要術》一書亦錄了二十八種羹的做法，手法更全面，即使是禽獸的頭、蹄、下水（指內臟），均可為羹。從此之後，羹的地位尚在，例如宋代的《東京夢華錄》載羹十種，《夢粱錄》更多，達卅一種之多，且重複極少。目前台灣所流行的羹，主要的有「赤肉羹」、「鴨肉羹」、「土托魚羹」、「魷魚羹」和「三絲翅羹」等，可見古風猶存。但時下的羹，係用澱粉勾芡，與古時加米屑製作的羹，顯然有別。

湯的歷史傳承，至今始終不明。不過，唐詩人王建〈新嫁娘〉一詩中，已有「洗手作羹湯」之句。足見當時的羹與湯，已有明確劃分，應像現在一樣，一看即知其義。

◎ 鐵鍋可是中華料理師父的最愛。

袁枚認為「湯羹宜碗」，現已成為普世觀念。此兩菜置於碗中，不但方便以勺或匙取食，而且能凝聚其味，具保溫作用。我個人以為湯、羹不僅宜碗，如用之於缽中，亦很適合。其運用之妙，就存乎一心了。

袁枚拈出的「煎炒宜鐵銅，煨煮宜砂罐」，指的是炊具。因其技法之不同，故用不同的器具，所謂「工欲善其事，必先利其器」，即是指此。也唯有如此，才能「精妙微纖」，呈現中國烹調藝術最完善的一面。

煎炒宜鐵銅

我們先前談過，商周時期已有銅釜，其造型近似現代的鍋。到了漢代，鍋已逐步走向輕薄小巧方面發展，由於鐵器普遍使用，銅器的風光不再，而且以小釜取代大釜，也為後世的炒、爆、煎技藝，提供了有利條件。

截至目前為止，鐵鍋大行其道；繼之而起的不鏽鋼鍋，亦成慣常烹具，影響極為深遠。現歸納鐵鍋歷久彌新的優點如下：一、受熱極快，其球面可以同時接收傳導、對流、輻射三種方式受熱。二、色黑，易整理及吸熱。三、操作便利，以其有耳，加上口大，便於投料和移動。四、烹調順手，

◎ 砂鍋用途極廣。

不論翻勺手鏟，在平滑球面內，甚易翻拌轉動，以致快炒菜餚，能夠生熟一致。五、洗潔方便，用棕刷、竹刷、清水加皂角或洗潔液，即可清洗就緒。六、衛生可靠，不含銅、鉛等重金屬，不會產生危害人體的毒素，而且沒有污染。而所形成的氧化鐵，或可補充人體鐵質，對健康有些助益。最後還有一大優點，就是材料取得容易，鐵材資源豐富、鑄造方便、成本低廉。難怪自魏晉南北朝迄今，鐵鍋在烹調上，始終居重要地位。袁枚標舉的「煎炒宜鐵銅」，基本上即反映此一事實。只是銅鍋於加熱後，會產生氧化銅，經常食進體內，將導致銅中毒，是以現在甚少使用，並為不鏽鋼製品所取代。

煨煮宜砂罐

關於「煨煮宜砂罐」，則是千古不易之理，行之有年，愈用愈妙。新石器時代的陶釜，即為一種專門用作烹具、藉以煮製食物的罐，其特色為斂口圓底。經後世不斷地發展改進，這種中國最早的鍋，用陶土和砂燒製而成。適合用之於燉、燜、煨、煮、焐、 焴烹調方法，所製菜餚湯鮮質醇，滋味濃郁，保持原汁原味，一直在中華烹飪技法中，扮演著極重要角色，西方人譽此為「鍋文化」，包羅萬有，風味特出。

袁枚寫的砂罐,現通稱「砂鍋」,其形狀有湯缽式、深罐式、淺盆式等數種。湯缽式多見於長江中、下游一帶,帶蓋、無耳,上半釉或全釉,外底均無釉,用於製作「砂鍋雞、鴨、魚頭豆腐」或「清燉獅子頭」、「拆燴鰱魚頭」等;廣東則稱「砂煲」,有的帶手把,所製菜餚稱「煲仔菜」。深罐式多見於湖北、廣東及西北部分地區,有的帶耳把,有的在雙耳安裝提環,多用於製作湯菜,如武漢市「小桃園煨湯館」的湯菜,均用陶罐作,其「瓦罐雞湯」尤負盛名,廣東將此名之為瓦罉。廣州出土的東漢冥器陶灶,其後端的一陶鍋內,發現一水魚(註:即甲魚),足見「瓦罉焗水魚」這道菜源遠流長,此法妙在使水魚的動物膠等成分,充分溶解於湯汁中,易被人體吸收;西北的民眾則較常用其煨茶或煨製稀粥。至於淺盆式的,在北方又稱為沙鍋淺或沙鍋淺兒,像吉林市「富春園」的名菜砂鍋老豆腐,即以「視之若老,食之特嫩」著稱。台北的「天廚」菜館,早年亦擅此菜,其特點為湯鮮味美,香氣濃醇,保溫持久及豆腐軟嫩異常。食味之津津,每令饕客往嚐再三。

　　而在使用砂鍋時,切忌不可空鍋乾燒,須帶一定量的湯汁,亦不可將冷鍋逕置於旺火上;同時溫度高的燙鍋,避免放在低溫或沾有涼水的所在。以上所述情形,均易使鍋炸裂,宜慎之,慎之。

上菜須知

　　上菜之法，鹽者宜先，淡者宜後；濃者宜先，薄者宜後；無湯者宜先，有湯者宜後。且天下原有五味，不可以鹹之一味概之。度客食飽，則脾困矣，須用辛辣以振動之。慮客酒多，則胃疲矣，須用酸甘以提醒之。

鹽淡濃薄之上菜順序

　　據我個人的體驗，一桌酒席的可口與否，固然與每道菜燒得是否得法有關，然而最重要的，反而是上菜的先後次序。這道理和寫文章一樣。好的文章講究起承轉合，讀來才會扣人心弦、深合我心。袁枚指出的上菜之法，其實已道出其中的關竅所在，讀者只要細心體會，必讓食客一新耳目。

　　關於「鹽者宜先，淡者宜後」這句話，專寫蘇州因而博得「陸蘇州」之譽的陸文夫，在其名著《美食家》中，透過主人翁美食家朱自冶之口，詮釋之棒，無以復加。原來朱自冶開壇講課時，便向聽眾提出一個問題，問：「誰能回答，做菜哪一點最難？」會場活躍，人們開始猜謎，答案包括「選料」、「刀功」、「火候」等。但朱自冶一一搖頭：「不對，都不對，是

一個最簡單而又最複雜的問題──放鹽。」

接著，他指出：「這放鹽也不是一成不變的，要因人、因時而變。一桌酒席擺開，開頭的幾道菜要偏鹹，淡了就要失敗。為啥，因為人們剛剛開始吃，嘴巴淡，體內需要鹽。以後的一道道菜上來，就要逐步地淡下去，如果這桌酒席有四十個菜的話，那最後的一道湯簡直就不能放鹽，大家一喝，照樣喊鮮。因為那麼多的酒和菜都已喝下去，身體內的鹽分已經達到了飽和點，這個時候最需要的是水，水裡還放了味精，當然鮮！」

朱自冶還為「那最後的一道湯簡直不能放鹽」這句話補充說，這是「一個有名的廚師在失手中發現的。那一頓飯從晚上六點吃到十二點，廚師做湯的時候打瞌睡，忘了放鹽，等他發覺以後，拿了鹽奔進店堂時，人們已經把湯喝光，一致稱讚：『在所有的菜中，湯是第一！』」

這兩段話十分精闢，絕不可以等閒視之。

又，「濃者宜先，薄者宜後」之說，其觀點如同先鹽後淡，其目的在開胃，在喚醒味蕾，開啟食客食趣。但濃和重不同，口味重的菜，所激起的食欲，只是片刻的，旋得旋失，無以為繼；濃郁的菜餚，反能齒頰留芳，味愈探愈出，迴腸盪氣，不能自己。當然啦！一旦達到飽和點，自然味蕾不振，需要養精蓄銳，才能印象深刻。這時所上的菜餚宜清，萬萬不可一濃到底。不過，袁枚在此講的「薄」，我以為不如他在〈廚者王小余傳〉所說的「清」。清的菜能帶鮮，薄的菜滋味淡，兩者境界有別，無法相提並論。

此外，是否先上湯，倒是一個值的探究的問題。早在清代時，食番

◎ 新石器時代扁足鼎。

菜（指西餐）必先上湯。自政府遷台後，慣吃的西餐（指A、B餐），亦先上湯。直至今日，凡食西餐，莫不如此。而受此影響最大者，莫過於港、澳特區，當他們居家吃飯時，總先來個煲湯，再上菜吃飯。不過，華人用餐，絕大部分仍是冷盤、熱炒再飲湯。不僅居家如此，筵席亦是如此。因此，自古中國筵席率先打頭陣者，不是拼盤，就是圍碟，接著是熱炒，然後上大菜。其間，或許會有湯、羹類的菜餚穿插其中，但其所扮演的角色，非承即轉，也就是換個味兒。換個角度來看，此亦契合養生之道。

原來人們進食前，凡遇香濃乾爽的菜色，易引津液汩汩自兩頰出，此唾液（即口水）內含多種消化酶，不但生津止渴，也會促進消化，食來更有味兒。如果一開始就以湯菜伺候，除稀釋胃液外，也會撐腹飽肚，使胃納較小者，無福繼續消受。同時在筵席時，免不了要喝酒，不論冷盤熱菜，都是佐酒佳品，愈吃愈來勁兒。所以，袁枚所說的「無湯者宜先，有湯者宜後」，確為食中菜的千古不易之理。

在此先聲明的是，放鹽之妙，在於吊味。故虛擬人物美食家朱自冶發揮此理，講得頭頭是道。指出：「東酸西辣，南甜北鹹。人家只知道蘇州菜都是甜的，實在是個天大的誤會。蘇州菜除掉甜菜之外，最講究的便是放鹽。鹽能吊百味，如果在鮰肺湯中忘了放鹽，那就是淡而無味，即什麼

味道也沒有。鹽一放，來了，鮰肺鮮、火腿香、蓴菜滑、筍片脆。鹽把百味吊出之後，它本身就隱而不見，從來也沒有人在鹹淡適中的菜裡吃出鹽味，除非你是把鹽多放了，這時候只有一種味：鹹。完了，什麼刀功、選料、火候，一切都是白費！」這話其實很有道理，因為「天下原有五味，不可以鹹之一味概之」。畢竟，死鹹能壓百味，味蕾難再復振。

甘、酸、苦、鹹、辛五味略談

所謂五味，指的是甘、酸、苦、鹹、辛這五個基本味。《老子》第十二章曾說：「五味，令人口爽。」這裡所言的爽，不是爽口、清爽，而是指傷害，意即失卻味覺。道家主張清靜無為、崇尚自然，會有這種論調，本就無足為怪。但可確定的是，五味必須調和，才能成就美味，且能保健養生，堪稱利口之良藥。

據《內經‧藏氣法時論篇》的說法，五味中「辛散、酸收、甘緩、苦堅、鹹軟」，其列舉的健全原則如下：

肝色青，宜食甘，粳米、牛肉、棗、葵皆甘。
心色赤，宜食酸，小豆、犬肉、李、韭皆酸。
肺色白，宜食苦，麥、羊肉、杏、薤皆苦。
脾色黃，宜食鹹，大豆、豕肉、栗、藿皆鹹。
腎色黑，宜食辛，黃黍、雞肉、桃、蔥皆辛。

現代食療理論對五味與健身關係，基本上繼承了《內經》闡揚五穀、五畜、五肉、五菜性味的學說，內容豐富，發展迅速，自成體系，符合科學

精神，其主要內容為：

一、**辛味具宣散、行氣血、潤燥作用**——用於治療感冒、氣血瘀滯、腎燥、筋骨寒痛、痛經等症。其典型的飲品有薑糖飲、熬薑湯、鮮薑汁、藥酒等。

二、**甘味有補益、和中、緩急等作用**——用於虛症的營養治療。如「糯米紅棗粥」可治脾味氣虛，羊肝、牛筋可治頭眼昏花、夜盲等症。

三、**酸澀味有收斂固澀作用**——可用於治療虛汗、泄瀉、尿頻、遺精、滑精等症。如烏梅能澀腸止瀉，加白糖可生津止渴。

四、**苦味具有泄燥、攻堅的作用，可用於治療熱、濕症**——像「冰鎮苦瓜片」一盤，即可用於清熱、明目、解毒。

五、**鹹味有軟堅、散結、潤下的作用**——常用於治療熱結、二便不利等症。如海帶鹹寒，能消痰利水，治療上虛火。

一般而言，凡屬辛、甘、濕、熱的陽性食物，大都有升浮作用，具升陽、益氣、發表、散寒的功能；凡屬酸、苦、鹹、寒、涼的陰性食物，則多半有沉降作用，具滋陰、潛陽、清熱、降逆、收斂、滲濕、瀉下的功能。食者通常不明其性味，即使讀透了《內經》，仍不知如何下筷。其實萬變不離其宗，只要不偏嗜某味，也不要吃得太雜太多，不至於對身體造成什麼損害，但這指長期的保健因素，本不適用於筵席上的及時享用菜餚，所以，在此要就調和五味進一步說明，才能將袁枚「上菜須知」的精蘊通透了解。

中菜的烹飪獨步全球，之所以如此，首在精於調味，關於此節，一方面有賴高超的技藝，再方面則有大量可供運用的調料。這些調味原料，除了本土原產以外，更有許多是由域外輸入或引進的，像當下常用的胡椒與辣椒，便是引進的品種。據李常友〈中國烹飪調味規律初探〉一文的記載，中國烹飪時所用的調味品，已多達五百種，但目前在固定的味型方面，尚有待提升。基本上，餚饌的味型可分成基本型與複合型這兩大類，基本型大致有九種，分別為鹹、甜、酸、辣、苦、鮮、香、麻、淡。複合型目前難以勝計，大體可歸納為五十種左右：

一、**酸味型**—酸辣味、酸甜味、薑醋味、茄汁味、糖醋味。
二、**甜味型**—甜香味、荔枝味、甜鹹味。
三、**鹹味型**—鹹香味、鹹酸味、鹹辣味、鹹甜味、醬香味、腐乳味、
　　　　　　　怪味。
四、**辣味型**—糊辣味、香辣味、芥末味、魚香味、蒜泥味、家常味。
五、**香味型**—蔥香味、酒香味、糟香味、蒜香味、椒香味、五香味、
　　　　　　　十香味、麻醬味、花香味、清香味、果香味、奶香味、
　　　　　　　煙香味、糊香味、臘香味、孜然味、陳皮味、咖哩味、
　　　　　　　薑汁味、芝麻味、冷香味、臭香味。
六、**鮮味型**—鹹鮮味、蠔油味、蟹黃味、鮮香味。
七、**麻味型**—鹹麻味、麻辣味。
八、**苦味型**—鹹苦味、苦香味。
九、**淡味型**—淡香味、本味。

照李氏的說法，所謂「五味調和」中的五味，只是一種概略的指稱。而今我們所享用的菜餚，一般都是具備兩種以上滋味的複合味型，而且是

多變的味型。《黃帝內經》云:「五味之美,不可勝極」;《文中子》則說:「五味之美,不可勝嘗也」,講的全是在五味調和後,所帶給人類的美好感受,其境界早已超過孟子說的「口之于味也,有同嗜焉」。何況調味如到極處,就是玩味,川味堪為代表。

巴蜀人士「喜辛香」,古已有之,於今尤烈。川味的特點是:味美、味多、味濃、味厚,有「一菜一格,百菜百味」之譽。早在南宋之時,就有獨特風格,號稱「川飯」(指川式風味菜餚)。近百餘年來,川菜除了味重清鮮、工藝考究的高檔筵席外,就屬從辛、辣、麻、怪、鹹、鮮為特色的大眾菜餚或家常菜。後者的歷史不長,但一出現就產生影響,既快且猛,無遠弗屆,甚至取代高檔菜餚,成為席上之「珍」。現在人們所熟悉的川菜,就是這種大眾化的口味。正因為川菜具有一定的平民性質,故廣為普羅大眾所樂食。加上十分下飯,風行南北各地。其性質與京菜主要為達官貴人服務、淮揚菜被巨商富賈壟斷、江浙菜深為文人學士所欣賞是截然不同的。袁枚若處在今日,恐也會被這變化萬千、顛覆傳統的菜色所著迷困惑,但是「上菜須知」的真理,即使放在此一動盪的變局中,仍放諸四海而皆準,極具借鑑之價值。

老實說,中式筵席種類之繁多,舉世無雙。其中,有用一種或一類食材為主所製作的「全席」,如全羊席、全豬席、全鴨席、素席、全魚席、全牛席等;有用某種高貴或特殊食材為主體或當成頭菜的筵席,像鮑魚席、魚翅席、魚肚席、海參席、燕窩席、飛龍宴、鱔魚席、魷魚席等;也有展示某一時代烹飪水平的筵席,例如燒尾宴、滿席、漢席或滿漢全席等;還有以地方飲食習俗為名的筵席,主要者有台灣的辦桌、洛陽的水席與四川的田席等。且無論是哪一種筵席,都有整套的菜餚點心乃至茶酒飲料等內容。

大抵一份精心設計的筵席菜單，對於菜點色、味、形、質的組合，餐具飲器的配置，烹飪技法的運用，菜餚、羹湯、點心的排列，餚饌整體風味特色的表現，都必須有周到的安排。總之，筵席是時代、地區、飯店（或餐館）、家庭的烹飪技藝水平的反映。更何況筵席所展示的烹飪技術，與某一種或某一類餚饌所表現的烹飪技術，是有明顯區別的。餚饌所呈現的烹飪，屬技術面，是個別的、單獨的，而筵席所展示的烹飪，屬藝術面，則是整體的、全面的。

　　袁枚在研究歷代筵席的菜點後，權衡其數量、質量、排列、組合及節奏的利弊得失，提出了以味為核心的大方向、大原則，這是前人尚未論及的觀點，極具前瞻性。此「味」，包含了滋味與氣味，出入口、鼻之間。前者通常指味覺所能感受到的基本味與複合味，後者則是嗅覺所能感受到的各式各樣香氣。任何菜點都是有滋有味的。由於筵席餚饌每在十道以上，如果不注重各菜滋味的總體效果，可能使食者愈吃愈乏味，感覺不好吃了。此乃人的胃納有限，一旦食物（包括酒品）過量，下腦丘就會反映出胃疲食飽之狀，這時就得改弦更張，一方面用辛、辣之菜點去刺激味蕾，使脾臟不再受困，進而放懷大嚼；另方面用酸、甘之餚點去喚醒味蕾，使腸胃回魂轉強，不會難以為繼。因而袁枚就人的生、心理上和筵席的藝術上，考慮進食後的總體效果，從而提出「上菜須知」，使後人有所遵循，功在食林甚巨。

　　最後，依我個人淺見，認為：如將「上菜須知」與〈廚者王小余傳〉內的「濃者先之，清者後之。正者主之，奇者雜之。度其舌倦，辛以震之。待其胃盈，酸以斂之」一起研究，更能相輔相成、相得益彰。進而繼往開來、垂範後世。

時節須知

夏日長而熱，宰殺太早，則肉敗矣。冬日短而寒，烹飪稍遲，則物生矣。冬宜食牛、羊，移之于夏，非其時也；夏宜食乾臘，移之於冬，非其時也。輔佐之物，夏宜用芥末，冬宜用胡椒。當三伏天而得冬醃菜，賤物也，而竟成至寶矣；當秋涼時而得行鞭笋，亦賤物也，而視若珍饈矣。有先時而見好者，三月食鰣魚是也，有後時而見好者，四月食芋奶是也。其他亦可類推。有過時而不可吃者，蘿蔔過時則心空，山笋過時則味苦，刀鱭過時則骨硬。所謂四時之序，成功者退，精華已竭，褰裳去之也。

辨肉之法

炎炎夏日，日長夜短，此時蚊蠅繁殖，病菌孳生極速，肉類容易腐敗，食之有害人體，甚至危及生命。何況古代不像當下，有冰箱、冷凍櫃等設備。因此，太早宰殺牲口，自然會因天熱而影響生鮮度，須特別注意。然而，對烹飪者而言，該如何判斷及鑑別豬肉、牛肉及肉品是否新鮮？實為入門第一要事。關於此點，香港周志輝博士所著《肉食的學問》一書中，

有精闢見解，試略述如下：

　　鑑別肉類是否新鮮，所要考慮的，除屠宰多久外，存放肉類的環境和溫度同等重要。當肉類置於悶熱的室溫（如：攝氏三十七度）中，有些菌種的繁殖能力驚人，只需五個小時，便能由一個細菌增長至十億個。它們會分解肉類中的蛋白質和脂肪，令肉類出現變質甚至腐敗情形。所以，消費者在購買鮮肉之時，絕不能一廂情願地以為傳統菜市場的「鮮」肉就一定新鮮，畢竟新鮮與否，還得視鮮肉的擺賣條件。反而是很多消費者視之為不夠新鮮的冷藏或急凍肉類，其保鮮和衛生程度，卻可媲美剛屠宰的溫體肉。由此可見，要鑑別肉類的新鮮程度，需要一套能反映出肉類品質的指標，例如：肉類的色澤、彈性、氣味和質感等，使消費者可憑自己的觀察、嗅覺和觸覺來分辨肉質到底是新鮮的？還是已經開始變質？在此且將一些新鮮肉類應具有的指標詳列如後：

　　一、新鮮的肌肉應呈現紅色且具有光澤——而不新鮮的肉類，則會因長時間的氧化而變成暗紅色或紫紅色。

　　二、正常的脂肪所呈現的色澤為潔白或淡黃色——如果脂肪偏暗紅色且血管偏紫紅色，即表示該動物極有可能是已死一段長時間後才被屠宰，以致放血不完全，為了安全起見，不宜購買。

　　三、肌肉裡面應有微乾或微微濕潤的感覺——但用手觸摸時，不能也不應黏手，更不能滲出血水。

　　四、肌肉具有彈性——而用手按壓後，其凹陷的部分，應立即恢復原

狀，不會留下指印。

五、具有正常的鮮肉氣味，即使羊肉略帶羶味，亦屬正常──不論如何，肉品都不應有臭味或令人產生不快的異味；假如出現阿摩尼亞（即氨）味或酸味，就表示此一肉品不夠新鮮，並已開始變壞，千萬不要購買。

六、在烹調之時，由新鮮肉品所熬出的肉湯──應呈現透明澄清及不渾濁的色澤，而且具有香味或鮮味。

諸君如果把握以上原則，必可採買或享用新鮮肉品。

等到天寒地凍時節，晝短夜長，不論葷、素食材，皆容易冷卻或凍透，加上柴炭升火較遲，如不及早烹飪，必難以燒至透爛，愈北之地區愈是如此。而今從冰箱、冷凍庫中取出食材，亦須經過退冰解凍等工序，才能開始烹調，其道理相同。只是台灣的平地及丘陵地，冬季即使嚴寒，尚在攝氏零度以上，而且現可用微波爐先行解凍，再用瓦斯爐、電烤箱、微波爐及電鍋等燒飯煮菜，比起前人來，操作簡便，不再有晚烹物仍生之患。

羊肉狀子

袁枚接著表示，冬宜食牛、羊，夏宜食乾臘，如果顛倒過來，就是「非其時」，此說大致得體，只是不夠周延。

據清代名醫王士雄在《隨息居飲食譜》一書的說法，羊肉「甘溫，煖中補氣滋營，禦風寒，生肌健力」，而且「肥大而嫩，易熟不羶者良，秋

◎ 新鮮的牛、羊肉攤。

冬尤美」，只是「多食動風生熱，不可同南瓜食，令人壅氣發病」。換句話說，羊肉味甘性溫，具有補虛勞、益氣血、壯陽道、豐體澤膚、開胃健力等功效，以肥大而嫩、易熟不羶者為上品。切忌與南瓜一起食用，容易使人氣悶致病，不可不慎。

不過，在所有的食品中，於燒煮時，折耗最嚴重的，莫過於羊肉。故有諺語云：「羊幾貫，帳難算，生折對半熟時半，百斤只剩二十餘斤，縮到後來只一段。」意即一隻百斤重的羊，於宰殺解剖後，只剩下五十斤，煮熟之後，則不到二十斤，的確所剩無幾。但羊肉的損耗雖多，卻也最能飽人，因為羊肉吃進肚裡很容易發脹，是以陝北人氏，即使一日只吃一頓，仍不覺得腹飢，便是食羊之故。明末清初的劇作家兼美食家李漁因此告誡人們，能滋補人的是羊肉，而會害人的也是羊肉。所以在吃羊肉時，肚裡一定要留有餘地，以待它發脹，千萬不可吃得太多，撐太飽必傷脾壞腹，影響身體健康。

雖然孔老夫子說「不時不食」，但北京人氏即使按時令而食，仍有些許例外，燒羊肉牀子（即屠宰販售羊肉的店鋪）即是其一。通常在金風薦爽、玉露尚未生涼之際，乃燒羊肉上市的時候，一般在過年或立春時即收

市。這種羊肉牀子，全是回教人的生意，內外清潔，刷洗得一塵不染。據已故散文大家梁實秋的回憶，店鋪「到了夏季附帶著於午後賣燒羊肉……大塊五花羊肉入鍋煮熟，撈出來，俟稍乾，入油鍋炸，炸到外表焦黃。再入大鍋加料加醬油燜煮，煮到呈焦黑色，取出切條。這樣的羊肉，外焦裡嫩，走油不膩。買燒羊肉的時候，不要忘了帶碗，因為他會給你一碗湯，其味濃厚無比。自己做撅條麵（即拉麵），用這湯澆上，比一般的牛肉麵要鮮美得多。正是新蒜上市的時候，一條條編成辮子的大蒜沿街叫賣，新蒜不比舊蒜，特別鮮脆。也正是黃瓜的旺季，切成條。大蒜黃瓜佐燒羊肉麵，美不可言」。描繪得淋漓盡致，誠令人心嚮往之，恨不得比照一番。

除燒羊肉牀子於夏日販售羊肉外，江蘇連雲附近人士，亦愛在夏日享用羊肉湯，可見口有別嗜，不可一例視之。

冬宜食牛

關於牛肉，因其含水量較豬、羊為多，且其肌纖維長而粗糙，加上肌間膜等結締組織亦多，故初步加熱後，蛋白質凝固時收縮性增強，持水性相對降低，以致失水量激增，反而使肉質老韌。寒冬之時，較易飢腸轆轆，食此可以飽腹，這或許是袁枚認為冬宜牛肉的道理。因為中醫認為牛肉味甘性平，入脾胃經，有補脾胃、益氣血、強筋骨的功效，可以治虛損羸疲、消渴、脾弱不運、水腫、腰膝痠軟等症。觀此，似與宜寒冬而食全沾不上邊，此應非袁枚之所本。

為了克服牛肉的老韌肉質，歷經庖人千百年的研究，在烹調當兒，多採切塊燉、煮、燜、煨、醬、滷等長時間加熱的方式料理。僅牛的背、腰

部及部分臀部肌肉纖維斜而短，筋膜等結締組織少，如挨刀切成絲、片等形狀，用旺火速成的炒、爆等法成菜，可獲致柔嫩的效果。即使如此，掌握火候仍具關鍵地位，稍一過火，必老韌難嚼。

而為改善牛肉的肉質，傳統的方法為懸掛法。此法為：把大件牛肉吊掛起來，利用其自重及地心引力拉伸肌肉，導致肌纖維僵直不收縮，並促其易於斷碎。運用此法得宜，可使牛肉的嫩度提高至百分之三十，故業界的行話「牛肉要掛」，其緣故即在此。

此外，依古人累積的經驗，發現炒牛肉絲抓漿時，先加一至兩湯匙生植物油，靜置半小時後再炒，可使油分子配合水分子在肌纖維中產生遇膨脹便爆開的效果，以致肉質金黃油潤、細嫩鬆軟。

現代人處理的方式，為先往其肌肉裡注射木瓜蛋白酶之法，利用加熱時酶活化的作用，破壞肉中的膠原纖維，藉以提高其嫩度；另在燉煮時，有人會先添加木瓜蛋白酶或加番木瓜汁（要青而未熟的）、鳳仙花籽、山楂、冰糖、茶葉等物，或於前一天塗上芥末等法，皆可獲致牛肉滑嫩的效果。其祕方容或不同，但效果應無二致。

在此要一提的是，西方人因冷凍技術發達，加上大量畜牧宰殺，故其所食牛肉，皆經冰藏洗禮；台灣人則愛吃新宰牛肉，現殺現吃，至今台南尚保留此一傳統。若講到滋味，新鮮的牛肉絕對比凍肉好吃得多。另，西方人食牛肉，偏好大塊文章，將菲力、沙朗、紐約客、丁骨等肉排，或烤或煎或炙，講究溫度、嫩度，只是前幾口甚佳美，越吃越不是味兒。台灣人吃牛肉，則是小家碧玉，將各式牛肉，切成絲、片等，或煮或炒或爆或

涮，皆脆爽可口，就著白酒喫，真是百吃不厭。而滷、醬、紅燒而成的牛肉，更是冷、熱食均佳的雋品，滋味無窮無盡。

夏宜乾臘

至於袁枚認為夏日宜食的乾臘，即通稱的臘肉，乃畜禽製品類加工性烹飪食材的一種。舊時指農曆臘月（即十二月）醃製的肉品，後發展為泛指經過醃製再經烘焙或煙熏而成的肉製品，有的地方專指先醃再經過煙熏的肉品，有的地方則指風乾肉。主產於長江中、下游及其以南各地；另，河南、陝西、山西、甘肅等地亦有出產。其中，最負盛名者為湖南臘肉，其佳者往往不能求之於店肆，真正上好的貨色，非得要到人家裡才能嚐到。梁實秋謂他終其一生只嚐一次，是在湖南湘潭的友人家，其時正是初夏，主人的盛饌招待，其中一味就是臘肉臘魚。他特地跑去廚房參觀，大吃一驚，原來，「廚房比客廳寬敞，而且井井有條、一塵不染。房梁上掛著好多雞鴨魚肉，下面地上堆了樹枝乾葉之類，猶在冉冉冒煙……微溫的煙熏火燎，日久便把肉類熏得焦黑，但是煙熏的特殊味道都熏進去了。煙從煙囪散去，廚內空氣清潔」。實已將臘肉的特色，述之甚詳。

臘肉的臘字出現甚早，先秦的《呂氏春秋》中，便提到醃、臘、醬肉，「久而不弊」。到了南北朝的《齊民要術》，已有作「脯臘法」，即製醃肉和臘肉之法。然而，將臘與肉並稱，始見於南宋陳元靚的《歲時廣記‧熏臘肉條》，此後元代的《居家必用事類全集》的「四時臘肉」、「江州岳府臘肉」和明代楊慎《丹船總錄‧飲食》部等，均有記述，一直沿用至今。

臘肉的種類甚多，即使同一品種，亦因產地、加工方法、質量、形

◎ 各式臘味製品。　　　　　　　　　　　◎ 臘味乃醃製的肉品。

態的不同而各具特色。即以食材而論，便有豬肉、牛肉、羊肉及其臟器和雞、鴨、鵝、魚等之分。如以產地區分，亦有湖南、廣東、四川、雲南之別。再因所選食材部位等的不同，又可衍生出許多品種。其名產細數不盡，主要者有：湖南的帶骨臘肉（即三湘臘肉）、臘豬頭、臘豬蹄、臘豬肚、臘豬心及臘魚等，廣東的廣式臘肉、臘肥豬肉、無皮臘花肉、臘金銀潤（肝）、臘乳豬（香豬）、臘狗肉、臘雞片、臘野兔、臘鼠乾、臘鵪鶉、廣東臘腸（廣式香腸）等；湖北的臘豬頭、臘鵝、臘鴨、臘雞、臘魚等；四川的臘豬肘、川味臘肉、臘精條、臘豬舌、纏絲兔等；陝西的臘驢肉、臘羊肉；江西的南安臘鴨、臘魚及臘豬肉；河南的蝴蝶臘豬頭；廣西的臘豬肝；山西長治的臘驢肉及甘肅的臘牛肉等等。而在眾多的名品中，又以廣東的無皮臘花肉、湖南的帶骨臘肉及江西的南安臘鴨最膾炙人口，遠近馳名。

　　臘肉與臘製品在烹調時，既可以單用，也可與其他葷素食材配合著用。清人童岳薦的《調鼎集》中，載有「蒸臘肉」及「臘豬舌」之法。前者的做法為：「臘月肉洗淨煮過，換水再煮一、二次，味即淡，入深錫鏇（鍋），加酒、醬油、花椒、茴香、長蔥蒸，別有鮮味（蒸後恐易還性，再一次則味定矣。煮陳臘肉有油欸臭氣者，將熟，以燒紅炭數塊

淬之。或寸切稻草、或周塗黃泥，一、二日即去）。後者的做法則是：「切片，同肥肉片煨。」現則常用炒、燒、蒸、煮、燉、煨等法成菜，可以製成冷盤、熱炒和大菜等菜式，剁碎也可充做餡料。其名菜主要的有湖南的「臘味合蒸」、「天椒炒臘雞肫」、「炒臘野鴨條」，湖北的「洪山菜苔炒臘肉」，江西的「藜蒿炒臘肉」，四川的「回鍋炒臘肉」及廣東的「芋芳油鴨煲」等。

在此且介紹幾式烹食臘肉之法，或簡或繁，饒有興味。

一、**青蒜炒臘肉**——與臘肉最搭的莫過於青蒜。臘肉刷洗乾淨之後，整塊的蒸。蒸過切成薄片，再炒一次最好，加青蒜炒，青蒜的綠葉可以用但不宜太多，宜以白的蒜莖為主，加幾條紅辣椒也很好。在不得青蒜的時候，始可以大蔥代替。以上是梁實秋所提供的燒法。其實用蒜苔、韭菜花代替青蒜，亦有不錯的食味，最宜就白乾吃，十分惹味下飯。

二、**臘味合蒸**——一名臘味和，這是湖南家喻戶曉的傳統菜色，流行既久，且富特色，受到城鄉人民喜愛，乃當地民間冬、春季節常用的菜餚。此菜是以去骨、去皮、去鱗的臘雞、臘肉、臘魚，均切成長形條、片，分三方扣在碗內，置熟豬油、瀏陽豆豉、紅乾椒和甜酒釀上籠蒸一小時，取出覆蓋在盤內即成。其特點為顏色深紅、香醇味美、鹹甜適口、油而不膩，具有濃郁的煙熏味。由於這三樣臘味，主角皆鹹而重味，必須反覆用溫開水和清水洗淨，在去除異味後，才能凸顯香氣。

三、**蒸燉臘蹄膀**——做法類似臘味合蒸，但因體型碩大，更須用文火慢燉至肉爛綿時食之。而在享用時，以筷子挑其一角，皮即離肥膘而起，俗

稱捲被窩角。據說功夫好的人，可將整張臘蹄膀皮完全捲起來。其味皮韌而滑、不腍不膩，美食名家逯耀東食而甘之，認為「妙不可言」。只是其味厚重，宜於寒冬受用。

四、荔芋油鴨煲——南安臘鴨雖為粵、港、澳饕客所重，與其說是煙熏，倒不如說是風乾鴨子。正牌的南安鴨，其特徵在其硬嘴上有顆珠狀的圓點，黑嘴白珠或白嘴黑珠，無從假冒，肉極為肥嫩，他處所難及。此菜用廣西荔甫產的大芋頭，以砂鍋與油鴨蒸煮。鴨子煮後，其油融入粉糯的芋塊中，確為惹味妙品。金風送爽之際，正是芋肥時節，但其滋味平淡。故李漁說：「不可無物拌之，蓋芋之本身無味，借他物以成其味者也。」南安臘鴨挺身出油，遂造成絕佳風味。

五、油鴨飯——南安臘鴨通常蒸食。而在蒸之前，須在滾水中略泡，除浮油去鹹味，俗稱「拖水」。接著將蒸妥的南安鴨斬件，以此下酒佐餐配粥皆宜。如做成「油鴨煲仔飯」、「生炒糯米飯」或「臘味炒飯」，皆是可隨興飽餐一頓的美食。其前者的滋味，深烙我心。早年的飯用小沙鍋（註：瓦罉），在紅泥炭爐上炊煮，待飯收水後，將斬件之南安臘鴨置於飯上，蓋上鍋蓋收火燜熟。原鍋離火上桌，揭蓋香味撲鼻，加蔥段並淋以少量生抽，再蓋少頃，隨即送口，頗有風味。記得早年去香港時，於新界食此煲仔飯，其時金風陣陣，在店前的廊下，擺著一列紅泥小爐，現叫現煮，師傅用扇子煽火，火星四爆，鍋裡熱氣騰騰，不僅溫暖，亦饒古趣。而今都是用煤氣爐煲，已體會不到那股子炭味，讓我若有所失。

綜上所述，臘肉佳味，因取得或配料的關係，大半在秋、冬或春季享用，很少在夏日受用。依我個人判斷，極可能是成品瘦紅肥白或黃白，色

澤鮮豔，具有獨特的熏味或臘香，質地爽俐的臘肉，本是華人農村社會中的家庭產品，可以長久存儲，除了自奉，兼可待客，所謂「歲時伏臘」，成了很普通的習俗。故袁枚認為「夏宜食乾臘」，可能是它本身可供久藏，物以稀為貴，加上其味重而香醇，不需搭配，可以獨用。而在炎熱時節，胃口不開、胃納有限，此時，取其佐飯做粥，誠為消暑之雋品，養生之恩物。

另，關於夏宜乾臘之說，我又從《隨息居飲食譜》中找到答案。該書「千里脯」及「蘭熏（即火腿）」兩則，分別記載著：千里脯「冬令極冷之時，取淨好豬肉，每塊約二斤餘，勿侵水氣。晾乾後，去其裡面浮油，及脊骨肚囊，用糖霜擦透其皮，併抹四圍肥處（註：若用鹽亦可，然藏久易臘也），懸風多無日之所，至夏煮食，或加鹽、醬煨，味極香美，且無助濕發風之弊，為病後產後虛火食養之珍」；蘭熏「……且後腿之外，餘肉皆可按法醃藏，雖補力稍遜，而味亦香美，以為夏月及忌新鮮者之用」。

按前者之述，乃風臘之法，俗名風肉。今法則以鹽易糖，抹硝少許，其鹽必須炒過，使不含鹽滷，並塗花椒屑以避蟲蠅，風味特佳，亦有將雞剖去腸雜，留其羽毛，於寒天還懸於當風處，名曰風雞。《調鼎集》稱：「夏月取用，香甜精美，茶腿（即火腿）不及也。」可見評價極高。又，豬頭、豬舌等品，亦可風製。而按後者之法，因經鹽醃煙熏，可耐久貯，其肉中的蛋白質業已初步分解成氨基酸，所以入胃之後，容易消化吸收，有開胃促進食慾的功用，炎炎夏日食此，極能補益人體。故純就食療和食味的觀點而言，袁枚認為「夏宜食乾臘」，確有其卓見，值得取法。

袁枚認為「輔佐之物，夏宜用芥末，冬宜用胡椒」。所謂輔佐之物，

乃搭配而食或提味之物。像膾（即生魚片、生肉片等）在周代列為王室的祭品和食品，並設有饔人專責製作，而且根據不同的時節，有著不同的調料，此即所謂的「膾，春用蔥，秋用芥」。當下的日本料理，仍保留中國的此一古風。只是日本料理所用的芥末，是將山葵的莖細研而成的綠芥末，具有衝辣味，號稱有殺菌作用，此與中國、歐洲國家所蘸用的芥醬（即黃芥末）完全不同。是以凡吃德國豬腳或上廣式茶樓飲茶時，店家都會附上一小碟黃澄澄的芥醬，供蘸食之用了。

辛辣衝鼻綠芥末

芥是十字花科、芸薹屬一年或兩年生的草本植物，其種子稱芥子。著有《閒情偶寄》的生活家李漁，認為菜中具有薑、桂之性者，首推辣芥。而製辣汁的芥子，必須用陳年的，才會愈老愈佳，而且用此拌物，無物不佳。他還打個比方，「食之者如遇正人，如聞讜論（正直的言論），困者為之起倦，悶者以之豁襟」，堪稱「食中之爽味」，是他老兄每食必備的調味品。而他為了明示最愛，更將所居庭園及書鋪皆命名為「芥子園」，著名的畫譜，迄今仍廣為流傳的《芥子園畫譜》就是他所刊行的。

芥子經碾磨而成的粉狀調料，即為芥末，又稱芥辣粉，是一種麻辣調味品類的烹飪原料。由於芥菜的原產地在中國，故其呈球形，多為黃色的芥子，早在周代宮廷便已使用，所製之成品稱芥醬，時為距今三千年以前。

而今芥末是調製芥末味型菜餚的重要調味料。它的品種甚多，有淡黃、深黃與綠色之分，以含油多、辣度高、無異味、無霉變者為佳。應用時，用溫開水攪拌成糊狀，在常溫下經一到二小時的燜製（即酶解），待

發出強烈的辛辣氣味後，即可食用。其辣味的主要成分，乃芥子甙經酶解後的揮發油（即芥子油）。常用於製作涼拌菜及小吃，像「芥末拌鴨掌」、「芥末拌肚絲」、「芥末墩兒」和「芥末調涼粉」等，其大菜則以陝西的「芥末肘子」為代表，此菜用豬肘子為主食材，配以蓮藕片等輔料，經煮熟之後，翻扣肘子，澆上以麻油、鹽、醬油、醋等調成的調味汁。最後，再把調好的芥末糊、芝麻醬，十字交叉澆於肘面即成。其特點是色白肉爛，肥而不膩，辛辣爽口，既是當地夏食的妙品，也是陝西菜中辛辣型的代表。另，芥末亦可用於麵食中。

使用芥末之目的，在於起提味及刺激食欲等作用。長久以來，它一直是中國北方廣泛應用的調味料之一。因其富含油質，須存放於玻璃瓶中，並注意防潮。此外，中醫認為芥末味辛性熱，具有通筋脈、消腫毒、溫中開胃、發汗散寒、化痰利氣的功效。袁枚認為夏宜用芥末輔佐，應是著重其開胃、發汗的作用，盛夏得此而食之，鐵定會食欲大增。

另有一種白芥子，《隨息居飲食譜》稱將它「研末，水調如糊，以紙密封半時，可作食料，辛熱爽胃，殺魚腥生冷之毒」，不知袁枚所指的芥末，是否亦包括它在內。

黑白將軍看胡椒

關於冬天適宜用的胡椒，又名「古月」、「大川」、「玉椒」，屬麻辣調味品類烹飪原料，原產於亞洲熱帶地區，其味辛辣而香氣濃郁。中國最早之記載，乃唐代《酉陽雜俎》和《唐本草》諸書，相傳為玄奘取經自西域攜回，明代時已普遍食用，不僅充當藥用，亦用於食品調味，其最妙

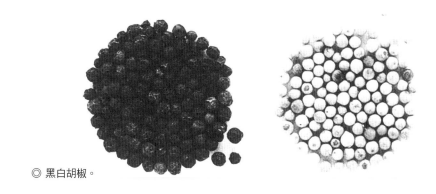

◎ 黑白胡椒。

之處，在於「能殺一切魚鱉肉蕈陰寒食毒」。

　　胡椒分黑白兩種，未成熟的果實經烘或曬乾後，果皮皺縮而黑，稱之為黑胡椒；待成熟果實浸水脫皮後，其色灰白，稱之為白胡椒。基本上，黑胡椒係未成熟的果實，白胡椒則為成熟之果實。前者氣味稍淡，所研成的粉末可與精鹽搭配成椒鹽；後者賦性峻烈，其研成的粉末，能加味精配成味精胡椒粉。兩者均是調味或蘸料之佳品，但純就供藥用而言，則以白者為良，因其效果較佳。

　　由於胡椒富含胡椒鹼、胡椒脂鹼、水芹烯、丁香烯、樹脂及微量胡椒揮發素等化學成分，有特異之香味，能興奮胃神經，為辛香之健胃藥，有增進食欲及驅風之療效，唯不能多用。如果多用，將會刺激胃黏膜，引起充血現象。

　　而在烹飪之時，一般是用胡椒粉，因其有去腥、提鮮、增香等作用，且其辣味不像辣椒、大蒜那樣濃烈，而是一種具有芬香感的輕微辣味，老少咸宜，故甚受歡迎。

229

大致說來，一些葷腥的動物性食材，如牛肉、羊肉、海產魚類、貝類、軟體動物、淡水魚類等，用胡椒的目的，以去腥為主，且能增香；一些較清鮮淡雅的食材及菜品，如「燉雞」、「燴豆腐」、「及第粥」、「艇仔粥」等，放些胡椒粉亦可增香，使其風味更佳。另，製作蘿蔔乾、榨菜、臘肉及灌製香腸時，亦可放些增添風味，而常見的湯餃、麵條、雲吞湯或在冬天吃火鍋時，只消添入少許，即可收鮮香可口之效。此外，中國的食療一向強調調和，故凡吃寒性食品，如蟹、蜆肉、蛤蜊、蟶子、蚶子等，必須加點胡椒同煮，才能驅寒氣，溫腸胃。民間亦常在傷風感冒初起之際，以胡椒、蔥白下麵或煮粥，目的在使涕淚交出，俟汗出即解。後者還有個別緻的名字，此即偏方之一的「神仙粥」。

　　中醫認為胡椒味辣性熱，有寒性疾患者，用之能快膈行氣，開胃以助消化。清代名醫王士雄更明確指出：它可「溫中除濕，化冷積，止冷痛，去寒疾，已寒瀉」。天寒地凍時節，用其輔佐調味，真是不可或缺之妙品。

醃雪里蕻、尋行鞭筍

　　冬醃菜原為農村冬季用鹽醃漬之菜蔬，早在先秦即有。北魏賈思勰編撰的《齊民要術・菹藏生菜法》中，即有用蜀芥作菹的方法。自宋代開始，醃菜逐漸普及，陸游詩中的「鹹虀」，指的就是紹興霉乾菜。基本上，醃菜是在菜中加食鹽，藉以提高其滲透壓來抑制食物中的微生物，凡箭桿青菜、烏葉菜、大白菜、芥菜、蘿蔔、蕪菁、黃瓜、萵苣、豇豆等均可醃製。其中，最負盛名者為醃雪里蕻及其再製品霉乾菜。此外，冬菜、大頭菜及榨菜等，均是遠近馳名的良品。然而，袁枚此處所指的冬醃菜，指的應是醃雪里蕻。

◎ 菜攤上販賣各類醃漬菜，
　如雪里蕻、榨菜、酸菜等。

　　雪里蕻屬芥菜類烹飪食材，乃十字花科、芸薹屬、芥菜種葉的一個變種—— 分蘖芥，為一年生草本植物。鮮葉呈長圓形，葉齒細密，色澤濃綠，葉柄細長，具有強烈的辛辣味。雪里蕻多產於江南、東北及華北地區，於初冬霜降時節收穫。當中最為食家所推重的，乃浙江省寧波市灣頭之良品，有「灣頭雪里蕻」及「千頭雪里蕻」等名號，其分蘖多達二、三十個，葉柄更細，質地脆嫩，鮮香突出，曬成菜乾後，竟愈蒸愈軟。另，產於河北省保定市的名種，稱「春不老」，與鐵球、麵醬齊名，向有「保定三寶」之譽。雪里蕻之名，則遲至明代才出現，載之於《廚群芳譜・蔬譜》中，云：「四明有菜名雪里蕻，雪深諸菜凍損，此菜獨青。」其後，屠本畯《野菜箋》並有詩詠之：「四明有菜名雪里，甕得旨蓄珍莫比。」其別名細數不盡，例如《農政全書》稱作「臘菜」，《授時通考》稱作「八斤菜」，《隨園食單》稱作「冬芥」，《植物名實圖考》稱作「辣菜」，另有排菜、銀絲芥、雞腳芥、佛手芥、黃農芥等名稱，民間的叫法則是「雪里紅」、「雪菜」、「石榴紅」、「包心菜」等。

　　芥菜類的共同特點，即含有衝鼻螫口的芥子甙，雪里蕻亦然，故較少鮮用。古人以其特性，尚有「望梅止渴，食芥墮淚」的說法。唯經先民具

◎ 霉乾菜。

體實踐，採用鹽醃之法，可使芥子甙水解成為具有獨特香味的芥子油，並釋出鮮味，形成雪里蕻特有的鮮香。而醃芥的歷史，可遠溯至周代。宋代蘇頌的《本草圖經》更指出：「芥處處有子⋯⋯紫芥純紫可愛，作虀最美。」元代的《雲林遺事》中的「雪盦菜」，便用「春菜心」製作。據後人研究，春菜即雪里蕻之春季產者；於冬天產者，則稱冬菜。

　　醃製雪里蕻時，先將鮮菜黃葉剔除，洗淨、曬蔫（音淹，指物不新鮮）。按鹽為雪里蕻的百分之十四、水為百分之五的比例，一層菜一層鹽，灑上清水，裝缸壓實。頭兩天每天倒缸兩次，散除辛辣氣，防止悶熱腐爛。接著隔兩天之後，再將醃菜捆紮成把，逐把壓實。以後則兩天倒缸一次，約五至十天即可使用。如果想長時間使用，於醃製加工時，並不灑水，改為只用鹽拌勻曬蔫的菜（註：最好把菜切碎），裝入小口徑的甕罈，填滿搗實，密封甕口即可。而經醃製的雪里蕻，除前述可去除辛辣惡味、增加鹹鮮清香氣息外，更可保持濃綠鮮柔嫩脆的特色。且後者的醃製法，常年皆可應市，四時供應不絕。

　　在烹調應用時，雪里蕻生吃炒食均可。如想生食質脆嫩、纖維少、具芥辣味的雪里蕻，可加些蒜泥、香油拌食，唯太衝鼻，愛憎兩極。其最適

宜者，乃同其他葷素食材配用，如配蠶豆、麵筋、百頁、豆乾、腐竹、豆芽、粉絲等成菜，乃素饌之佳品；如配肉絲、毛豆快炒，為家常菜中佐飯妙品。如配山雞片、冬筍、塘鱧（即黑魚）、黃魚、茭白等同燒，則是筵席中的熱炒或大菜。此外，它還可切碎單炒、製作小菜，甚至可作餡料、臊子，運用可謂全面而廣泛。

醃雪里蕻或醃芥菜曬乾後的再製品，即是風味濃郁的霉乾菜。但這不是袁枚在其後〈小菜單〉所指的醃冬菜。至於他本人則「常醃一大罈，三伏時開之，上半截雖臭爛，而下半截香美異常，色白如玉。甚矣」，以備夏日之需。他更自我調侃地說，這種情形正是「相士不可但觀皮毛也」，意即醃冬菜和人一樣，美質內斂，不可貌相。

在袁枚心目中，三伏天的冬醃菜因季節的關係，竟麻雀變鳳凰，「成為至寶」。另一樣可與之等量齊觀的，就是秋涼時方可吃到的行鞭筍（即鞭筍），居然「視若珍饈」。

所謂鞭筍，「林深雨後滋」，是夏季長在竹子根旁的嫩芽，此筍尚未出土，且每一竹根只有幾寸，其味甚鮮美，產量少而價格昂。又，此芽為嫩櫂頭，以形似馬鞭而得名。宋詩人陸游的〈對食戲詠〉中，就有「洗釜烹蔬甲，攜鋤劚筍鞭」的詩句。又，范成大的詩中，亦有「土膏初動雨頻儂，萬草千花一餉開，舍後荒畦猶綠秀，鄰家鞭筍過牆來」之句。

鞭筍的特點是粗纖維的含量，高於冬筍和春筍，幾乎不含任何脂肪，是低脂肪、低糖、低膽固醇、高纖維食物，能促進腸蠕動，保持大便暢通。當吃了過多的肉、魚和炒花生等油膩食物，因而引起食欲不振、噁

心嘔吐、消化不良、腹瀉等症狀時，如果吃一些筍，尤其是鞭筍，就能迅速消除病症，令人胃口重開。探究其原因，不外常吃鞭筍，可將食物中的油脂吸附而排出體外，並能大幅降低胃腸黏膜對脂肪的吸收，從而減少體內脂肪的增加和積蓄。何況與此同時，體內過多的脂肪也會逐漸被消耗。所以，古人有「吃一餐竹筍，要刮三天油」的說法。由此可見，鞭筍的威力之大，實不容小覷。

炎炎夏日既過，秋風送爽之際，此時鞭筍的產量極少，但人們的胃口已開，食欲大增，相對於盛暑，吃了更多油膩之物，如果可以吃到鞭筍，除物以稀為貴外，於身體實有莫大好處，加上其味甚美，自然會「視若珍饈」了。

雖然孔老夫子說：「不時不食。」這裡指的是時節。基本上須當令而量多的食物，吃起來才鮮美。只是有的食物，在嚐新的時候，其滋味更佳；但是有的食物，過了生產旺季，反因成熟尤美。袁枚各舉一個例子，前者指的是三月而食鰣魚，後者則是指四月而吃芋奶。不過，這兒的三月和四月，指的是農曆。

千金難買一鰣魚

鰣魚屬洄游魚類，為硬骨魚綱、鯡形目、鯡科、鰣屬之水產烹飪食材。主要分布於中國的渤海、黃海、東海、南海沿海及長江、珠江、錢塘江、富春江、西江、鄱陽湖等水域。其中江蘇的鎮江、南京，安徽的蕪湖、安慶，浙江富春江的七里瓏一瓏和江西的鄱陽湖等，均為著名產地。

鰣魚盛產於端午節之後，其所以成為名貴之魚，應始於北宋。在此之前，僅唐人孟詵的《食療本草》中，有其入饌之記載。自北宋詩人梅堯臣的〈時魚〉詩後，江南文人墨客才以食鰣魚為尚。到了明代，牠成了南京應天府進貢的貢品。當時入貢，選鰣魚肥美者，陸路用快馬，水路用水船。明人何大復有詩云：「五月鰣魚已至燕，荔枝蘆橘未應先。賜鮮遍及中官第，薦熟誰開寢廟筵。白日風塵馳驛路，炎天冰雪護江船。銀鱗細骨堪憐汝，玉箸金盤敢望傳。」實已將水、陸兩路進貢鰣魚的苦況，描繪得一清二楚。

清代沿明舊制，進貢鰣魚的規模更大，在南京設有專門的冰窖，每三十里立一站，白日懸旗，黑夜掛燈，飛速傳遞，限時專送。這種情形，清初吳嘉紀的〈打鰣魚〉詩，述之甚詳。詩云：「打鰣魚，供上用，船頭密網猶未下。官長已備驛馬送。櫻桃入市筍味好，今歲鰣魚偏不早。觀者倏忽顏色歡。玉鱗躍出江中攔。天邊舉匕久相逢，冰填箬護付飛騎。君不見金台（指北京）鐵甕（今鎮江）路三千，卻限時辰二十二。」意即鰣魚用冰填、箬護後，以飛騎相送，從鎮江到北京三千里路之遙，得在四十四個鐘頭內送到，真是一項不可能的任務。又，貢鰣運送的苦況如何？讀沈名蓀的〈進鮮行〉，即可見其端倪。其詩云：「江南四月桃花水，鰣魚腥風滿江起。朱書檄下如火催，郡縣紛紛捉漁子。大網小網載滿船，官吏未飽民受鞭。百千中選能幾尾 ，每尾匣裝銀色船。濃油潑冰養貯好，臣某恭封馳上道。鉦聲遠來塵飛揚，行人驚避下道旁。縣官騎馬鞠躬立，打疊蛋酒供冰湯。三千里路不三日，知斃幾人馬幾匹？馬死人死何足論，只求好魚呈至尊。」而送魚之人，為了趕時間途中不能吃飯，只吃些蛋、酒和冰水，一則補充體力 ，再則避免中暑。否則迢迢三千里路，不可能在三日內送達。即便如此，進京的新鮮鰣魚，十之八九仍異味。鰣魚如果地下有知，亦必大嘆死得冤枉。饒是如此，貢鰣之舉，從明至清，仍延續了兩百多年。

◎ 富春江出產鮮美的鰣魚。

　　等到清聖祖康熙二十二年時，終於有人率先發難，奏請罷貢。當時任山東按察司參議的張能麟，便撰寫這對後世影響深遠的〈代請停供鰣魚疏〉。此疏寫道：「康熙二十二年三月初二日，接奉部文：『安設塘撥，飛遞鰣魚，恭進上御。』值臣代攝驛篆，敢不殫心料理？隨于初四日，星馳蒙陰、沂水等處，挑選健馬，準備飛遞。伏思皇上勞心焦思，廓清中外，正當飲食晏樂，頤養天和。一鰣之味，何關重輕！臣竊謂鰣非難供，而鰣之性難供。鰣字從時，惟四月則有，他時則無。諸魚養可生，此魚出網則息（指死）。他魚生息可餐，此魚味變極惡。因黎藿貧民，肉食艱難，傳為異味。若天廚珍膳，滋味萬品，何取一魚？竊計鰣產于江南之揚子江，達于京師，二千五百餘里。進貢之員，每三十里立一塘，豎立旗杆，日則懸旌，夜則懸燈，通計備馬三千餘匹，夫數千人。東省山路崎嶇，臣見州縣各官，督率人夫，運木治橋，劚石治路，晝夜奔忙，惟恐一時馬蹶，致干重遣。且天氣炎熱，鰣性不能久延，正孔子所謂魚餒不食之時也。臣下奉法惟謹，故一聞進貢鰣魚，凡此二、三千里地當孔道之官民，實有晝夜恐懼不寧者。」此疏寫得情真意切，開明的康熙見疏後，大為感動，下令「永免進貢」，結束擾民苛政。

顯然皇帝的口福還不如富商大賈。據清人黎士宏《仁恕堂筆記》的記載：「鱘魚初出時，率千錢一尾，非達官巨賈，不得沾箸。」清人陸以湉亦記載著：「杭州鱘魚初出時，豪貴爭以餉遺，價值貴，寒畯不得食也。凡賓筵，魚例處後，獨鱘先登。胡書農學士詩云：『銀光華宴催登早，鯹味寒家餒到遲。』」我試思：鱘魚之所以先端上席面，固然是三月的鱘魚極為名貴，藉以擺闊；另方面則是鱘魚被捕後，即不掙扎，以保護其美麗的鱗片不致掉落，故有「惜鱗魚」之稱。一旦牠被勾破鱗片，即不再動，三刻必死，死後最易餒敗，餒敗後味極惡。是以捕魚人天黑下網，俟天亮時起網，網中鱘魚往往已死多時，為了把握時效，而且時值天熱，魚體更易腐敗，根本刻不容緩，難怪筵席上菜時，鱘魚必擺在第一。

　　凡長江初到的鱘魚，稱之為「頭膘」。鄭板橋有詩云：「江南鮮筍趁鱘魚，爛煮春風三月初」，指的是食春鱘。春鱘數量極少，老饕視為珍食，故袁枚認為三月而食鱘魚，乃「先時而見好者」。其實，「頭膘」之後的「櫻桃紅」，亦是鱘魚的上品，鄭板橋那首「四月櫻桃紅滿市，雪片鱘魚刀鮆」的詞，膾炙人口。但詮釋其名為「櫻桃紅」最精準的，則是清人曹寅的〈鱘魚詩〉，詩云：「三月齋鹽無次第，五湖蝦菜例雷同，尋常家食隨時節，多半含桃注頰紅。」詩中的「含桃注頰紅」，即指櫻桃紅鱘魚。通常這時期的鱘魚，已開始進貢及上市，一直到五月下旬為止。「更有鮮船連夜趕，今日宴客得鱘魚」，即為其寫照之一。

　　此外，浙江富春的富陽江，其所產的鱘魚，因唇部略帶胭脂色，極為名貴，非一般人所能染指，向與當地產的茶葉齊名，炙手可熱，同為官府剝削的對象，怨聲載道。明代有詩人寫道：「富陽江之魚，富陽山之茶，魚肥剝我骨，茶美破我家，採茶婦，捕魚夫，官府拷掠無完膚……」逼得

他們走投無路，遂有「魚何不生別縣，茶何不生別區」之嘆，把人們走頭無路的苦況，和盤托出。

而今，由於生態丕變，鰣魚榮景不再，在長江和富陽江皆已漁源枯竭，其無上之美味，漸成廣陵絕響。

長江流域自二十世紀中葉以來，因撈捕過度及污染嚴重，造成鰣魚產量銳減。中共當局為免資源匱乏，曾啟動休漁及禁捕機制，予以保護。唯此措施的成效，尚待進一步觀察。至於富陽江部分，則因其溯江而上到新安江，已變成千島湖大水庫，攝氏廿八度是鰣魚洄游的理想溫度，庫底放出的水太涼，鰣魚不能在水庫下游的富春江產卵，於是江畔的富陽和桐廬等地，再也吃不到鮮美絕倫的鰣魚，其美味似乎只能在史冊中找尋了。

袁枚所稱的芋奶，即是芋艿。古稱「蹲鴟」、「芋蕸」，「毛芋」等，俗名「芋頭」。芋屬薯、芋類蔬菜烹飪食材，乃天南星科芋屬中能形成地下球莖的栽培種，為一種多年生草本植物，主要是以地下球莖供人食用，其葉柄和花梗亦可入饌，各有各的食味。

芋奶即芋頭

芋起源於印度、馬來西亞和中國南部等亞熱帶沼澤地區，後隨原始馬來民族的遷移，從菲律賓、印尼傳到澳大利亞、紐西蘭等地。另一路則由印度傳入埃及、地中海沿岸地區的歐洲大陸。十六世紀起，再從太平洋島嶼傳入美洲。當今各大洲廣有栽培，中國是主產區，栽培面積之廣，高居世界首位，主要分布於淮河流域以南各省區，北方除西北高原外，亦有少

量分布及栽培。又，台灣的主要產地，集中在屏東、彰化、苗栗等縣，最具代表性的品種為面芋、里芋及檳榔心芋。後者尤為生產大宗，食味頗佳，有口皆碑。

芋芳的品種甚多，其地下球莖有圓形、橢圓形和圓筒形這三種。莖上具有葉痕環，節上的棕色鱗片毛為葉鞘殘跡，而且節上的腋芽，可再發育出新的球莖。因此，從母芋上能長出子芋，再長出孫芋、曾孫芋等，堪稱源遠流長。加上芋經長期的自然選擇和人工馴化，現已形成了水芋、水旱兼用芋和旱芋等不同之類型和品種。即以當下而言，芋的栽培種有六十餘個。其中，中國的栽培種，可分為葉柄用變種和球莖用變種這兩大類。前者的主產品為澀味淡、質地細嫩的葉柄，充作蔬菜食用。至於球莖部分，則因不發達或品質低劣，極少供食。後者乃以肥碩的球莖為產品，依母芋、子芋發達程度及子芋著生的習性，可分成魁芋、多子芋及多頭芋這三種，試分析如下：

一、**魁芋**——母芋特大，其重量可達一點五至二公斤，粉質，香濃，品質較子芋為優，主產於廣東、廣西及福建中南部，台灣所產者，多屬之。其重要品種有四川宜賓的串根芋，福建的簡芋、竹芋、白面芋，廣西的荔浦芋、紅檳榔心等，這當中又以廣西的荔浦芋最為知名。而台灣的面芋及檳榔芋，亦為良品。

二、**多子芋**——子芋多，無柄，易分離，產量較母芋為多，一般為黏質，盛產於長江流域。它又分為水芋、旱芋及水旱芋三種。水芋的主要品種為宜昌的白荷芋、紅荷芋；旱芋的主要品種有上海的白梗芋，廣州的白芽芋，廣東的紅芽芋，福建的青梗無娘芋、紅梗無娘芋及成都的紅嘴芋和瀏陽的

◎ 小芋頭。

紅芋等;水旱芋的主要品種則為長沙的白荷芋和烏荷芋等。另,台灣所產的烏播芋,亦屬之。

三、**多頭芋**—— 球莖分蘗叢生,所出之母芋、子芋和孫芋,並無明顯區隔,互相密接重疊成整塊,質地介於粉質及黏質之間,通常為旱芋。其主要品種有廣東的九面芋,江西的新餘狗頭芋,福建的長腳九尖芋和四川的蓮花芋等。

中國食芋的歷史悠久,先秦之時的《管子》,已有教民種芋的記載;而漢代的《氾勝之書》,亦載有詳細的種芋方法;此後的多種農書,都少不了種芋的介紹;到了明代,更有《芋經》、《芋記》等專書,敘述全面而深入。況且古代多以芋充糧,像《史記》與《漢書》等史書,便詳載其時四川岷山之下的沃野芋頭極多,可以救饑。時至唐代,仍有「大饑不飢,蜀有蹲鴟」之說。詩聖杜甫對四川的芋甚為欣賞,曾寫下「我戀岷下芋」的詩句。不過,早期芋的食法,不外做成「芋羹」,即芋頭稀飯供食。至宋、明之際,《玉堂閑話》、《群芳譜》和《奉化縣志》等籍中,另記載一種特殊的以芋頭備荒之法,即將芋頭煮熟舂成泥,糊牆或製磚砌牆以備荒欠。此外,蘇軾的「玉糝羹」、《易牙遺意》的「芋

餅」、《群芳譜》的「芋饆飥」等芋頭製作的小吃和麵點，亦大大豐富食芋的內容。及至清代，著名的食經《調鼎集》中，以芋製作菜餚，則有「芝麻芋」、「煨芋子」、「油燒芋」、「烤芋片」、「瓤芋頭」、「芋芳湯」、「山芋頭」、「芋煨白菜」等十五種，五花八門，變化多端。時至今日，芋芳仍為民間常食，並經常充作筵席菜品。

由於地域因素，袁枚此節拈出的芋奶，應是主產於長江流域的多子芋，尤其是江蘇旱芋品種的白梗芋。此芋盛產於春、秋兩季，春季尤多。中國知名美食作家林苛步曾云：「芋芳做為小吃點心，上海應算是首屈一指了。那還是幾十年前的事，每到金秋時節，小販手拷提兜，串街走巷，拉長脖子吆喝：『火熱毛芋芳噢！』花幾個銅板，就可換兩個煮熟的芋芳，當場剝皮蘸鹽吃，這種俗家野趣，如果將它比作醇酒一樣雋永，也不為過。」他文中又提到：「桂花糖芋是上海人愛吃的秋令甜食……一碟上桌，裹著糖汁的芋芳晶瑩似玉彈明珠，金色桂花點點滴滴，清香四溢，既中看又中吃。」可惜這兩款吃食，隨著文化大革命及上海現代化快速的腳步，早已無影無蹤，只能長留內心深處了。

事實上，台灣好些夜市，連皮或帶殼的白煮毛豆、花生、菱角和芋芳等應時點心，倒是屢見不鮮。我本籍江蘇靖江，當地位於長江北岸，盛產芋芳、蠶豆、花生等。芋芳為家父最愛，每屆春天，必囑家母多買，或白煮或紅燒。在連皮白煮後，可蘸白糖或蘸醬油（上灑蔥花）而食，其黏糯而甘香，確為至味。宋代林洪的飲食鉅作《山家清供》內寫道：「深夜一團火，渾家團欒坐，芋頭時正熟，天子不如我。」就是這個味道，即使南面而王，不易此種真趣。又，紅燒的做法，為煮熟剝皮的芋頭，逕與豬肉紅燒，燉久而透，極耐尋味。此為咱朱家祭祖必備之菜餚，從大陸到台灣，

四時敬獻弗替。

以上所談的這種多子芋，一到春末夏初，即使其有出產，亦質糯而綿甘，食味仍佳，只是量少而已。此乃袁枚認為它「後時而見好」之所本，然而，這種說法具有針對性，並不全然適用於其他各類各型的芋，諸君對此不可不知。

過時而不宜的蘿蔔

袁枚接著認為：「有過時而不可吃者」，他分別舉出蘿蔔、山筍和刀鱭這三種食材，並一一做說明。關於前兩者「蘿蔔過時則心空，山筍過時則味苦」的說法，現已成為常識，事廚無一不知，但泰半「知其然而不知其所以然」，在此且為諸君逐一縷析，盼由此切入後，其意愈述愈明。

蘿蔔乃根莖類蔬菜烹飪食材，屬十字花科蘿蔔屬，為一至二年生草本植物。古稱蘆菔、溫菘，又名萊菔、土酥等。主要以肉質根供食用，其嫩葉及芽亦可食用。性耐嚴寒，根部肥大多肉。另蘿蔔的原始種源於歐、亞溫暖海岸的野蘿蔔。中國種植的起源極早，漢初的《爾雅》，即有記載。遲至北宋時，其栽培已遍及南北各地，故明代名醫李時珍在《本草綱目》一書介紹蘿蔔時便講：「萊菔今天下通有之。」

經過幾千年的培育，蘿蔔現已是成員眾多的大家族，名品不下百種。它們的形狀，有的形態渾圓，宛如燈籠；有的又粗又長，狀如象牙；有的中間粗兩頭細，好像是個紡錘；有的上粗下細，形似圓錐。就其顏色來看，也不一樣，有的碧綠；有的豔紅；有的紫如玫瑰；有的潔白如玉。從其肉

◎ 蘿蔔過時而不宜。

質觀之,有的適宜菜用,「熟登甘似芋」;有的適合生食,可與水果相媲
美,「咬春蘿蔔同梨脆」。還有的既能生食,也能熟食;且有的則是加工
製作醬菜的上好食材。大抵言之,在蘿蔔這個大家族中,個頭最大的,首
推象牙白,它又粗又長,可長至七十公分以上;最小的則是小水蘿蔔,小
巧玲瓏,豔麗可愛,身長只有二、三公分。其個頭雖小,口味卻極佳,味
甜、多汁、脆嫩,是初夏生食、涼拌的佳品。

　　基本上,如就廣義區分,中國生產的蘿蔔,主要可分成中國蘿蔔和四
季蘿蔔這兩大類群。

一、中國蘿蔔

　　中國蘿蔔依栽培季節之不同,可成分四個基本類型:

　　秋冬型——中國各地均產,有紅皮、綠皮、白皮、綠皮紅心等不同的
品種群,主要的品種有濟南的青圓脆、北京的心裡美和天津的衛青等。後
兩者均水分高,味甜,酥脆如梨。心裡美尤知名,號稱「瓊瑤一片,嚼如
冰雪,齒鳴未已,眾熱俱平」。

冬春型——主產於長江以南及四川等地，主要品種有成都的春不老，杭州的大紅纓蘿蔔及南京的板橋蘿蔔等。這當中，又以板橋蘿蔔最負盛名。《白門食譜》譽之為：「皮色鮮紅，肉實而味甜；與他處皮白而心不實者，絕不相似，無論煮食或煨湯，皆易爛，而味甜如栗。」

春夏型——中國各地均產，主要品種有北京的炮竹筒，南京的五日紅等。

夏秋型——主產於黃河以南地區，常作夏、秋淡季蔬菜，其主要的品種，則有杭州的小鉤白等多種。

二、四季蘿蔔

另，四季蘿蔔的特徵為葉小、葉柄細、茸毛多、肉質根小且早熟。多適用於生食或醃漬。主產於西歐、北美、中國等地。中國栽培的品種，主要者為上海的小紅蘿蔔和煙台的紅丁等，一般是按上市季節及老嫩程度食用與烹調。

目前台灣蘿蔔的主要產地為雲林、彰化、南投與台南等縣，在市面上較常見的品種，約可分成如下五類：

梅花系——呈紡錘型或圓錐狀，表皮細緻，根底平圓，質脆肉嫩而多汁。品質甚優，但喜冷不耐熱，多產於十二月到隔年四月的冷涼時節，產量居最大宗。

矸仔系——呈紡錘型，形似梅花系而個頭稍小。其根底較尖實，屬耐熱的品種，每於夏、秋兩季上市。

杪仔系——杪仔為纏繞牛繩防牛走失的木樁，故本系亦叫樁系。其特徵為圓筒型，根部尖實，有根鬚，亦屬耐熱品種。

青皮蘿蔔——形狀與矸仔系雷同，唯表皮青綠色，但有的近根梢部仍保持白色。質白味辛，冬季上市，數量有限。

櫻桃蘿蔔——體小圓狀皮紅，因像櫻桃而得名，乃四季蘿蔔的一支。肉白質細味辛，常充做盤飾或當泡菜使用。

關於「蘿蔔過時則心空」一語，除耐熱及夏秋型的品種外，皆易有此弊，這是指生產的季節而言。如果從貯藏方式立論，中國北方栽培的秋冬型蘿蔔，適宜在攝氏零到三度、相對濕度為百分之九十五的條件下，以溝窖埋藏法貯存。在貯藏期間，若溫度偏高，則易生葉抽薹，消耗營養和水分，導致糠心（即空心）。時至今日，冷凍或冷藏設備發達，只要將蘿蔔封密包好再行冷藏，盡早食畢，當無空心之患矣。

山筍過時味苦不宜食

袁枚所認為的「山筍過時則味苦」，倒是有幾個層面可進行觀察。大抵而言，有的為其本質即味苦，有的是因過了時節而味苦，還有的則是由於採摘不得法，經日曬之後而變苦。

◎ 竹筍為竹子的芽或嫩鞭。

　　竹筍為根莖類蔬菜烹飪食材，乃禾本科多年生常綠木本植物竹的芽或嫩鞭。古名「竹萌」、「竹芽」、「竹胎」，簡稱「筍」，大文豪蘇軾則美稱其為「玉版」。中國人自古一直把它當成「菜中珍品」，並按採收的季節，分成冬筍、春筍及鞭筍。大致說來，冬筍為毛竹或孟宗竹在冬季生長於地下的嫩莖，色潔白，質細嫩，味清鮮；春筍為綠竹、毛竹、斑竹等於春季生長的嫩筍，亦色白、質嫩，味極美；鞭筍則為毛竹於夏季生長在泥土中的嫩杈頭，狀如馬鞭，色亦白，質則脆，味微苦而鮮。由此觀之，在一年當中，冬、春、夏三季，均可吃到鮮筍。其唯一的例外，乃台灣的麻竹筍，一年四季皆有。

　　目前台灣所產的可食性竹筍，可歸納為麻竹筍、毛竹筍（另稱孟宗筍、貓筍）、桂竹筍、劍竹筍、綠竹筍以及冬季孟宗竹產的冬筍。雖然各有所愛，但《竹筍詳錄》謂其「筍味極甘美」的綠竹筍最受人歡迎。其纖維特細、質地脆嫩的鮮美滋味，就連畫壇宗師且是大吃家的張大千，亦推崇備至，自認平生食筍多矣，必以台灣綠竹筍的味道為第一。

　　採筍最佳的時間為日出之前，因未經日照，筍上帶露，品質特優。如

果在日出之後或下午才採收，質易老化，纖維變粗，甚至略帶苦味，有些刁嘴之人，便會引以為苦。

除上述那兩種帶苦的筍外，有的筍本身就苦，而且還很苦。其實，苦筍先煮一遍，可以稍減苦味。像吃筍成精的蘇軾，並不排斥苦筍，且有詩句云：「久拋松菊猶細事，苦筍江豚那忍說？」可見他老兄對苦筍還念念不忘哩！蘇門四學士之一的黃庭堅甚至調侃他：「公如端為苦筍歸，明日春衫誠可脫。」為了吃那苦筍，居然連官都可不做呢！

講句老實話，太苦的筍固然難以入口，但微苦的反而別有風味，如食苦瓜、芥菜及飲苦酒般，何曾嫌其味苦！只是每個人的味蕾不同，有的人偏偏就食不得苦中苦。

刀鱭過時則骨硬不宜食

最後要談談的是「過時則骨硬」的刀鱭。

此所指的刀鱭，即刀魚，它另有「鮆魚」、「鱭刀」、「魛魚」、「望魚」、「骨鯁卿」、「毛芒魚」、「江鱭」及「麻鱭」等別名。為魚類水產烹飪食材，屬硬骨魚綱、鯡形目、鯷科動物。其體延長，側扁，向後漸細，吻圓突，銀白色，乃海生洄游性魚類。平時棲息於淺海，每年的春末夏初時節，再由海洋進入河口產卵，主產於長江中、下游水域，為著名的「長江三鮮」之一。

中國食刀鱭的歷史極久，像《山海經》、《爾雅》、《史記》、《說文》

等書，均有對其應用的敘述。到了宋代，對刀魚的記載極多，據吳自牧《夢粱錄》的說法，當時市場上，已有「鱭魚」出售。詩人梅堯臣曾賦詩詠刀魚，云：「已見楊花撲撲飛，魛魚江上正鮮肥。早知甘美勝羊酪，錯把蓴羹定是非。」對其評價甚高。另一詩人郭祥正亦在〈初食鱭魚蔞蒿〉一詩中，更讚美它「斫膾嘗鮮美，調羹享滑柔」，身價益發不凡。清人李斗的《揚州畫舫錄》也進一步指出：「瓜洲深港出紫刀魚」。從此之後，長江刀魚名聲大振，每年清明前後，成為著名時鮮，且有「河豚來看燈，刀魚來踏青」之諺。此外，童岳薦在《調鼎集》中，譽刀魚「為春饌中高品」，並收有刀魚的餚饌十一種，其中包括「鱭魚圓」、「鱭魚餅」及「炙鱭魚」等。今則因濫捕及污染，魚源日枯，已漸稀少。

刀魚的肉質細嫩非常，腴滑不膩，然其細刺甚多，但季節性明顯。清明之前的魚刺軟，在清明之後，魚刺即轉硬，向有「刀不過清明」之說，所以，袁枚認為「刀鱭過時則骨硬」，便是以清明節當天為分界點，一過時即骨硬。

總之，袁枚總結「時節須知」，道出：「所謂四時之序，成功者退，精華已竭，褰裳去之也」的論調。其意為一年四季，春夏秋冬依序排列，得時當令的食材，供人品享，功成身退；而那過時且已差的食材，因精華衰竭，故其退場機制，恰如《詩經》裡的〈褰裳〉篇一樣，隨著時節的不同，漸起變化，以致消失。

多寡須知

用貴物宜多，用賤物宜少。煎炒之物多，則火力不透，肉亦不鬆。故用肉不得過半斤，用雞、魚不得過六兩。或問：食之不足如何？曰：俟食畢後，另炒可也。以多為貴者，白煮肉，非二十斤以外，則淡而無味。粥亦然，非斗米，則汁漿不厚，且須扣水，水多物少，則味亦薄矣。

用貴物宜多，用賤物宜少

《隨園食單》中的〈須知單〉，之所以為世人所重，不特在理論面、技術面等，都有其獨到見解，能「放諸四海而皆準」。此外，書中亦觸及心理層次，說到讀者的心坎裡去。其中，最精闢的一句話，就是本文所要探討的「用貴物宜多，用賤物宜少」。這裡頭的「貴」和「賤」，不在於食材本身的良窳，而是在於價格的高低。畢竟懂得真味的人，數量有限，但講究體面或排場的，反而大有人在。根據袁枚自己的講法，他曾見某太守宴客，用如缸的大碗，內放白煮燕窩四兩，嚐後絲毫無味，但客人卻爭相誇獎。袁便笑著說：「我們是來吃燕窩，不是來販燕窩的啊！」並在〈戒單〉

249

◎ 請客貴在心意。

的「戒耳餐」裡消遣道：「如果只是誇耀體面，還不如在碗中放百粒明珠，還有萬金的身價哩！」

即以今日而論，請客要用海參、魚翅、鮑魚、魚肚等高檔海味乾貨，或用鮪魚肚、和牛、鱈場蟹、鮟鱇魚肝、鵝肝醬、魚子醬、松茸、黑松露、白松露、龍蝦、明蝦、小羔羊排、烏魚子和海膽等生鮮或加工的上好食材，姑不論烹飪的技術如何，只要肯擺闊，再加上裝潢佳、服務好，被請者就認為主人「夠意思」或「有誠意」。反之，當然就不夠意思或沒誠意了。

相較於「用貴物宜多」，如果用「賤物」，那就得藏拙，不以多為貴。其實，所謂的賤物，即平日所食的雞、魚、肉、蔬，據《清稗類鈔・飲食類》「家常飯」條下：「家常飯者，日常在家所食，藉以果腹者也。其肴饌，大率為雞、魚、肉、蔬。」雖然曾言「先天下之憂而憂，後天下之樂而樂」的范仲淹，為官公正廉潔，其在仕時，常遷徙調任，居無定所，難有作為，在萬般無奈下，總結自身的經歷和感受，講了句「常調官好做，家常飯好吃」這樣通俗而精闢的話來。此話一出，引起廣大回響，為曾敏行所撰的《獨醒雜志》、羅大經的《鶴林玉露》所引用。羅大經甚至還加了考語，指出：「余謂人能甘於吃家常飯，然後甘於做常調官。」

◎ 漢庖廚俑。

　　說穿了，家常飯這種平日起居常用的飲食，其得以在華人社會廣泛流傳，主因在吃家常飯菜的，多是以家庭為單位，其材料不是什麼山珍海錯，反多是常見的稻麥豆藷、乾鮮果蔬、禽畜鳥獸、魚鱉蝦蟹。而在吃這些五穀雜糧、普通蔬茹製成的家常飯菜，具有自在隨意的自然氛圍和多情鄉味，頗耐咀嚼，也最能引發思鄉遊子的情愫。

　　又，清人沈石田的〈田家樂〉一詩，甚能表現出其對家常飯菜的欣賞，值得記上一筆。其詩云：「雖無柏葉珍珠酒，也有濁醪三五斗。雖無海錯美精肴，也有魚蝦供素口。雖無細果似榛松，也有荸薺共菱藕。雖無蘑菇與香菌，也有蔬菜與蔥韭……野菜餛飩似肉香，秧芽搭餅甜酒漿。炒豆鬆甜兒叫娘……烏背鯽魚大小有。軟骨新鮮真個肥，勝以石魚與石首。灶洗麩，燻葫蘆，煸莧菜，糟落蘇，蜆子清湯煮淡齏。蔥花細切炙田雞，難比羔羊珍饈味……」時至今日，家常飯菜所用的食材，仍難登大雅之堂。在筵席宴客時，即使應用它們，不是充做搭襯，就是採擷精華。總之，不能大量運用，以免有寒酸相。故袁枚這句「用賤物宜少」，一語道盡食客心理，可謂洞燭古今，有其不可磨滅之價值。

細談煎、炒技法

　　煎和炒這兩種技法，前在「火候須知」裡已充分介紹。現在所談的，是其要訣、定義、特點、時間、分量及異同等等。

　　如就炒的要訣和定義而言。其要訣乃「準備香料先爆好，火大油熱急速炒」。而在定義方面，一般所謂的炒，就是把要炒的食材（各式肉、蔬、飯、麵等）準備妥當後，鍋內放適量的油燒熱，加入蔥、薑、蒜等香料爆香後，隨即把食材倒入鍋中，利用大火熱油的熱能，使其在短時間內翻炒至熟，接著添加適量的鹽、醬油、醬、醋、味精（以上可自行增減）等調味品拌勻，就可盛出供食。必須注意的是，食材於炒好後，必須趁熱進食，味道才會好，若等到其溫度降低，將會彰顯油性，滋味就差多了。

　　關於炒的火候及時間，首在炒菜所用的主料及調味品等，必須事先準備好，炒菜才能把握時效。通常最快的菜，只消幾秒鐘即可炒好；即使最慢的菜，一、兩分鐘也可炒畢。如未做好配料等工作，會導致手忙腳亂，且在火候及時間的拿捏上，都不能恰到好處。結果所炒的菜色，必然難如理想。又，菜炒到七、八成熟時即須盛出，讓菜中的餘熱將之熟透，唯有如此，方會使菜質的鮮嫩度臻於完善。否則，菜炒得太熟，自然色變質爛，不但營養受損，而且缺乏美觀，影響吃者食欲。

　　基本上，炒乃現代中華料理中最普遍的烹飪方法，也是最速成的一種，不拘食材葷、素及質地老、嫩，都可以炒成熟。而且只要把握住色、香、味等烹飪原則，任何人都可勝任。難怪台灣的街頭巷尾，皆可發現炒菜的飯店或攤販林立其中。

至於煎的要訣，則是「油熱火小慢慢煎，外酥內嫩色美觀」。其定義為：將葷、素食材處理好後，鍋裡放少量的油，燒至六、七成熱後，將食材入鍋，利用熱油小火的熱能，把食材正反面煎透，並使其色澤轉黃，品質香嫩。

　　而在煎的時候，應對食材分量的多寡、體積的長短大小，預作適當處理。例如：煎一條稍大的魚，因魚身太長，可切作兩段同煎；若煎豆腐塊等，由於數量太多，可分作兩次煎，這樣才容易保持食材的美觀及口感。

　　就煎此一技法而言，其特點為：煎出來的食物，大都內部熟嫩，外表黃香，品質清爽可口，例如常見的「煎荷包蛋」、「煎釀豆腐」等，令人百吃不厭。此外，煎物最忌大火，必須小火慢煎，始能使菜色外表光潤美觀，內部熟嫩可口。不然，外表焦黃，內部夾生，既無美觀可言，更有異味足厭。

　　又，爆與炒及煎與炸，性雷同而實異，且在此敘述如下——

　　一、**爆與炒的技法大同小異**——爆所需要的時間短，選料偏重脆和嫩；炒相對來說，需要的時間較長，選料亦比較廣泛。因此，凡食材本質是脆、嫩的，宜用爆的方法成菜，以保其脆嫩爽口的特點；質地較不大脆、嫩的食材，則用炒的方法烹調，俾令其熟透而味美。

　　二、**煎與炸同樣得用油**——煎食物所需的熱量低，所以用油量少；炸食物所需的熱能大，所以用油量多。準此以觀，大件的食物宜用炸法，利用大量的熱能，使食材在短時間內均勻熟透，例如：「香酥鴨」、「炸全雞」

◎ 炒菜首重火候和時間。

等即是，其色深黃，外酥內嫩，郁香可口。小件的食物則宜用煎法，利用少量的熱能，就可使食材在短時間內均勻成熟，例如：「煎蛋」、「煎肉圓」等屬之，其色淺黃，質嫩味香，鮮美適口。

談完煎與炒這兩種技法的運用面後，不得不佩服袁枚的先知卓見，他指出：「煎炒之物多，則火力不透，肉亦不鬆。故用肉不得過半斤，用雞、魚不得過六兩。」不過，這兒所指的斤兩，不是目前的台斤、市斤或公斤，而是清代所習用的庫平斤，其重量約合 0.5968 公斤，較台斤略少，但比上海所沿用的市斤則多些。此點重要，不可不察。

當袁枚拈出「用肉不得過半斤，用雞、魚不得過六兩」的標準後，有人就反映說：「我一次的需要量比這還多，那該怎麼因應？」袁枚答得很妙，那就等吃完後，另外再炒就可以了。由此可見，烹飪亦如藝術般，必須按部就班，循序而進，不可急就章。寧可多費點工，多花點時間，切不可性急，愈想一步到位，就愈容易出差錯，屢試不爽。

袁枚接著指出煮白煮肉和粥這兩樣，必須「以多為貴」。

以多為貴的白煮肉

關於白煮肉，早在宋朝時，即售於汴京市肆的餐館。到了明代，宮廷在每年四月，照例要吃竹筍雞和白煮肉。這兩時期的人們，他們之所以吃白煮肉，是否和女真族（註：滿洲人的前身）有關，現已不可考。但可確定的是，自滿清入主中原後，北京上自天子，下至旗人臣民，無不盛行食此。其後，隨著滿員大吏及八旗軍的調動與民族融合，食白煮肉之風，更席捲至全中國。台灣而今「黑白切」中的白煮三層肉，再蘸醬料吃，即是保留此一習俗，有「古早味」存焉。

事實上，白煮豬肉想燒得好，並不容易，因為豬肉（註：尤其是皮特別厚的老母豬肉）不易煮爛。而為使豬肉易爛，古籍提供不少祕方，在此摘錄數則，聊供諸君參考。

南宋人的《物類相志》云：「用醋、青鹽者，易爛。」元人的《飲食須知》上說：「入山楂數顆，易爛。」清人的《閒居雜錄》則謂：「著鳳仙花子二、三粒，即爛。」該書中又多舉一個法子，即「以故竹籬一把同煮，立軟」，直教人匪夷所思。如果是老豬肉，更得費番手腳，《物類相志》及《閒居雜錄》所提的方法大致相同，那就是先用水煮熟取出，然後以冷水淋或浸冷，再煮即爛。

清宮及王府中的白煮豬，都是用整隻煮，煮極爛，切為大臠，每一方肉重約十斤，置兩尺徑的銅盤中賜廷臣或饗客。然而，這是正常煮法，如果想要「速成」，就得添加輔料。其中，最駭人聽聞的，居然是用尿液，真是難以想像。

據清人陳其元《庸閒齋筆記》上的記載：他的祖父陳世倌（註：金庸武俠小說《書劍江山》裡男主角陳家洛之父）曾提起在嘉慶初年，正巧在四川的一個驛站上，遇見福文郡王（即福康安）巡邊，沿途州縣供張極盛。由於郡王愛食白片肉，但此肉須把全豬煮爛，滋味始佳。因此，廚師按成例用個大鐵鍋，把整隻豬放在裡頭煮。還沒煮熟時，王爺的先遣部隊已抵達了，傳令郡王要趕路，一到就得開飯，可是肉未煮熟啊！廚師急得不得了，忽見他登上鍋邊，解開自家褲襠，一點也不猶豫，就直接尿下去。

陳世倌大驚，忙問其故？廚師回說：「今日忘帶皮硝，權且用尿代替。」待郡王至，豬已全爛，切片供食。王食未畢，下令傳呼當差的廚師。陳世倌心想，王爺一定嚐出尿臭，一直忐忑不安，隨後從旁得悉，福郡王一路吃來，竟沒一處比這驛站供設的白片肉味道更美，乃下令打賞該名廚師寧綢袍褂料一匹，以資獎勵。

雖然這個獨門偏方不可思議，但那廚師臨鍋一尿的急智與魄力，堪稱舉世無雙，足以流傳千古。

味「甚嫩美」的白煮肉，考究的用整豬，如果用大塊肉，也須多多益善，才能燒出滋味。袁枚認為這個「以多為貴」，至少要二十斤以上，不然淡而無味。此說甚是，只是一般人家非但無法備辦，一時也無法吃盡，散文大家梁實秋曾在《雅舍談吃》裡提及這款各地館子都有的白切肉，只是各地人家在呈現這樣的家常菜時，「巧妙各有不同」。

大抵而言，早年北平（今北京）人家，都選在三伏天吃白煮肉。其法為：「豬肉煮一大鍋，瘦多肥少，切成一盤盤的端上桌來。煮肉的時候，

如果先用繩子把大塊的肉五花大綁，緊緊綑起來，煮熟之後冷卻，解開繩子用利刃切片，可以切出很薄很薄的大片，肥瘦凝固而不散。肉不宜煮得過火，用筷子戳刺即可刺知其熟的程度。火候要靠經驗，刀法要看功夫。要橫絲切，順絲就不對了。

這肉沒有鹹味，要蘸醬油，得多加蒜末的白煮肉，宜用高粱酒搭配，才會對味。如果是吃飯，「另備一盤酸菜，一盤白肉碎末，一盤醃韭菜末，一盤芫荽末，拌在飯裡，澆上白肉湯，灑上一點胡椒粉，這是標準吃法。北方人吃湯講究純湯……肉湯就是肉湯，不屬別的東西」。至於那盤酸菜，其道理很簡單，即「去油膩，開胃」。

說句實在話，白煮豬肉的煮法及放料多寡，固然極為重要，但真正最關鍵的，還在於片肉。依《清朝野史大觀·滿人食肉大典》的記載：「善片者，能以小刀割如掌如紙之大片，兼肥瘦而有之。」袁枚在《隨園食單·特牲單》的「白片肉」一節亦指出：「割法須用小快刀片之，以肥瘦相參，橫斜碎雜為佳，與聖人割不正不食一語，截然相反。」而且「此是北人擅長之菜，南人效之，終不能佳」，即使是「零星市脯，亦難用也」。可見欲精此道，必須學習，滿人因相沿傳承，自有片肉功力，遠非南方人所能企及。想想那會片的，連精帶肥，片得極薄的一大片，入口甘腴香嫩，滋味自然好到無以復加了。

世間第一補人之物——粥

至於粥，在古文獻中，有饘、飦、饘、糜等名目。它自古即是中國的主食之一，乃用去殼穀物（一般用大米或小米，也可用麥、豆等）煮成的

◎ 粥品。

半流質糜狀食品。其本字為鬻，形為在鬲中煮米，熱氣蒸騰。由於鬲是新石器時代陶製炊具，有人據此推測，認為粥在中國飲食史上，應是最古老的穀類食品。另，相傳粥是黃帝所發明，但此說法只能表示其由來已久。

一般而言，粥之厚者，如稠糊狀的叫饘；稀薄一些的才叫粥。基本上，粥是普通百姓的飲食。春秋戰國時期，少數貴族為了節儉，也以吃粥為榮。如《左傳・昭公七年》所說：「正考父鼎銘曰，饘于是，粥于是，以糊余口。」此外，《禮記・檀弓》亦有「饘粥之食」的記載。後世描述生活窮困，在常用的形容詞中，便有「饘粥不繼」。意即潦倒到連粥都沒得喝，其窘況可想而知。

早在先秦之時，服喪期間吃粥是為禮，例如：《孟子・滕文公上》寫著：「三年之喪，齊疏之服，飦粥之食，自天子達於庶人，三代共之。」《禮記・檀弓》亦有「悼公之喪，季昭子問於孟敬子曰：『為君何食？』敬子曰：『食粥，天下之達禮也。』」可見居喪吃粥，自天子以至臣民，一體適用。

又，粥品容易消化，適合老人食用，故亦充作年老者的供養食品，像《禮記・月令》就說仲秋之月，「養衰老，授幾杖，行（即賞賜）糜粥飲食。」

到了漢代，此制猶存，《後漢書‧禮儀志》即記載著：「仲秋之月，縣道皆案戶比民，年始七十者，授之以王杖，餔之糜粥。」到了後世，粥更常用於災荒時之賑濟，這在歷代屢見不鮮。即使到了民國年間，慈善機關或善心人士，每會在荒歉或嚴寒之時設置粥廠，施捨救濟災民或窮人，排隊領粥者，皆鶉衣百結、瑟瑟發抖，那種淒涼場面，望之讓人鼻酸。

粥的種類很多；除用不同穀類可以做成不同的粥，如「秈米粥」、「秔米粥」、「糯米粥」、「小米粥」等外。糧食加上不同的食材，尚可做成各式各樣的粥，如大米加赤豆做成「赤豆粥」，加綠豆做成「綠豆粥」，加杏仁、蓮子或山藥，則可做成「杏仁粥」、「蓮子粥」或「山藥粥」；自宋迄今，民間常在農曆的臘月初八用米、豆等穀物和棗、栗、蓮子等合煮成「臘八粥」；還可在粥煮開時加入魚片、下水、肉丸等，汆成「魚生粥」、「及第粥」；也可以添加豆漿、花生泥，做成「豆漿粥」與「花生粥」等，林林總總，多到不及備載。

其實，南宋人周密《武林舊事》一書，便記載當時首都臨安（今杭州）市面上見到的粥，已有「七寶素粥」、「五味粥」、「粟米粥」、「糖豆粥」、「糖粥」、「糕粥」、「餕子粥」、「綠豆粥」和「肉盦飯」等。到了明代，高濂《飲饌服食牋》中的粥糜類，共列四十種，李時珍《本草綱目》中的粥，竟達五十餘品。及至清代，曹廷棟的《粥譜》，到了一百多種粥品，黃雲鵠的《粥譜》，更多達二百三十七種，琳瑯滿目，且各有其滋補、食療價值。

粥因在日常的生活中，與人們關係密切，所以古人留下許許多多稱述它的名篇佳句，如唐李商隱「粥香餳白杏花天」，宋蘇軾的「臥聽雞鳴粥

熟時」等等，迄今仍為人們詠嘆。明人張方賢的〈煮粥詩〉尤妙，詩云：「煮飯何如煮粥強，好同兒女熟相量。一升可作兩升用，兩日堪為六日糧。有客只須添水火，無錢不必問羹湯。莫言淡薄少滋味，淡薄之中滋味長。」其字裡行間充滿了人情味和對人生的樂觀和豁達，確為一首好詩。

清代名醫王士雄認為粥「為世間第一補人之物」。當然以大鍋煮為宜，煮到「粥鍋滾起沫團，濃滑如膏者，名曰米油，亦曰粥油，撇取淡服，或加煉過食鹽少許服亦可，大能補液填精，有裨羸老。」我個人最愛食此，受用不盡。然而，求大鍋煮不可得時，小銚（音吊）細熬，亦有妙品。散文大家梁實秋便指出：「我母親若是親自熬一小薄銚兒的粥，分半碗給我吃，我甘之如貽。薄銚兒即是有柄有蓋的小沙鍋，最多只能煮兩小碗粥，在小白爐的火口邊上煮。不用剩飯煮，用生米淘淨慢煨。水一次加足，不半途添水。始終不加攪和，任它翻滾，這樣煮出來的粥，黏和，爛，而顆顆米粒是完整的。」

看來梁母所熬的粥，與盛行一時的潮州粥相類，皆香滑可口。達到袁枚所謂「水米融洽，柔膩如一」的最高標準。不過，薄銚縱有可觀之處，但滋味仍較大鍋煮的略遜。這也就是袁枚所強調的「非斗米，則汁漿不厚，且須扣水」，這樣子才能拿捏得宜，雖百吃仍不厭。

最後要提的是，想把粥煮好，最講究的是功夫。即使只是廣東一般的「煲白粥」，也須把米洗淨，接著用少許花生油和精鹽拌勻，待水開後，再把米下鍋，同時要注意米和水的比例，切忌中途加水，煮時用明火，讓粥不停開滾，直至不見米粒，粥才香而綿，故稱「明火白粥」。這是我個人最愛吃的粥，淡薄而滋味長，稱得上是「最為飲食之精」。

潔淨須知

切蔥之刀，不可以切筍。搗椒之臼，不可以搗粉。聞菜有抹布氣者，由其布之不潔也。聞菜有砧板氣者，由其板之不淨也。工欲善其事，必先利其器。良廚先多磨刀、多換布、多刮板、多洗手，然後治菜。至於口吸之煙灰，頭上之汗汁，灶上之蠅蟻，鍋上之煙煤，一玷入菜中，雖絕好烹庖，如西子蒙不潔，人皆掩鼻而過之矣。

俗話說：「病從口入，禍從口出。」一切食物，均從口入，如果不潔不淨，必使食者致病，茲事體大，不可不慎。袁枚在這則「潔淨須知」內，就拈出了潔淨在飲食上的重要性，可謂開風氣之先。今人視為當然之事，他則早見及此，殷殷致意，確為一代宗師，當世無人可望其項背。

文中的切蔥之刀，不可以切筍，只是打個比方，蔥有濃烈的刺鼻氣息，切過蔥的刀，再用來切筍，將使蔥味附著於筍上，使筍原先的清雅氣味破壞殆盡，應該避免。其實，豈只是蔥而已，凡薑、蒜、芹、韭之類，本身都氣味強烈，在實際操作運用之時，須注意及此。另，搗椒之臼，不可以搗粉一語，此椒包含胡椒、花椒及辣椒這三種，皆味辛而氣烈。杵臼這玩

◎ 東晉壁畫〈炊廚圖〉。

意，乃舂米之具。諸君試想，臼中有此三椒的氣味，再用此來舂米，米中所沾的氣味，必久久不散，所搗出之米粉（註：主要充粉蒸肉等之用），豈能用來做菜？

又，菜餚之中聞到抹布味或砧板味，當然是抹布或砧板不夠潔淨所致，無端蹧蹋一鍋或一盤好菜。因此，袁枚認為「工欲善其事，必先利其器」。一個好的廚師，必須多磨刀，多換抹布，多刮砧板，且多洗手，然後做菜。關於此點，日本料理的吧台師傅，最能把握這些原則，畢竟吧台師傅所割烹之料理，以生鮮品居多，未經過烹調過程，客人直接食用，只要不夠潔淨，必然病和禍皆從口入，不可掉以輕心。

廚師燒菜的本事再高，但在料理同時，卻口中叼根煙，即使滿頭大汗也不擦拭，同時灶上尚有蠅蟻，鍋上還落煙煤，凡此種種，只要一入菜中，就像一顆老鼠屎，壞了一鍋好粥，令人可惜亦復可嘆！這種情況，袁枚講得很好，比如貌美的西施，身子有垢不淨，人們見了之後，只好掩鼻走了。

就我個人體驗，曾在某五星級飯店的江浙廳用餐，當上韭黃鱔糊這道菜時，有人從黑黝黝的鱔絲中，夾出一隻德國的小黑蟑螂，舉座訝然，見狀色變。找來服務生，問她到底怎麼回事？她跑去廚房，問明原因後，居然是該蟑螂掉入油瓶中，倒油而澆菜，才有以致之。待明白其「真相」後，當天的菜餚滿案，恐怕都受其波及，很少人再動筷子，搞得不歡而散。而身為主人的我，真個是顏面盡失，至今回想起來，仍是憾事一椿。

用縴須知

·············❦❦❦❦·············

　　俗名豆粉為縴者，即拉船用縴也。須顧名思義。因治肉者要作團而不能合，要作羹而不能膩，故用粉以牽合之。煎炒之時，慮肉貼鍋，必至焦老，故用粉以護持之。此縴意也。能解此意用縴，縴必恰當。否則亂用可笑，但覺一片糊塗。《漢制考》：「齊呼麴麩為媒，媒即縴矣」。

所謂縴者豆粉也

　　所謂縴，就是拉船前進的繩子。袁枚稱俗名豆粉為縴，恐怕未盡道其詳。況且目前已不再稱縴，實際之名為芡。基本上，芡粉是一種佐助類的烹飪原料，為烹飪中的增稠劑和黏和劑。

　　主要用於勾芡、稠湯、上漿、拍粉、拌粉、掛糊和製作肉丸的黏合劑等。至於所謂的勾芡，則是在烹製過程中，向鍋中加入澱粉水溶液，使菜餚湯汁具有一定濃稠度的工藝，從而襯托出食材和湯汁的美妙質感。乃臨灶的基本功之一。主要利用澱粉受熱糊化的原理，使菜餚湯汁的黏稠度增加，進而使色澤光潔，透明滑潤。故前者指的是原料，後者所謂的則是工藝。

首先講的是芡粉。它古稱「牽頭」、「縴粉」、「饘粉」，又稱「粉縴」、「駝粉」、「團粉」、「粉麵」等。取自富含澱粉的植物種子（如米、麥、玉米、豆類等）、根莖及乾果等。其主要成分為支鏈澱粉，並利用其澱粉糊化作用，再施之於餚饌的製作。

　　中國運作芡粉燒菜，始見於《禮記・內則》篇，堪稱世界最早且獨步。此後歷代的烹飪文獻均有記載。南北朝時期，芡粉的應用增多；宋代之後，則日趨普遍。到了明清之時，已甚常見，且運用方法呈現多樣化。幾部著名的食書，像南宋的《山家清供》、元代的《易牙遺意》、清代的《食憲鴻祕》、《醒園錄》和《隨園食單》等，無不載有芡粉和勾芡的方法，留供後人取法。

　　芡粉的種類，依其製作原料之不同，可分為綠豆粉（俗稱豆粉）、豌豆粉、蠶豆粉、芡實粉、菱粉、藕粉、荸薺粉（一名馬蹄粉）、慈姑粉、小麥澱粉（又叫小粉、澄粉）、玉米澱粉、百合粉、葛粉、栗子粉、茯苓粉、桄榔粉等。此外，尚有薯芋類粉，包括甘藷粉、蕉芋粉、木薯粉（即太白粉）、馬鈴薯粉及何首烏粉等，琳瑯滿目、五花八門。而用之於燒菜時，有的菜得用固定的芡粉才算道地。例如雲南菜的「寶珠梨炒雞丁」，專用蠶豆粉。另，廣東一般人家在打芡時，多用生粉（即綠豆粉）加水調成，但酒樓飯館燒製精緻的菜餚，則用荸薺粉，取其黏性大，不易瀉芡。

　　外觀上，芡粉通常為白色粉末，具有很強的吸濕性。其顆粒的外層為支鏈澱粉，約占百分之七十至九十，內層為直鏈澱粉，約占百分之十至三十。之所以會如此，實因各種不同原料的芡粉，其直鏈澱粉的比例並不相同。例如小麥澱粉為廿四比七十六；玉米澱粉為廿二至廿七比七十三至

七十八；馬鈴薯澱粉為十八至廿三比七十七至八十二。就理論而言，支鏈澱粉的含量愈高，其黏性相對愈大，糊化的程度跟著愈好。至於此澱粉的特徵之一為，它在冷水中不溶解，只有在攝氏六十度至八十度的溫度下，才會糊化（即向水中擴散分裂成糊狀的膠體溶液），以供烹飪之用。

總括來說，充作烹飪時的芡粉，以馬鈴薯的澱粉最理想，因其澱粉的分子顆粒大，支鏈澱粉的含量高，結構疏鬆，糊化溫度亦低，以致黏性較強，吸水性佳，且其成色潔白，看起來有質感。其次則是玉米澱粉、荸薺澱粉。然而，在烹飪之時，一般使用較多的，反而依次是綠豆粉、玉米澱粉和薯類粉，這可能與產量多寡及區域習性息息相關。

芡粉之於烹飪的作用

在烹飪運用時，芡粉雖不像其他調味料般，有具體的味道，但它的妙用無窮，既能增加菜餚的感官性能，保持菜餚的鮮嫩，提升菜餚的滋味，且對菜餚的色、香、味和口感等方面，都有一定的影響。因此，整體而言，芡粉的主要作用計有八項。分別如下：

一、**用於勾芡**──當菜餚接近完成時，以芡粉加適量之水或調味品調成芡汁淋入鍋內，使芡汁黏附在食材上，增加菜餚的滋味和滑潤感。適用於爆、炒、燒、扒等法及菜式。

二、**用於稠湯**──一些菜餚因湯汁、滷汁較多，故須用芡粉稠湯，藉以增加其湯汁之濃度。一般運用於燴、羹、湯類菜式。

◎ 許多菜餚會勾芡增加口感。

三、**用於掛糊**——一些菜餚拖掛一層芡粉糊，再經油炸後，能使菜餚外脆裡嫩，多適用於炸、熘等菜式。

四、**用於上漿**——菜餚之食材（如雞、肉、魚等）以芡粉及雞蛋（註：亦可用牛奶）調製成漿汁抓勻，使食材表面增加一層外衣，經烹製後，菜餚更顯柔滑鮮嫩。每用之於爆、炒、氽等菜式。

五、**用於拍粉、拌粉**——菜餚之食材經碼味後，以水分較多，另在其表面均勻地拍上或拌上一層乾芡粉，既利於操作，又可使食材烹製成熟後，保持原有形狀，兼具柔軟口感。

六、**用於點心原料**——例如北京的「豌豆黃」、「小窩頭」、江蘇的「綠豆糕」、廣東的「馬蹄糕」等，均須用芡粉製作。

七、**用於食品主料**——像「杏仁葛粉包」、「藕粉圓子」等食品，便是用葛粉和藕粉製成。

八、**用於黏合劑或造型菜式**——如製作肉丸、魚圓、魚糕、「松鼠鱖魚」

或「蟹粉獅子頭」等菜式時，都須以芡粉黏合或定型。

芡粉之運用有如上述，但勾芡一途才是其用來烹飪的重點所在，使用面亦最多最廣。勾芡不僅是中國所獨有的技藝，同時也是一種十分奇特的烹飪技巧，以極為簡單的澱粉與水的混合物，或托或裹，使食材著味，其名稱尚有用芡、著膩、著芡、攏芡、勾糊和抓汁等多種。

勾芡所用的澱粉水溶液，俗稱芡汁，又叫水澱粉，大致可分成兩種。一種是粉汁芡，由澱粉和水調和均勻而成，使用較廣。另一種是兌汁芡，除澱粉和水外，還加入調味料一起調和而成，隨配隨用，多用之於旺火速成的熘、爆、炒等烹調方法。另，勾芡的濃稠或稀薄，須與菜餚的特點相適應。按芡汁的濃度通常分成下列兩種：

一、**厚芡**── 勾芡後菜餚的滷汁濃稠。並可依其對食材的附著力，再分成包芡和糊芡。前者芡汁最稠，勾芡後的湯汁，全部緊包食材上，適合用於爆、炒、熘類烹調方法，如「油爆雙脆」等是，此類菜餚食畢，盤中幾乎不見滷汁。後者主要使勾芡後的湯汁呈糊狀，口味濃厚，但其濃度包芡為稀，其著者有「炒鱔糊」、「爛糊肉絲」等。

二、**薄芡**──勾芡之後，菜餚的滷汁較為稀薄。依照芡汁流態，可分成流芡與米湯芡。前者於勾芡後，滷汁呈流瀉動狀態，具透明感，似玻璃狀，所以亦名「琉璃芡」。可增加成菜的光澤滋味。芡汁雖附著於食材上，但不膩口，一般用於白汁和燒、燴熘 等菜餚。後者的芡汁最稀，色質似米湯、奶湯，故又稱奶湯芡。其妙在能增加湯汁在舌部附著的停留時間，增強口感。如「蝦仁鍋巴」的澆汁、「奶汁海參」和「奶湯魚翅」等。

芡粉之於烹飪的做法

另，勾芡按所適用的烹飪法，大致可用成如下七種。一、炒芡。適合滑炒、熘炒、爆炒等菜餚，其芡最輕，芡汁會與食材交融，食畢盤內罕留汁；二、爆芡。芡汁濃稠，裹住食材，食畢盤內亦少餘汁；三、燒芡。芡汁濃度稠，其量也稍多，除包裹食材外，食畢盤內尚有少許流質汁液；四、熘芡。芡汁濃度較厚，量亦大於爆芡，於包裹食材外，盤邊有流質狀汁液，食畢盤中會留餘汁；五、燜芡。成菜狀態是部分芡汁黏附食材，部分菜汁流動於菜中，菜品光潤明亮；六、扒芡。除一部分裹附食材外，另一部分呈琉璃狀態，食畢盤中必有殘汁；七、燴芡。芡多而薄且包不住食材，於享用之時，須用匙而不用箸。

由於菜品之不同，勾芡的手法亦有別。其主要的有：

一、**拌芡**——又稱包芡、裹芡，多用於對汁芡。可分兩種用法：其一是待菜餚接近成熟時，將芡汁徐下鍋內，經不停翻炒，使芡汁在糊化過程中，將食材整個裹住，其二為先將芡汁倒入鍋內，使濃稠成熟，接著倒入炸、滑成熟後的食材，翻炒均勻，裹住食材，此法又稱臥汁。基本上，運用拌芡的目的，在其覆蓋率高、受熱迅速、裹料均勻等特點。

二、**淋芡**——又稱跑馬芡，多用於扒、燴、燜製的菜品，大體用粉汁芡，待菜餚接近成熟時，將芡汁徐徐淋灑入鍋內，一面搖晃炒鍋，隨即以手勺攪勻。

三、**澆芡**——又稱烘汁，多用於熘菜，另兌汁芡、粉汁芡亦可使用。

一般先將菜做好，裝入盤內，另鍋燒製好芡汁，澆在菜上。此外，湯羹類菜品勾芡，須待湯滾沸後，把芡汁徐徐倒入，並以勺不停攪動，至湯稠而後止。凡運用淋芡或澆芡者，因具有平穩、均勻、緩慢的特點，對一些形體較大或易碎的食材，在效果上，會特別好。

除了以上的敘述外，勾芡在操作的要求上，必須注意以下的五點：一、勾芡應在鍋中菜料即將成熟時進行。一般菜餚在勾芡之後，立即出鍋裝盤，勾芡過遲，食材受熱時間一長，質易老、碎，尤其是加熱時間甚短的熘爆、炒類菜餚。凡勾芡一遲，易使菜餚失去嫩感；而勾芡一早，食材尚未熟，延續加熱後，易使芡汁焦糊，影響菜餚風味。二、在勾芡時，鍋中的湯汁量，應比成菜要求的滷汁略多，如此，勾芡後的滷汁量，才能符合菜餚質量之要求。三、使用粉汁芡勾芡，必須在菜餚的口味、顏色已經調準的情況下進行，否則一旦勾芡，其色與味便難以修正。四、勾芡時，菜餚表面的油量不宜過多，不然滷汁很難裹上食材。五、有些菜餚勾芡時應澆明油，促使菜餚更加光澤悅目。

所謂的明油，即菜已做好，於起鍋之際，格外加上一湯勺之熱豬油，表示油大之意，據川味名家李劼人的說法，「刻下一般紅鍋飯館和鄉廚，依然重此師承」，可見其流弊由來已久，現代人以少油少鹽為養生訴求，凡澆明油，必須慎重。末了，勾芡的作用，具體而微，大致有五種，試分析如次：

一、**使菜餚具有美好的口感**——菜餚因食材和烹飪法之不同，有的湯汁甚寡或無，有的湯汁則偏多。如少了勾芡這道工序，湯汁少者，易感糙滯；無湯汁者，易感乾硬；湯汁多者，則易感寡薄。經勾芡後，凡湯汁少者，將使汁增稠，並與菜料融合，使其口感滋潤；無湯汁者，因芡汁包裹

菜料，可使口感滑利；而湯汁多者，更因增稠，使口感轉為濃厚。基本上，羹類菜式必須透過勾芡，才能達到濃稠的效果。

二、**使菜餚保鮮增味**——一般而言，凡是帶湯汁的菜式，其鮮美滋味，往往離析於湯汁之中，食材反少鮮味。一旦勾芡，可使湯汁黏附於食材上，且使食材、湯汁皆具鮮美滋味。兌汁芡甚至可使少味的食材增加滋味。

三、**使菜餚光潤美觀**——芡汁裹附於食材外，使其有一層光亮外衣，視之滋潤增韻。且勾芡之後，還可在一定時間內保持外觀光潤，不致很快乾癟、失色。

四、**保持菜餚溫度**——芡汁裹在食材外層，可使散熱緩慢，延長冷卻時間。

五、**減少養分損失**——勾芡之後，會使溶於湯汁中的養分，充分得到利用，較少因剩餘而傾棄。

由於烹調方法及菜餚的多樣性、複雜性，因此，在勾芡之時，應依據不同的菜餚，把握其操作要領。如時機上的掌控；芡汁與鍋內湯汁的配比；勾芡與成品的定味，芡汁與用油量的多少等等。如此，方有利於菜餚質量的優化和提升。故袁枚說：「縴必恰當，否則亂用可笑，但覺一片糊塗。」關於此點，李劼人頗能道其詳，指出：「二六芡者，以二成芡實粉，和以六成之水，調為稀糊，無論何種菜蔬，在下了佐料之後，必加此糊一大勺，問其何以？答曰：『老師傅所授，謂不如此，則味道巴不上也。』刻下芡實粉云云，已只名存而已，其實皆豌豆所打之粉，

◎ 元代〈奉食圖〉。

近已漸去芡粉之名，而直呼豆粉，除豆粉外，洋芋（註：馬鈴薯）粉尤佳，西洋多用之。有些菜，確乎需用此種粉糊，不過不應色色之菜皆用之。」闡釋允當且詳盡。李文寫在二十世紀中葉，距今已超過五十年。猶記十年前，我在墾丁一餐館吃酒席，除冷盤外，無一道不勾芡，或濃或稀，或炒或滷，最後連青菜都勾芡，搞得一塌糊塗，真是有菜必芡，令人無處下筷，只能徒乎負負。

緯亦麴麩

　　袁枚最後打個譬喻，用以解釋緯意，認為《漢制考》中，「齊呼麴麩為媒，媒即緯矣」。其實，此語出自《周禮・地官・序官》「媒氏」註：「媒之言，謀也。謀合異類，使和成者。今齊人名麴為媒。」又，《漢書・李陵傳》注：「齊人名麴麩餅為媒。」如果精確的講，這裡所云的「麴麩」和「麴餅」，指的應是麴及蘗。畢竟，麩是指小麥磨粉後剩下的屑皮；麴餅（一作餅麴）則是指麴塊，從現有的資料推測，起碼在西漢時期，人們常用的酒麴已是塊麴。例如西漢楊雄所著的《方言》一書中，共有七個文字是表示酒麴的，它們分別是麴、麰、麨、麬、麳、麷和麵，其中的麰、麨、麷、麬，皆被東晉的郭璞注釋為餅麴。

追根究柢，麴是發霉的穀物所製成的，蘗是發芽的穀物。兩者皆為中國最原始的糖化醱酵劑，因為在自然環境中，只要條件合適，都有可能生成這些東西，人們只不過發現了它們的作用，進而盡力加以仿製而已。

　　據歷史文獻上的講法，中國用酒麴釀酒，早在商代武丁之前就有了。《尚書‧商書》中就記載，商王武丁有次對新從奴隸中選拔出來的宰輔傅說說：「若作酒醴，爾惟麴蘗；若作和羹，爾惟鹽梅。」其意為：我們要彼此密切合作，「我若要釀甜酒，你就是那麴蘗；我若要製羹湯，你就是那調味的鹽巴和酸梅。」武丁之所以能用酒和麴蘗間的關係，當成君臣通力合作的對比，可見在他之前，人們就能用麴、蘗來釀酒了。

　　有趣的是，在河南省羅山縣天河村的商墓中，出土一只青銅鴞卣，密封良好，經鑽探取樣，確知是一卣甜酒，時代相當於武丁時期，距今有兩千三百多年。尤值一提的是，考古學者在河北省藁城縣發現了一處商代釀酒作坊，其出土物中，有一套釀酒器具，還發現了大量的酒麴。出土的酒麴呈灰白色，乃其狀如垢的沉澱物。經中國科學院微生物研究所鑒定，確證是人工培植的酵母殘殼，距今達三千四百年之久，比起武丁的時代，還早上個兩百年。

　　這個酵母殘殼，即所謂的散麴，是一種呈鬆散狀態的酒麴，是用被磨碎或壓碎的穀物製成的。如從製麴技術的角度來考察，中國最早的原始麴形為散麴，而不是後來所用的塊麴（即麴餅）。至於商代用蘗釀醴酒已很普遍，一直到北魏的《齊民要術》仍有記載，唯其後便湮沒不彰了。

　　又，從製麴的原理觀之，中國酒麴上所生長的微生物主要是黴菌，有

◎ 一幅古代釀酒圖局部。

的黴菌菌絲很長，會在原料上相互纏結，讓鬆散的製麴原料，可以自然形成塊狀。且酒麴上的微生物很多，如細菌、酵母菌、黴菌等。這些不同的菌種，分布在酒麴不同的部位，數量也不盡相同，而麴黴的生長需要氧氣，故在酒麴的表面，其相對的數量亦多，但在塊狀的酒麴內，反而不易生長。酵母菌與根黴菌則不然，卻能在塊麴內生存並繁殖，由於這些菌種對提高酒精濃度具有重要作用，加上塊麴的使用，更適合複式醱酵法（註：即在糖化的同時，將糖化所生成的糖分轉化為酒精），從而使塊麴的製作，成為中國釀酒工藝的主流，並影響及歐美各國及鄰近諸國。因此，有的外國學者認為，酒麴的發明與應用，應該與指南針、火藥、造紙、印刷術等並列，成為中華民族對人類作出的「五大發明」。

由上可知，袁枚認為：麴與藥皆是釀酒的媒介，其作用與以茨成菜的道理相同，少了這層關係，想釀出甘醴與燒出好菜，勢必不克如願，而且窒礙難行。

選用須知

---❧---

選用之法，小炒肉用後臀，做肉圓用前夾心，煨肉用硬短勒；炒魚片用青魚、季魚，做魚鬆用鯶魚、鯉魚；蒸雞用雛雞，煨雞用騸雞，取雞汁用老雞，雞用雌才嫩，鴨用雄而肥；蒓菜用頭，芹、韭用根；皆一定之理。餘可類推。

所謂選用，共有二義。其一是指燒什麼菜或用什麼食材，才能燒出可口的佳餚；其二是指要用什麼食材的部位，始可燒出該饌的妙處或精髓。袁枚此則須知，不但言簡意賅，而且明白曉暢，直接點明主題，值得吾人取法。

美味「小炒」用豬肉絲

文中的小炒，又稱「隨炒」。這是種食材經碼味、上漿後，不必過油，而是用適量油急火短炒的成菜方法。主要是炒肉片、肉絲、肉丁等，其肉則可用豬肉、羊肉或魚肉。袁枚此處所稱的小炒肉，專指炒豬肉絲而言。這道菜雖極平常，但要炒得恰到好處，誠非易事。像袁枚在《隨園食單‧特牲單》所提及的「炒肉絲」，其中就有很多關竅所在。必須「切細

絲，去筋襻（註：衣服上鈕釦的一部分，是個小圈套，叫『鈕襻』，此指筋絡糾結）、皮、骨」，以「清醬、酒」醃過，「用菜油熬起白煙變青煙後，下肉炒勻，不停手」，接著「加蒸粉，醋一滴，糖一撮，蔥白、韭、蒜之類」，而且一次「只炒半斤」，用「大火，不用水」。

清代飲饌名家之一的梁章鉅，便說他每次用餐，必和廚子磨牙（註：指好言多爭辯），因其廚手法拙劣，燒出來的小炒肉甚硬，有如寸炒錢繩（註：繫銅錢的細繩），故很難下筷子。而他本人在乾隆乙卯年間，曾赴京師，借宿侍御游光繹家，同居者有葉大觀、黃星巖、陳義、王虛谷等人。有一次，大家各舉愛吃的山珍海味，當時游光繹認為小炒肉最好吃，眾皆大笑。等到吃了游府的小炒肉後，確實十分可口，難怪主人以為「俊味」。梁、游二人雖皆達官顯宦，然而，兩家廚子所燒的小炒肉，卻有天壤之別，問題或恐就出在豬肉選用的部位上。

梁章鉅另在《歸田瑣記》中，披露一段有關小炒肉的故事，甚為有趣，在此摘錄如下：原來「年羹堯由大將軍貶為杭州將軍後，姬妾皆星散。有杭州秀才，適得其姬，聞係年府專司飲饌者，自云但專管小炒肉一味，凡將軍每飯，必於前一日呈進食單，若點到小炒肉，則我須忙得半日，但數月不過一、二次，他手所不能辦，他事亦不相關也。秀才曰：『何不為我一試之？』姬哂曰：『酸秀才，談何容易，府中一盤肉，須一隻肥豬，任我擇其最精處一塊用之。今君家每市肉，率以斤計，從何下手？』秀才為之嗒（音踏，指失意）然。一日，秀才喜，告姬曰：『此村中每年有賽神會，每會例用一豬，今年係我值首，此一豬應歸我處分，卿可以奏技矣。』姬諾之。屆期，果抬一全豬回，姬詫曰：『我在府中所用係活豬，若已死者，則味當大減。今無奈何，姑試之。』乃勉強割取一塊，自

入廚下，令秀才先在房中煮酒以待。久之，捧進一碟，囑秀才先嘗之，而仍至廚下，摒擋他物。」這位秀才吃過小炒肉的結果，居然是「委頓於地，僅一息奄奄，細察之，肉已入喉，並舌皆吞下矣。」好吃到連舌頭都吞了下去，足見其滋味之棒，難以復加。

故事未點明是用豬的哪一部位，但袁枚認為是「後臀肉」。按：此肉如細分，應有兩部分。其一為後腿蹄膀所衍生的後腿內腿肉，俗名豬䐈，其二乃後腿肉所包括的內腿肉、外腿肉、臀肉及後腿尖（註：俗稱「元蹄」）。若論其鮮嫩程度，此肉當以後腿尖為是。不過，咱家中的小炒肉亦極美味，家母所用之肉為嫩腰肉（俗稱「小裡脊」或「菲力」），而她所炒之法，則是袁枚「炒肉絲」的另一法，即「用油泡後，用醬水，加酒略煨，起鍋紅色，加韭菜（註：家中常用韭黃）尤香」。我自小便愛食此味，唯已久未嚐此，每思之即涎垂。

「砂鍋獅子頭」躍上桌

肉圓的代表作，首推揚州的「砂鍋獅子頭」。然而，據已故美食名家唐魯孫的現身說法，揚州當地人可叫劗肉（其音義同斬），而不叫獅子頭的。畢竟，這道名聞南北的佳餚，在揚州人眼裡，只能算是個家常菜，且「照規矩在正式酒席是不能登盤薦餐的」，何況「劗肉在揚州，雖然家家主婦都會做，可是選肉、刀工、火候，各有獨得之祕。所以，這種吃力不討好的劗肉，飯館子也甘藏拙，不跟人家一較短長了」。其實，這種說法只對一半，當今揚州餐館的獅子頭非同小可，早已與「拆燴鰱魚頭」、「扒燒整豬頭」齊名，號稱「揚州三頭」，同時也是品嚐「三頭宴」時，斷不可或缺的要角。

關於劗肉的起源，應出自清人童岳薦編撰的《調鼎集》，其「大劗肉圓」條下記載著：「取肋條肉去皮切細，長條粗劗，加豆粉少許作料，用手鬆捵不可搓，或油炸，或蒸（襯用嫩青）。」儘管袁枚認為做肉圓的選用部位，宜「前夾心（即前腿肉）」，但有人則以後腿肉為佳。不過，揚州美食專家杜負翁先生認同童岳薦的主張，曾說：「做劗肉最好是中豬的肋條肉，細切粗斬。」其實，所謂細切者，為切成細粒，粗斬者，則是略剁而已。這兩句話，絕對是燒好獅子頭的關鍵所在。不然，就會像北方的四喜丸子或南煎丸子般，「把肉放在木墩子上，兩把刀上下翻飛，如擊桴鼓，把肉剁成肉泥，肉的精華全失，所臠之肉，悉成渣滓，無論煎、煮、煨、燉，吃到嘴裡，柴而且木」，根本就不是味兒。

散文大家梁實秋的好友王化成，曾擔任過駐葡萄牙公使，他為揚州人，以其「姑善烹調」，在耳濡目染下，遂「通調和鼎鼐之道」，公餘之暇，常親操刀俎，藉娛佳賓。獅子頭一味，為其拿手傑作之一，其製作之法，「首先取材要精。細嫩豬肉一大塊，七分瘦三分肥，不可有些須筋絡糾結於其間。切割之際最要注意，不可切得七歪八斜，亦不可剁成碎泥，其祕訣是『多切少斬』。挨著刀切成碎丁，愈碎愈好，然後略為斬剁。」王化成所選用之部位究竟為何，現已不得而知，但《隨園食單‧特牲單》內的「八寶肉圓」，其做法則是「豬肉精肥各半，斬成細醬」，且述及「家致華云：『肉圓宜切不宜斬』必別有所見。」茲將兩者並列，謹供諸君參考。

至於怎樣的肉圓才精采絕倫？袁枚另在「楊公圓」一節述之甚詳。云：「楊明府作肉圓，大如茶杯，細膩絕倫。湯尤鮮潔，入口如酥。大概去筋去節，斬之極細，肥瘦各半，用縴（即芡）合勻。」而今台灣的中餐

館中，僅「三分俗氣」的砂鍋獅子頭能得其神髓，堪稱今古輝映。

接下來要檢討的是「煨肉用硬短勒」這句話。文中的「硬短勒」一詞，按勒應為肋，係指豬肋肉（肋脊肉、肋腰肉），如果再細分，則是腰肋骨（背小排）及去骨腰肉（大裡脊）。此部位的肉質鮮嫩而活，尤宜燒製無錫名菜「肉骨頭」。

無錫名菜「肉骨頭」

所謂煨，其要訣為利用小火或小灰，煨至湯濃或質爛。關於其定義，應是將葷、素食材經處理好後，埋在有火的灰中，利用火的餘熱，使其慢慢成熟，吃時芳郁適口；或把食材置於鍋內，以小火慢燒，使食物熟爛或成濃湯，以利飲食，這種烹飪食物的方法就叫做煨。

煨大致可分為火灰煨及小火煨二種。前者為用燃木屑的火灰或燃稻殼的火灰以煨製食物，此法由來已久。若在野外露營，則以燃枯葉、枯草、枯枝的火灰煨製，古菜「傍林鮮」，堪為其中的代表。後者則是指用微小的火力與少許湯汁慢慢將食材煨至酥爛入味。例如《隨園食單·特牲單》內所載的「白煨肉」、「火腿煨肉」、「台鯗煨肉」、「熏煨肉」、「笋煨火肉」和「黃芽菜煨火腿」等菜色，迄今仍是台灣一些江浙館中的佳餚。

「無錫肉骨頭」乃煨菜系列的登峰造極之作。此菜咸信源於宋代，最早乃一家熟食店取用豬肋排加調味料等製成「醬炙排骨」出售。由於滋鮮味美，大受顧客歡迎，因而聲播遠近。於是好事者便杜撰一個與濟公活佛

◎ 無錫肉骨頭。

有關的故事，說得神龍活現，好像煞有介事，流傳至今不衰。

話說濟公有次來到無錫，托缽向肉店老闆行乞。老闆先說：「要銀子是沒有，將就吃點肉吧！」濟公狼吞虎嚥，吃罷仍伸手要。老闆面露難色，雙手一攤便道：「肉都給你吃了，我還能賣啥啊！」濟公回說：「賣骨頭。」遂順手撕下幾根蒲扇上的支骨，放在肉鍋裡一起煨。過沒多久，肉骨頭（即上好肋排）異香撲鼻，全城都聞得到。從此之後，那家熟食店的肉骨頭就出了名，成為無錫一絕。

言歸正傳。約在清德宗光緒年間，無錫南門外三藏弄有家「王裕興肉店」，據故老相傳，王老闆有次去朋友家吃飯，覺得那位仁兄燒出來的肉骨頭滋味特佳，便請教割烹之道。其朋友之法為：將醬料、排骨一起放在砂罐裡，先用九支巨香燒炙，燃完後，依次用七支、五支、三支、一支續燒。當最後一支燒畢，即大功告成。王老闆依式製作，果然一砲打響，深深吸引四方食客。

此後，無錫三鳳橋邊的「慎餘肉莊」繼起，高薪禮聘師傅，兼收南北兩派製作之長，進而獨樹一格，立刻馳名中外，甚至遠銷港澳。到了

一九八八年時，店家的肉骨頭更大放異采，榮獲中國首屆食品博覽會銀牌獎，盛譽至今猶隆。

成菜濃油赤醬，肉質酥爛脫骨，汁濃味鮮，香氣濃郁，口味鹹中帶甜的「無錫肉骨頭」，似乎很對上海人的胃口，故二十世紀六〇年代前，上海即有四、五十家代銷「慎餘肉莊」的肉骨頭。上海著名的實業家榮德生有次送禮，竟一口氣買了七百五十公斤，不愧是大手筆，蔚為食林盛事。

著名的戲劇作家周怡白曾於一九四六年作客無錫，寓於北禪寺，常往城中公園品茗，在返回寓所時，必繞道「慎餘肉莊」，買個一斤肉骨頭，用來佐餐下酒。他在高興之餘，還寫了一首詠「梁溪景物」的竹枝詞，詞云：「三鳳橋邊肉骨頭，朵頤是快老饕流。味同雞肋堪咀嚼，莫負樽中綠蟻（註：此指綠蟻酒，乃唐代著名的新醅酒）游。」他老兄這首詞，我可不認同，畢竟，這麼好吃的肉骨頭，絕不是那「食之無味、棄之可惜」的雞肋所能相提並論的。

炒魚片用青魚及季魚

接下來要討論的是「炒魚片用青魚、季魚」及「做魚鬆用　魚、鯉魚」這四種著名的河鮮。雖然這四種知名的淡水魚皆能用來炒魚片和做魚鬆，而且做法多端，不一而足，但基於不僅要吃得飽，而且要吃得巧的原則，故須選用，一則可以盡物之性，再則得以展現或襯托出食材的特殊性來。

熘炒魚片所用的魚，其肉必須白而厚，活且有彈性。如此，吃起來既豐腴多汁，同時賣相亦佳。尤其重要的是，魚刺不能太多，食者才能從容

◎ 清黃慎〈販魚圖〉。

取用，不會有卡喉之虞。

　　青魚為硬骨魚綱、鯉形目、鯉科、青魚屬，別名「鯖」、「鱇」、「烏
鰡」、「鯖鯤」、「烏青」、「烏鯇」、「烏鯔」、「烏鯖」、「螺螄
青」、「青鯇」、「黑鯇」、「青棒」、「黑草」、「青根子」等。體圓
筒形，腹部平圓，無腹棱，吻鈍，鱗大且圓，體青黑色，背部更深，各鰭
灰黑色。中國各大水系均有分布，主產於長江以南平原地區水域，以長江
流域產量最多，每年農曆十二月份最為肥美，一向是中國淡水養殖魚類之
一，與鰱、鱅、草魚合稱「四大家魚」。

　　青魚自古入饌，《南史‧梁宗室傳》載：「臨川靜惠王宏好食鯖魚頭，
常日進三百。」真是有夠誇張，又，江蘇吳縣（蘇州）一帶，號稱「青魚之
鄉」，傳說春秋之時，越國大夫范蠡輔佐越王勾踐滅吳後，曾偕西施隱居於
此，教民養魚，著《養魚經》，遺下青魚名種「粉青」，年產數十萬斤，遂
富甲一方。不過，據考證後，《養魚經》實為西漢人習郁所輯，說明飼養青
魚，至遲始於漢代，且西漢時，已有「五侯鯖」這一名菜。

　　元代以後，食籍中常見青魚，像《易牙遺意》中的「魚鮓」；《居家

必用事類全集》中的「玉版鮓」、「省力鮓」等，均用到青魚；《宋氏養生部》明白指出：「青魚，宜生，宜鮓」；《遵生八箋》則載有用青魚製「風魚」法。到了清代，關於青魚入饌的記載更多，《隨園食單》除記有以青魚製作的佳味「醋摟魚」外，尚有可用之製作魚鬆、魚圓、魚片、魚脯的敘述。至於《調鼎集》中，所收青魚菜品更達二十餘款，可見運用之廣。

又，名醫王士雄的《隨息居飲食譜》更謂其「可鱠可脯可醉……其頭尾烹鮮極美，腸臟亦肥鮮可口……鱠，以諸魚之鮮活者劊切而成，青魚最勝……鮓，以鹽、糝醞釀而成，俗所謂糟魚、醉鯗是也，惟青魚為最美。」可見對其評價極高，冠於河鮮諸魚之上。

肉白質嫩味鮮，皮厚膠多的青魚，最宜於紅燒、清蒸，也可用熘、炸、炒、烹、煎、煬、貼、燜、扒、熏、烤等烹調方法成菜。幾乎適用於諸種味型，且可用多種方法調味。既可整用，也可切為塊、條、片、絲、丁，甚至可斬茸為餡。而在運用之時，青魚不論整用或分檔運用，在歸納之後，主要有以下四種——

一、**全魚**—— 將刮鱗、去鰓、除內臟且洗淨的整條魚，不經解體，即烹製成菜，可用燒、蒸等烹調方法，並可在整形魚體兩側施用花刀，促使成菜形態美觀，而且鮮美肥腴。

二、**頭尾**——（一）合用，安徽菜有「紅燒頭尾」，上海菜有「湯頭尾」；（二）單用頭，前上海「和平飯店」的「紅燒葡萄」，即將青魚頭劈兩半，以魚眼為中心修圓，用十四個製成一份；（三）單用下巴，上海和安徽菜中，皆有「紅燒下巴」這道菜，如前上海「和平飯店」的「紅燒

嘴封（下巴）」，甚為知名；（四）單用尾，如蘇州菜有「出骨糟滷划水」，上海菜有「燒划水」等。

三、中段——此乃魚肉的主要食用部分，一稱魚身。通常五百克左右的青魚，即可整段入烹，如「紅燒中段」、「油浸魚」、「豆瓣青魚」等即是。另，以切塊烹調者，有湖北菜的「粉蒸青魚」、「瓦塊魚」，安徽菜的「火烘魚」，上海菜的「老燒魚」、「蘿蔔醋魚」等。當下江、浙、滬一帶，則會取青魚中段先經醃製，接著糟製，然後烹製成菜的特色菜餚：凡經煎後成菜的，叫青魚煎糟；經汆後成菜的，稱為汆糟；經煮後成菜的，一名煮糟；至於搭配鹹肉燒製成菜的，則叫醃川。又，中段剔骨取肉，尚可批片，切成絲、瓜、粒及斬茸，供進一步的加工成菜。如上海菜的「拌魚瓜」，江蘇菜的「青魚塌」、「菊花青魚」、「三絲魚捲」、「瓜薑魚米」，湖北菜的「拔絲魚條」及杭州菜的「龍井魚片」等等。亦可製作魚丸、如上海「虹橋飯店」的「火腿魚丸湯」，杭州的「豆苗清湯魚丸」。另，浙江嘉善地區的名菜「青魚白餅」，係用青魚肉茸加肥豬肉末製成小圓餅，再經煮製而成，早就遠近馳名。除此之外，還有湖北雲夢一帶的「魚汆」，荊州一帶的「魚糕」等佳餚，都常用青魚的中段製作。

四、腹——青魚的腹肉軟嫩腴潤，也常單獨應用，像安徽菜的「紅燒肚膛」，湖北菜的「油燉青魚軟邊」，均是名菜。

此外，上海菜「燒白梅」，以青魚的眼窩肉製作，「湯捲」以青魚腸製成；「禿肺」則以青魚肝燒製。青魚尚可供醃、乾、風、熏製，全各具特色。是中國魚類中應用得最充分的品種之一，故有「青魚一身都是寶」的美譽。

◎ 松鼠鱖魚。

　　而與黃河鯉、松江四鰓鱸、興凱湖大白魚並稱為「中國四大淡水名魚」的鱖魚，其在分類上，為硬骨魚綱、鱸形目、鰭科、鱖魚屬。古稱「水底羊」、「鯟魚」、「水豚」、「石桂魚」、「罽魚」、「貴魚」、「鯟花」等，另有「母豬殼」、「花鯽魚」、「花魚」、「過魚」、「老虎魚」和「淡水老鼠斑」等別名。體呈紡錘形，頭口皆大，下頜上突，尾鰭圓形，體背為橄欖色，有不規則黑色斑紋。屬凶猛性魚類，生長快速。此魚為中國特產，產量居世界之冠，多分布於中國東部、中部各大水域，主產於洞庭湖。而生活在山區的種類，體形較細長，不及產於河湖者肥大。又，本屬尚有大眼鱖、菊花魚、長體鱖魚、波紋鱖、暗鱖、四川鱖魚等亞種，現皆充作鱖魚食用，統稱「中華魚」，已可人工養殖。

　　中國自古食用鱖魚。北魏酈道元《水經注》給予極高評價，稱其「水中有魚，其頭似羊，豐肉少骨，名水底羊」。唐人張志和〈魚父〉詞中的「桃花流水鱖魚肥」，尤為傳世名句。而《清異錄》所載「燒尾宴食單」中的「白龍臛」，即以鱖魚製作。到了宋代，鱖魚已成席上之珍、筵中名饌。例如蘇軾在〈後赤壁賦〉中所記的「舉網得魚，巨口細鱗，狀似松江之鱸」，據宋

代朱翌《猗覺寮雜記》一書之考證，即為鱖魚。及至南宋，都城臨安（今杭州）市售的菜品中，便有「酒炊鱖魚」、「鱖魚假蛤蜊」等。

等到明清時期，鱖魚應用更廣，食籍、藥籍記述尤多。清代《帝京歲時紀勝·三月·時品》中，錄有「蘆筍燴鱖花」。屈大均《廣東新語》載有「　黃鱔白鱖花香，玉筯金盤盡意嘗」之句。童岳薦的《調鼎集》則收有鱖魚的菜點，凡十五款。其中，包括當今蘇州的名饌「松鼠鱖魚」。不過，兩者的燒法絕不相類。因《調鼎集》的「松鼠魚」燒法為：「取鱖魚肚皮，去骨，拖蛋黃炸黃，作松鼠式，油、醬油燒。」至於當今的做法，則是取尺許鱖魚一尾或兩尾，去頭去尾復抽出其脊骨。鱖魚的刺不多，抽掉脊骨便完全是肉了。把魚扭成麻花形，裹上雞蛋麵糊，下油鍋炸，待取出澆汁，其彎曲之狀，還真有幾分像是松鼠，基本上，這不算離譜。倒是當下製作的松鼠系列之魚（註：常見者為黃魚、青魚，甚至用草魚、鯉魚），其狀根本不像松鼠，而且澆覆的是糖、醋汁，甭說是吃了，光看就提不起勁，無絲毫胃口可言。

鱖魚肉多刺少，肉呈蒜瓣狀且潔白細嫩，適合於各種烹調方式。鮮活品最宜清蒸，醋熘亦佳，另可燒、炸、烤及做羹湯等。筵席菜多整用，也可整魚出肉，再加工成片、絲、塊、丁、茸等形狀運用，甚至可製作成瓤菜。

而今各地以鱖魚製作的名菜頗多，如江蘇的「叉烤鱖魚」、「松鼠鱖魚」，江西的「乾蒸鱖魚」，湖北的「白汁鱖魚」，湖南的「柴把鱖魚」、浙江的「炸熘鱖魚」、福建的「清燉過魚」、孔府菜的「烤蘭花鱖魚」及著名的皖南奇味「醃鮮（臭）鱖魚」等。

在整治及料理鱀魚方面，因其背鰭上的棘刺有毒，被刺後會引起劇烈腫痛，乃至出現發熱、畏寒等症狀，故加工和清洗時，大意馬虎不得。

末了，袁枚在《隨園食單・水族有鱗單》的「魚片」一節指出：「取青魚、季（鱀）魚片，秋油郁之，加縴（芡）粉、蛋清，起油鍋炮炒，用小盤盛起，加蔥、椒、瓜、薑，極多不過六兩，太多則火氣不透。」其具體做法，已述之如上，諸君如有興趣，可先如法炮製，燒出絕佳珍味，犒賞親朋好友。

目前在台灣享用油飯或筒仔米糕時，有種時興吃法，就是搭配或撒些旗魚鬆，既增香氣，亦添口感，算是個有創意的組合。旗魚鬆在台灣很普遍，魚就地取材，酥香適口，能引人入勝。相對於台灣的四面臨海，「靠海吃海」。大陸的江南，素有「魚米之鄉」之稱。他們製作魚鬆，自然取用河鮮。而在眾多的江、河魚中，袁枚認為最適宜製作魚鬆的，乃鯶（草）魚及鯉魚。不過，在此要說明的是，袁枚時代的魚鬆和我們今日所食的魚鬆，不論在取材、製作、收貯及食法上，均出入甚大，且為諸君娓娓道來。

草魚用材須鮮

草魚乃硬骨魚綱、鯉形目、鯉科、雅羅魚亞科、草魚屬。古稱「魚」、「鯶魚」，俗名「鯇子」、「鯇魚」、「草鯇」、「草根魚」、「混子」。其體延長，略呈圓筒形，尾部稍側扁。腹部無腹棱、吻鈍、口小。背鰭與腹鰭相對，各鰭均無硬刺。背部青灰略帶草綠、胸部灰白，胸鰭及腹鰭灰黃，其餘各鰭色淡。一般重一至二公斤，大者可達四公斤。棲居在

江河湖塘中、下層，習性活潑，行動迅速，以水草為主要餌料，食物鏈短，繁育快，易存活，自古即是中國主要淡水養殖魚類之一。一年四季均產，每年的五至七月為生產旺季。而人工養殖的草魚，其上市時間，多在九到十一月這段期間。

又，人工養殖的草魚，係取其魚苗，在池塘中或河流內蓄之，飼以水草，極易肥大，因而得名。唯所蓄之魚，均不產子，魚苗必從他處來。江浙人蓄魚，或在池塘中，或在河流內。後者編竹為柵，劃定河之一段，兩頭分別植柵，稍露水面數寸，舟檣通行無礙。其在柵內之魚，不致逃越柵外，加上河水暢流，魚味較池塘所蓄者為美，因淡水魚喜流水而惡死水也。至於池塘所蓄之魚，則多泥土氣，肉較不鮮滑。

另，蓄魚之池塘或河中柵內，最怕有烏鱧魚（即黑魚）竄入，導致所放之魚苗，盡被其吞食。相傳養殖魚的所在，必蓄鱉少許，古名「神守」，可避龍捲風，將全塘之水吸走。除此之外，當年若無洪水氾濫，必定魚產豐盈，獲利遠勝於莊稼所得，故清代中興名臣曾國藩指出：「養魚種竹千倍利」也。

草魚背部肉厚，腹部較狹多脂，可起甚多之肉，尾部肉更細嫩。鮮烹時，多以清蒸、滑炒、熘、水煮、紅燒、油燜、煎、炸、煙熏等方式製作。既可整尾烹製，亦可解體巧烹，且用塊、段、條、丁、絲、茸等方式成菜，均無不可，如輔他料合烹，也能燒出佳味。不僅適應於各種味型，同時可使成菜膾炙人口，甚至可以製作出全魚席，我曾在高雄縣的大樹鄉嚐過三十六吃，以各種烹法出菜，極盡變化之能事。

目前中國的草魚名菜，主要者有四川的「蒸五柳魚」，浙江的「西湖醋魚」，北京的「煎糟魚」，安徽的「火烘魚」，江蘇的「鮮魚餃」，湖北的「鯇魚片」，福建的「蔥燒草魚」，湖南的「豆豉辣椒蒸醃魚」，上海的「草魚豆腐」、「火燒草魚粉片」，廣東的「酥炸西湖魚」、「清蒸鯇魚」、「魚生鍋」和「魚生粥」等。此外，上海名菜「紅燒划水」，亦常有庖者以草魚尾代替青魚尾製作，味亦甚美。

由於草魚肉含水量大，草腥氣重，出水易腐爛，所以，用其製菜，一須鮮活，二要多放酒、醋、蔥、薑等調料，三不宜長時間烹燒，否則會影響餚饌的質地與風味。又，草魚肉味鮮美，尚可加工成糟製和熏製品，或製作成魚鬆、油浸草魚罐頭等，其運用面不可謂不廣。

在此尤值一提的是，廣東和香港人好食魚生或魚生粥，所用之魚，常用草魚。將片薄的魚片在湯鍋中一燙，半生半熟地吃，或以沸滾的粥，用生魚片拌入燙吃，其味雖極鮮美，但有很大流弊。據近人的研究指出：肝蛭蟲的幼蟲，常寄生在草魚身上，往往因魚生裡的蟲未燙死，轉而寄生到人的肝臟、肺臟，不但非常危險，而且不易驅逐，患者貧血疲弱，甚至會發生肝炎、肝硬化諸症。我本愛食魚生粥，每每不能自休，現已戒口多時，許久不再下箸矣。

鯉魚可觀亦可食

鯉魚為硬骨魚綱、鯉形目、鯉科、鯉屬。古稱「赤鯉魚」、「䲞魚」、「赤鯶公」，又有「鯉子」、「鯉拐子」、「六六魚」、「毛

◎ 糖醋軟熘鯉魚。

子」、「龍魚」等別名。其外形呈柳葉形，身體延長兩側稍扁，腹部較圓，頭後背部略隆，鱗大而圓且較緊實，嘴呈馬蹄狀，有吻鬚及頜鬚各一對。尾鰭叉形，體背通常為灰黑色或黃褐色，腹部灰白色，背鰭和尾鰭基部微黑，尾鰭下葉紅色。但其體色常隨棲息水域顏色之不同而異，大致上有青黑、灰白、金黃之別。

另，鯉魚是鯉科的代表性魚種。起源於東南亞，現廣泛分布於亞洲和歐洲的自然水域中。中國除青藏高原外，各水系均有分布。鯉魚約十三世紀傳入歐洲，後輾轉傳至美國，目前已成為各地養殖對象，既供食用，亦供觀賞。主要生產國有中國、俄羅斯和南洋諸國。

中國早在公元前十一世紀的殷末周初，就已開始養鯉。以鯉魚入饌，始見於《詩經》，此後的歷代文獻，均不乏記載。唐代視黃河鯉之魚尾為「八珍」之一，宋代的《圖經本草》將鯉魚列為「食品上味」。元代的《居家必用事類全集》已載有用鯉魚皮、鱗熬製「水晶膾」的方法。清代的《調鼎集》則列有鯉魚菜二十多品，並用鯉白、鯉腸、鯉胰、鯉唇、鯉尾、鯉腦、鯉子等成菜，並記有多種烹調方法。

清代名醫王士雄指出：「鯉脊上有兩筋，故能神變，而飛越江湖，為諸魚之長。」他老兄所講的，為產於黃河、性喜逆水的黃河鯉。蓋唐代知名的本草學者孟詵曾謂此魚脊有兩筋，故跳躍力特強，產子時必溯流而上。黃河中段之水流極陡峻，一瀉而下，上下河床差達三十餘仞，因號「龍門」，鯉魚產子時，能逆流而上，逐級躍過之，故俗諺有「鯉魚跳龍門」之說，亦事實也。黃河鯉「其鱗三十有六」，能鬪水上躍，故味特佳美。在袁枚之後的清代大美食家梁章鉅，曾任廣西、江蘇巡撫及兩江總督，宦遊大江南北，參與無數宴會，精研各式美味。而以「老饕」自命的他，便對袁在《隨園食單》中，未列黃河鯉流露出不滿之意，曾撰文表述「實不可解」。

按梁章鉅之說，則是「黃河鯉魚，足以壓倒鱗類，然非到黃河邊，活烹而啖之，不知其果美也。余以擢桂撫（廣西巡撫），入覲京師，至潼關，即欲渡河，城中同官皆出迎，爭留作晨餐。余曰：『今日出行，甫行二十里，不需早食，擬再行二十里，方及前驛午餐為宜。』費鶴江觀察曰：『緣此間黃河鯉最佳，為他處所不及，且烹製亦最得法，不可虛過耳。』余乃從所請，入候館，食之果佳，當為生平口福第一，至今不忘。」可謂推崇備至。然而，雖說飲食是「口有同嗜」，但其中也會穿插個人的際遇及主觀意識在內，摘錄其文在此，算是做一旁證。

鯉魚依其生長環境，可分為野生種和飼養種兩大類。前者較為世人所重，其主要品種，由北而南，有如下三種：

一、**龍江鯉**——產於黑龍江各水系。體型較高，側扁，背黑褐，腹部粉紅。其肉纖維較細，味清香而鮮美。

二、**黃河鯉**——又稱「龍門鯉」。產於黃河流域及內蒙烏里梁素海。個大體肥，金光閃閃，俗稱金翅金鱗。肉質較厚實，但纖維略粗，略帶土腥味，以河南開封，鄭州一帶所產為佳。另，還有一些地方品種如山東沂河、沐河的鯉魚等，均形似黃河鯉，生於淨水，肉質鮮嫩，風味亦佳。

三、**淮河鯉**——產於長江、淮河水系。體型較長，背高，淡黑色，腹部淡黃色，各鰭邊緣紅色。肥壯鮮美，肥而不膩，風味近似黃河鯉，微帶有土腥味，肉質也粗糙些。

又，人工飼養的鯉魚種類較多，其選育的優良品質亦有以下三種：

一、**荷包紅鯉**—— 一名「洛鯉」。產於江西婺源一帶水系，形雅色美，腹部肥大豐碩，立放桌上，狀似荷包，因而得名。約於明神宗萬曆年間（一五七三～一六二〇）開始飼養，質嫩味鮮。

二、**禾花鯉**——又稱「禾花魚」。產於廣西桂林、全州一帶的稻田中。相傳唐代即已放養，現有「烏肚鯉」、「烏嘴鯉」、「白肚鯉」、「火燒鯉」、「黃鯉」、「紅鯉」等良品。肉嫩細滑，刺少無腥，味甜可口。殊不知梁章鉅撫桂時，是否有吃過其上品？

三、**文岁鯉**——主產於廣東省高要縣的文岁塱，故名。頭小、身肥、肉厚，富含脂肪，鱗薄骨軟，肉嫩味美。

除上述的以外，尚有鏡鯉，皮面光滑，僅有少數大鱗；草鯉，皮綠黑色，無鱗；以及火鯉、直背鯉、芙蓉鯉、荷包鯉、三角鯉、團鯉等多種。

並且仍不斷有新的佳種培育出來，如近年出現的豐鯉、岳鯉等均是。

　　由於鯉魚肉肥、堅實、鮮美，極適合整條或切塊鮮烹。只是牠常棲息於水底層，略有土腥味，食用前可置於水池中放養個一、兩天，使其吐盡腹內泥污。如果滴些香油於水面，效果更為理想。另，鯉魚加工須放盡血淤（註：俗稱「黑血」），並注意抽去其脊骨兩側的兩根酸筋（註：血及酸筋皆有毒，有宿癥者尤忌食）。取去之法為：在魚兩側鰓後各橫切一刀至脊骨（或去頭），再於臍門處兩側各橫切一刀到脊骨，接著將魚身平放，以刀或手從尾朝頭方向邊拍邊前移，下手不妨略重一些，同時觀察鰓後切口靠脊口處，見露筋頭，立即捏住，再由尾向前輕拍，邊拍邊抽，直至抽出為止，然後再烹製菜餚，即可消除鯉魚的土腥味。故王士雄認為烹鯉魚「必先抽去其筋」，確為卓見。

　　烹製鯉魚的方法很多，「可鮮可脯」。鮮活品可用於白燒、清蒸、軟熘、煮湯。對於肉質較粗、土腥味較重的鯉魚，則多用於紅燒、乾燒、醬汁等。其著名的佳餚，有河南的「糖醋軟熘鯉魚焙麵」，天津的「酸沙鯉魚」、「掙蹦鯉魚」，山東的「糖醋鯉魚」、「乾蒸鯉魚」，陝西的「奶湯鍋子魚」、「咋口魚」，山西的「清蒸活鯉魚」、「荷包魚」，河北的「金毛獅子魚」、「抓炒魚」，黑龍江的「一尾雙身魚」，北京的「潘魚」、「鍋貼魚」、「醬汁活魚」，安徽的「淮南燒魚」，江蘇的「活烹鯉」，貴州的「酸湯魚」、「鹽酸乾燒魚」，廣東的「瓦罉焅鯉魚」及孔府菜的「懷抱鯉」等。又，鯉魚肉較厚實，還可製成熏魚、糟魚、鹹魚、風魚等，風味亦佳。

　　在清代的一些飲食典籍中，明載適合製魚鬆的魚類，反而是青魚和草

魚。像《調鼎集》、《食憲鴻祕》所記述的，皆是青魚。《食憲鴻祕》稱魚鬆為：「青魚切段，醬、酒浸大半日，取起，油煎。候冷，剝去皮骨，單取白肉，拆碎，入鍋，慢火焙炒，不時挑撥，切勿停手，以成極碎絲為度。總要鬆、細、白三件俱全為妙。候冷，再細揀去芒刺絲、細骨。加入薑、椒末少許，收貯。隨用。」另，袁枚在《隨園食單‧水族有鱗單》「魚鬆」條下寫著：「用青魚、鯶魚蒸熟，將肉拆下，放油鍋中灼之，黃色，加鹽花、蔥、椒、瓜、薑。冬日封瓶中，可以一月。」其製法縱有不同，但用青魚則無二致。此外，《醒園錄》所指的「做魚鬆法」，則云：「用粗絲魚，如法去鱗、肚，洗淨。蒸略熟取出，去骨淨盡，下好肉湯數滾取起，和甜酒、微醋、清醬，加八角末、薑汁、白糖、麻油少許和勻，下鍋拌炒至乾，取起，磁罐收貯。」該書未言明粗絲魚究竟係何魚？但極有可能是鯉魚，畢竟淮河鯉魚肉質比較粗糙，符合粗絲魚的條件。可見適合做魚鬆的，應有青魚、草魚和鯉魚這三種，不光只是「選用須知」所謂的草魚和鯉魚而已。

雞鴨依食用功能取材各異

至於「蒸雞用雛雞，煨雞用騙雞，取雞汁用老雞，雞用雌才嫩，鴨用雄才肥」乙節，王士雄在《隨息居飲食譜》裡亦有如此主張，云雞：「以騙過細皮肥大而嫩者勝，肥大雌雞亦良。若老雌雞熬汁最佳。」提到鴨則是：「雄而肥大極老者良。」現試分別說明如下——

一般所謂的蒸，其要訣為：「火大水滾方可蒸，時間長短看物性」。其定義則是把要蒸的食材準備好後，盛裝於大碗或小盆內，接著架在鍋中水之上，或置於蒸籠內，始終以大火把水滾著，利用水蒸氣的熱力，使其

成熟。而其種類，基本上可分成清蒸、粉蒸、藥蒸、釀蒸等類別。姑不論是蒸菜、蒸飯、蒸麵食，均可一例適用。清蒸的食物多帶湯汁，例如：「清蒸嫩雞」，「清蒸鯧魚」、「蒸八寶飯」等；粉蒸的食物可去油膩，例如：「粉蒸排骨」、「粉蒸牛肉」、「粉蒸雞塊」等；藥蒸的食物重滋補，例如：「當歸蒸鴨」、「枸杞蒸鰻魚」等；釀蒸的食物則須塞餡，例如：「蒸八寶鴨」、「蒸釀豆腐」等是。

而在蒸食物時，首先須注意其品質的老嫩，然後決定火力的大小，以及時間的長短。處理得當，美觀適口；如果不當，質味兩遜。例如蒸臘肉、火腿、板鴨、乾筍尖等，宜以大火滾水，用較長時間去蒸，才會發揮功效；若蒸的時間不夠，食材未爛，吃時難以咀嚼，味道就差多了。假使蒸嫩雞、鮮魚、釀豆腐等，宜用較短時間去蒸，蒸至食材斷生剛熟即止，通常蒸個二十分鐘左右，也差不多了，一旦時間過久，品質反而會老，即非所宜。

食物蒸好之後，必須及時食用，才能色美味鮮，否則溫度降低，色變質硬，自然欠佳。而為保持溫度，最常用的方式，一是用玻璃紙將蒸碗密封，或者以豬網油把食材包裹後再蒸，如此將使蒸好的食物不易變冷。又，蒸食品質易爛，年老體衰之人尤宜吃它。因而凡是進補的食材多採用蒸法。清蒸斤把重的嫩雞，自不例外。

公雞去勢（即騸）之後，其肉質會轉嫩，此已在〈先天須知〉中談過。歸究其原因，或恐是體內荷爾蒙變化所致，台灣在十幾年前，有的餐館競以「太監雞」為號召，店家所用的白斬雞，說穿了就是閹過的公雞，強調肉嫩而美。

◎ 雞之鮮味與補力為家畜之首。

　　又，煨這種烹調方法，前已在〈火候〉及〈器具〉這兩須知介紹過。它可分成火灰煨與小火煨這兩種，其目的在使湯濃或質爛，而以騙雞製作成煨雞的名菜，首推杭州「樓外樓」的「叫化童雞」。此法出自《調鼎集》的「荷葉包雞」，云：「子雞治淨，或嫩鴨、子鵝、肥肉均切骨排塊，加以作料，鹹淡得宜，或香蕈、火腿、鮮筍皆可拌入，用嫩腐皮包好，再加新荷葉托緊，外用黃泥周圍裹住，糠火煨熟，以香氣外達為度。臨用，取出泥、葉，揭下腐皮，盛大磁盤內供客。大有真味（五、六月最宜）。」而今之庖者，已用錫紙或鋁箔代替荷葉；且原先的燃糠殼或木屑，也早改用電烤箱為之了。

　　大致說來，家畜之肉，不論其鮮味或補力，雞總是排在首位，其滋補力之大，甚至超過羊肉。不但以其血肉之質填補人的血肉之軀，而且可以補氣。此一中醫所謂的「氣」，若以西醫的觀點來看，是無法理解的，指的應是生活體內的一種動力。按人身最基本的動力出自心肌細胞，以及全身各臟器的細胞活力，乃一種天賦的力量，號稱「元氣」，也名「先天之氣」。蓋身體天稟的強弱，就是由這種原動力的強弱來決定的。它能賦予細胞的活力，臟腑的機能，腦神經的智慧與運用。且這類天賦的元氣自人

出生後，便須藉由食物與呼吸的養氣，不斷加以補充，使之不虞匱乏，避免疲勞衰竭。

　　據中國人長期觀察所得的經驗，在植物中，只有人參能直接補益元氣；在動物裡，則非雞汁莫屬。人類在食用雞汁後，很顯然覺得胃口大開、精力充沛，與吃別的肉類不同。所以自古以來，皆以雞為補氣良品。食之似乎有股特別力量加之吾身，其妙無以名之，名之為補氣。如以化學分析，雞所含的成分，也不過是脂肪、蛋白質、維生素及多種礦物質等，並不特別突出。然而，在吃完雞後，與吃別的豬、羊、牛肉便大不同了。此即雞能補氣益血之功，難怪民間會有「寧吃飛禽四兩，不吃走獸半斤」的說法，並譽雞肉為「營養源」。

　　雞肉中仔雞肉嫩，其中的筋腱是容易消化吸收的膠原蛋白，除蒸、煨外，適合爆、炒成菜。老雞肉則不然，其筋腱是難以煮爛的彈性結締組織，用之於煲或燉，所含的氮浸出物遠較仔雞為多，味道因而鮮美。加上久燉之後，營養素悉入湯中，自然補益倍增。此外，還有一層不能說破的理由，那就是生過蛋的老母雞，其肉質硬韌，食味本不佳，取之久燉取汁，目的就在物盡其用，符合經濟上的效益。

　　取雞汁尚有一法，此乃《食療本草》所說的，雞汁大補元氣，以黃色雌仔雞，切成寸許之塊，加上黃酒一盞，密封蒸四、五次，雞即出汁，食罷轉弱為強，兼且大補元氣，故中國婦女在產後以及年老衰弱，病後虛損，無不力倡吃雞，尤其講究雞汁，說牠兼補氣血，為諸食品之冠。

　　閹雞雖嫩，母雞亦不遜色。民國初年的飲饌名家許友皋曾說：「菜要

清而腴，忌濃油赤醬，選料很重要，杭州的魚、蝦、筍，紹興的九斤黃（母雞），福建的紅糟、醬油，都能使菜味生色，但使用這些東西要各盡其材，例如紹興九斤黃，可選一部分炒雞丁，其餘做白斬雞，蘸好醬油，如紅燒就可惜了。」他的這個說法，倒與上海的本幫菜館不謀而合。早年上海的浦東雞，乃肉雞中的名種。此雞原產於川沙、南匯、奉賢沿海一帶。據清代《川沙撫民廳志》載：「雞，邑產為大，有九斤黃、黑十二之稱。」此雞的體型碩大，肉質肥嫩，耐粗飼。公雞可長至八、九斤，甚至十斤重，母雞則在六斤左右。純種的浦東雞，黃嘴、黃爪，一般毛色亦黃，故一名「三黃雞」、「九斤黃」。由於品質絕佳，以致顧魚的〈周浦竹枝詞〉云：「物品爭推浦東雞，五更喔喔大聲啼，雄雞斷不甘雌伏，妙喻還將諷老妻。」將其特色寫得淋漓盡致。

上海的「德興館」開風氣之先，最早推出以三、四斤重浦東母雞製作的「白斬雞」，入口皮脆肉嫩，滋味極為鮮美，遂成鎮店名菜。不免有人會問，那騙過的公雞都到哪兒去了呢？答案是另一本幫菜館「上海老飯店」用牠們燒成「雞骨醬」，肉亦絕嫩，有名於時，兩雞菜爭鳴，堪稱一時之瑜、亮。

末了，《調鼎集》指出：「諸禽尚雌，而鴨獨尚雄；諸禽尚嫩，而鴨獨貴老。雄鴨愈大愈肥，皮肉至老不變。」書中沒有說出原因，應是前人經驗所得。另，鴨肉與雞肉一樣，全是人們進補的良品，民間向有「爛煮老雄鴨，功效比參耆」之說，牠竟能與人參、黃芪一較高下，可見補益之大。照我個人看法，行家食鴨，特重鴨胸厚肉，雄鴨經常鼓翅向前，胸部因而發達，長得亦甚肥大，肉質自然較佳，可燒諸般美餚，如果想要進補，則可「同火腿、海參煨食」，滋補效力更強。

◎ 蒓菜又名水葵。

袁枚在「選用須知」最後的兩個「一定之理」分別為：「　菜用頭，芹、韭用根」。

蒓菜用頭

以其嫩梢和初生卷（即所謂「頭」）供食的　菜，乃水生類蔬菜烹飪食材。屬睡蓮科蒓菜屬，為多年生水生宿根草本植物及「吳越名蔬」。《詩經》稱「茆」；《詩經》陸機傳稱「水葵」；《毛詩傳》稱「鳧葵」；《齊民要術》稱「淳菜」；《顏氏家訓》稱「露葵」；《本草綱目》稱「馬蹄草」；另有「蒪菜」、「湖菜」、「水荷葉」等異名。原產於中國，現分布於亞洲東部、南部，非洲，大洋洲及北美洲各國。中國主要分布於長江以南的江蘇太湖、浙江蕭山湘湖、杭州西湖和四川省螺髻山綠水湖等地區。其中，尤以太湖、西湖的產量最高，號稱「江南三大名菜」。除供應中國國內市場外，尚有少量瓶裝出口。

蒓菜葉片呈橢圓形，葉面亮綠，葉背常成紫色，有長葉柄，浮於水面。其嫩莖和葉背附著膠狀透明物質，此黏液白亮滑膩如蠶絲，一名蒓絲。如按

花的色澤，可分為紅花品種和綠花品種兩類。前者花冠、葉背、嫩梢和卷葉均呈暗紅色；後者除葉背葉緣處呈暗紅色外，其餘部分則呈綠色。

早在周代時，《詩經》已有「薄采其茆」的記載，而《周禮》所指的「茆菹」，即指以蓴葉製作酸菜。另，產於吳中的菜羹其得以聞名於天下，須歸功於晉人劉義慶的《世說新語》，其〈識鑒篇〉指出：吳人張翰在洛陽做官，「見秋風起，因思吳中菰菜、蓴（同蓴）羹、鱸魚膾」，於是辭官命駕而歸故里；〈言語篇〉則記錄了吳人陸機與王武子的對話，原來王是北方人，曾向陸機誇讚羊酪的美味，認為江東沒什麼美味可與之匹敵。陸回答說：「有千里蓴羹，末下鹽、豉耳。」而較其時代略晚的北魏《齊民要術》一書中，則載有以　菜製羹及製菹等技法。

自唐宋起，吟讚蓴菜的詩文大增，如杜甫有「絲繁煮細蓴」、「香聞錦帶羹」、「羹煮秋蓴滑」等詩句；而陸游則有幾十首詩提到蓴菜，像「豐年處處村酒好，莫教湖湘蓴菜老」、「荷花折盡渾閑事，老卻蓴絲最惱人」、「人間定無可人意，怎換得玉鱠絲蓴」等即是。且到清代，鄭燮的詩人中，尚有「買得鱸魚四片鰓，蓴羹點豉一尊開」之句，可謂不可勝數。明代散文家袁宏道〈湖上雜敘〉盛讚蓴菜「其味香脆滑柔，略似魚髓、蟹脂，而輕清遠勝」，頗能道出蓴菜的風味和特色來。

然而，最能拈出蓴菜美味的詩文，我個人認為首推明人李流芳的〈蓴羹歌〉。歌云：「柔花嫩葉出水新，小摘輕淹雜生氣。微施薑桂猶清真，末下鹽豉已高貴。吾家平頭解烹煮，間出新意殊可喜。一朝能作千里蓴，頓使吾徒搖食指。琉璃碗盛碧玉光，五味紛錯生馨香。出盤四座已驚嘆，舉座不敢爭先嘗。淺斟細嚼意未足，指點杯盤戀余馥。但知脆滑利牙齒，

不覺清涼虛口腹。血肉腥臊草木苦,此味超然離品目。」實將蒓菜的特異珍味描繪得淋漓盡致。

其次,則是現代散文家葉聖陶。其〈藕與蒓菜〉一文,寫得極為透徹。謂:「在故鄉的春天,幾乎天天吃蒓菜,它本身沒有味道,味道全在於好的湯,但這樣嫩綠的顏色和豐富的詩意,無味之味真是令人心醉呢!」因而有人指出:蒓菜之味,正在似有若無之間。按照明人高濂《遵生八箋·野蔬品》上的做法,即「蒓菜四月採之,滾水一焯,落水漂用,以薑、醋食之」,最能體會出蒓菜的真味及其妙處。故晚唐詩人李商隱句:「蜀薑供煮陸機蒓」,似乎早已明白此中的奧妙所在。

蒓菜以春、夏之間產者最佳,「嫩莖未葉」,一名「稚蓴」,如葉舒長,則名「絲蓴」,因其莖葉外包有一層黏液汁,除色綠、脆嫩、清香外,還具特有的滑潤感,吃來極為爽口,且有滋養津液之功。由於其本質味淡,故在烹調時,可與魚、雞、火腿、禾花雀、蝦、蟹、鮮貝、麵筋、腐竹、蘑菇等搭配,常用於製湯。遂使蒓羹之名,響徹古今。

古人認為蒓菜與魚最合,故《毛詩陸疏廣要》上說:「蓋魚之美者,復因水菜以芼之,兩物相宜,獨為珍味。」茲信手拈來,則是「宜雜鱒、鯉為羹」(見《爾雅翼》),「石首魚……和蒓菜作羹,謂之金虀玉飯」(見《初學記》),「催蒓煮白魚」(杜甫詩句),「醉煮白魚羹紫蒓」(黃庭堅詩句)等均是。不過,它與鱸魚的搭配最享盛名,例子也最多,不勝枚舉。例如:「蒓羹紫絲滑,鱸膾雪花肥」(皮日休詩句),「湖湘蒓菜出,賣者環三鄉,何以共烹煮?鱸魚三尺長」(陸游詩句),「鱸魚正美蒓絲熟,不到秋風也倦游」(陸樹聲詩句)等等,都是其中的佼佼者。

由於凡蓴菜所作餚饌，歷來被視為宴中上品，從古發展至今，早已細數不盡，至於當下的名品，即有「蓴菜氽塘鱧魚」、「雞絲蓴菜湯」、「蓴菜黃魚羹」、「蝦米蓴菜湯」、「繡球蓴菜湯」、「三絲蓴菜羹」、「蓴菜魚羹」等多種。尤以「西湖蓴菜湯」最為馳名。由於　菜特別翠綠，加上有火腿和白雞絲點綴其間，格外顯得悅目爽神。飲饌名家王子輝表示：此蓴菜「如果是採自西湖『三潭印月』的上品原料，更是鮮嫩清香。」

　　儘管近年來醫學報導提到，蓴菜所包的黏液，含有抗癌成分。但在吃菜享受那「長絲出釜蓴絲羹」時，必須煮沸至熟，如欲取其新鮮，稍沸略燙即食，容易感染細菌性的赤痢。原來蓴菜莖葉上附生的黏滑質，形態與培養細菌的洋菜基質相類，易受細菌附麗。所以，古人說它七月有蟲，食之令人生腸胃病。唐代的本草學者陳藏器便云：「予所居近湖，湖中有蓴藕，年中疫甚，饑人取蓴食之，雖病瘥者亦死。至秋大旱，人多血痢，湖中水竭，掘藕食之，闔境無他。」古人雖不明白細菌孳衍之說，但在吃蓴菜的經驗中，卻早已發現其害了。

芹、韭用根

　　關於芹菜和韭菜的介紹，前已在〈洗刷須知〉中的「韭刪葉而白存」及〈搭配須知〉裏的「可素不可葷者，芹菜……」有所著墨，今再分別闡述如下——

　　芹菜為一種別具風味的香辛蔬菜，主要的食用部分，為去葉後的柄，既鮮香，又脆嫩，尤以西芹（一名洋芹）為然，袁枚在〈雜葷素單〉內稱：「芹，素物也，愈肥愈妙」，便是這個道理。

◎ 芹菜。

中國的芹菜有水、旱兩種，水芹產於水澤邊，旱芹產於田畦。水芹無藥氣，旱芹具藥氣。因此，俗呼水芹為芹菜，旱芹為藥芹菜。清代王士雄認為它以「白嫩者良」，而且「性味略同」，但是「旱芹味遜」。其實，芹菜的「美」（指強烈的芳香辛味）味，不見得貧（指平民）富共賞。《列子》中便有一則有趣的記載。話說有位農夫超愛芹菜，認為它是頂級美味，所到之處，逢人宣傳，沸沸揚揚。村中的豪紳信以為真，弄些芹菜品嚐。結果卻是「蜇于口，慘于腹」，根本無法下嚥，大罵農夫無知。或許兩人所食的部位不同，才會造成滋味上如此大的落差。

遙憶民國初年，著名的考古學家羅振玉來到徐州，在當地熟人的作陪下，前往祠堂巷一菜館用餐。他老兄一口氣點了以芹菜當主料的四個菜，分別是「金鈎掛翠芽」、「火腿炒春芹」、「五味芹芽」和「裹炸藥芹」。品嚐之後，十分滿意，即席吟詩一首。云：「藥芹有五味，金鈎拌翠芽；烹調出彭城，無珍竟甘醇。」顯然他也認為芹菜雖僅是一種普通的蔬菜，卻是可登大雅之堂的平民佳蔬。

芹菜的栽培與食用，在中國由來久矣。像《呂氏春秋》所謂的「秋菜

之美者，有雲夢之芹」，就是明顯的例子。歷來好此道的甚多，像魏徵便喜食「醋芹」。而杜甫的「飯煮青泥坊底芹」、「香芹碧潤羹」，陸游的「菘芥可菹芹可羹」，高啟的「飯憶煮青泥，羹炊思碧潤；無路獻君山，對案增三嘆」等，都是讚美芹菜的詩句。這對夙有「廚房裡的藥物」美譽的芹菜來說，可謂知音識味之言。

至於被明人李時珍譽為「乃菜中最有益者」的韭菜，一年四季皆有，其價甚賤，帶有一股強烈而濃濁的氣味，含有二氧化硫，夏季尤甚。此味的接受度因人而異，惡之者謂其臭，喜之者謂之香。不過，喜歡吃韭菜的人居多，而且雅俗共賞。早在新春之時，一盤「韭菜（或黃）炒肉絲」的普通家常菜，就能為餐桌生輝添色，味壓諸鮮。如果吃上一頓「野雞脖」（註：北京名種「大白根」韭菜，葉肉特厚，假莖粗長，色呈淺綠，葉似蒜葉，風味甚佳。一些有經驗的菜農，利用其抗寒特性，經過若干處理，於收穫之時，能形成白、黃、綠、紅、紫五個顏色，因色豔如山雉脖頸的羽毛，故名。一稱「五色韭」）餡餃子，那可是極致的享受，韭香飄逸，餘味無窮，其味號稱「為諸鮮所不及」。

韭菜的生長期久，久與韭為諧音，故一名「久菜」。它又有強陽壯精之功，人稱「起陽草」。由於韭菜是多年宿根草本植物，割了還能再長，不需費力耕種，民間又叫它為「懶人菜」。且因「其美在根」，所以《禮記》謂之「豐本」。最有意思的是「一束金」。原來《清異錄》上記載著：「杜頤食不可無韭。人或候其僕市還，潛取去之。頤毀罵曰：『安得去此一束金也。』」這話其實是有道理的，如據清人夏曾傳先生的考證，山西省只有平陽府出韭黃（註：韭菜於溫室軟化栽培時，不見天日，以致白根黃葉，其質柔軟而富香氣，為珍蔬之一），人們以此當重禮，充其量僅一、兩束而已。且不論韭菜或韭黃，皆「以肥為勝」。

中國人食韭的歷史極長，早在三千年前，伊尹已知「菜之美者，具區（今江蘇太湖）之菁（註：即韭菜花薹）」。《詩經・豳風・七月》亦云：「四之曰其蚤，獻羔祭韭。」可見西周時，羔羊與韭菜兩者，就已充作祭祖的祭品。約於九世紀時，中國溫室栽培韭菜之法傳入日本。只是歐美諸國至今仍不懂得食用，甚少栽培。似乎他們還不太懂得韭菜「氣較葷蔬（指蔥、蒜等）媚，功於肉食多，濃香跨薑桂，餘味及瓜茄」（註：元人許有壬詩句）的滋味及特色。

袁枚亦在〈雜葷素單〉指出：「韭，葷物也，專取韭白。」此韭白即其嫩莖的底端的根部，其色白，質香而脆嫩，味道甚佳，可「勝肉美」（陸游詩句）。此外，我愛食的韭菜花薹，也是妙品，「當一葉報秋之初，乃韭花逞味之始」。《隨息居飲食譜》盛稱它「亦堪供饌」，不僅可與肉絲、花枝、蜆、小蚌、蝦仁、蝦米等同炒，而且可以製成醬料，是北方人吃「涮羊肉」和「酸菜白肉火鍋」時，必不可少的搭配。此外，袁枚在「選用須知」最後一句的「餘可類推」，余按：韭菜除用其根之外，亦可取用花薹，此亦乃「一定之理」。

疑似須知

❊

　　味要濃厚，不可油膩，味要清鮮，不可淡薄，此疑似之間，差之毫釐，失以千里。濃厚者，取精多而糟粕去之謂也；若徒貪肥膩，不如專食豬油矣。清鮮者，真味出而俗塵無之謂也；若徒貪淡薄，則不如飲水矣。

濃淡、厚薄之間

　　濃淡厚薄之間關於味道，《呂氏春秋·本味篇》裡解釋得最透徹，其所謂的本味，有兩層涵義：一是指烹飪食材的自然之味，即原味。篇中列舉了各地所產的「肉之美者」、「魚之美者」、「菜之美者」、「果之美者」、「飯之美者」、「水之美者」、「和之美者」，總共近四十種。雖然「水居者腥，肉玃（即攫）者臊，草食者羶」，但其「臭惡猶美，皆有所以」；二是指經烹調而成的美味，即至味。由於面對的各種肉食，只要通過「五味（鹹、苦、酸、辛、甘）三材（水、木、火），九沸九變」的烹調，自然可以「減腥、去臊、除羶」，進而達到「久而不弊，熟而不爛，甘而不噥（指味過厚），酸而不酷，鹹而不減，辛而不烈，澹（即淡）而不薄，肥而不 䐢（音蒿，味過厚而難入口，即膩；一作「饛」音徹，指無味或

味薄）的至味無上」之境地。袁枚在此所云的「味要濃厚，不可油膩，味要清鮮，不可淡薄」，或恐即從此出，只是文字稍有些許變動而已。至於濃、淡之味為何，前則已在〈上菜須知〉詳細介紹過了。

而味要濃而厚，必須量多為貴，如先前談過的「白煮肉，非二十斤以外，則淡而無味」，湯與粥亦然。且以湯為例，福建人講究喝湯是出了名的，名館「聚春園」的清湯，就是眾所周知的好湯。事實上，也叫「三茸湯」的清湯並不清。先將老母雞、火腿、牛肉三種食材合在一起蒸，把上面的油撇去，取出雞肉、牛肉和火腿，棄之不用。接著把蒸出的原汁用三茸煨。先加牛茸（即牛裡脊切細碎之肉茸，下同），煨成黃色濃汁；濾出牛茸時，再加豬茸，煨成呈乳白色的汁液；濾淨豬茸之後，最後添入雞茸，煨成無色清湯。此湯濃厚不膩，但其價不菲。民國初年時，一斤要售銀圓五到六元。

另，袁枚所謂的「濃厚者，取精多而糟粕去」，指的就是濾去這三茸等。如果只是撈出湯中浮沫這等小事，以他老人家之能，絕不至於大書一筆。

要解釋好「味要清鮮」一節，得大費周章。基本上，鮮味是食材中的氨基酸、琥珀酸和一些醇類產生的，它不列於五味之中，卻是能刺激人食欲的味道。一般而言，大部分的食材皆有鮮味，只是它極「清虛」，易受他味干擾和掩蓋。此鮮味大都經由煮湯獲得。如用雞肉、豬肉、牛肉、排骨、火腿、魚等食材煮湯，在煮和熬的過程中，清除其腥、臊、羶等惡味，然後略加點鹽，必然鮮味盡出。像《齊民要術》便有「捶牛、羊骨令碎，熟煮，取汁，掠去浮沫，停之使清」的記載，這大概是人類取得鮮味

◎ 蔬菜清爽，是其他食材的好搭擋。

最早的紀錄，而素的鮮味湯，則用筍、蕈、芽菜、豌豆、毛豆、洋蔥、白菜、蠶豆、紅蘿蔔、馬鈴薯等製作，或單用，或數種合在一起使用。其中的菜蔬，必以新採者為佳，像筍要新採摘者即是。

鮮味本身就是營養物質，又和清淡連繫在一塊兒。因此，它對人的健康，應有益而無害。時至今日，人們已充分認識鹽、糖過度對人體健康的危害，淡食已成為飲食上的主流。鮮味勢將為更多人所喜好與「理解」。

明人冷謙在《修齡要旨》的〈導引歌訣〉篇中論及「淡食能多補」時指出：「淡對濃而言」，「非棄絕五味，特言欲五味之沖淡耳」。其歌訣云：「厚味傷人無所知，能甘淡薄是吾師。三千功行從茲始，天鑒行藏信有之。」清人楊宮建亦云：「烹飪燔炙，畢聚辛酸，已失本然之味矣。本然者，淡也。淡則真。昔人偶斷餚饍，食淡飯，曰：『今日方知其味，嚮者幾為舌本所瞞。』」難怪清人曹慈山在《老老恆言》介紹他活了九十多歲的飲食為：「凡食物不能廢鹹，但加使淡。淡則物之真味真性俱得。」一語道破「真味士夫知」及「真味出而俗塵無」的真諦所在。

不過，味淡至極就趨於零了，其實世上絕無無味之食材。只是淡極的

食材在吃過之後，往往齒頰留香，讓人回味無窮。於是乎有人提出了「味外味」，這或許是受到唐人司空圖論詩強調「味外之旨」的影響。「味外味」有點掉弄玄虛，知名飲食學者王學泰便明言：「只在一些研究烹調學的士大夫中有影響，在烹調實踐中並沒有多大意義。」

最後，袁枚認為：「若徒貪肥膩，不如專食豬油矣」及「若徒貪淡薄，則不若飲水矣」。這兩句應是俏皮的反諷話，在此就不須細表了。

補救須知

❦

名手調羹，鹹淡合宜，老嫩如式，原無需補救。不得已為中人說法，則調味者，寧淡毋鹹；淡可以加鹽以救之，鹹則不能使之再淡矣。烹魚者寧嫩毋老；嫩可以加火候以補之，老則不能強之再嫩矣。此中消息，于一切下作料時，靜觀火色，便可參詳。

關鍵之藝——調味

在中國傳統的烹飪中，調味（註：指烹製過程中，運用各類調味品和各種調味手段調和口味的工藝）是臨灶極重要的基本功，乃決定菜餚風味和質量的關鍵工藝所在。

調味的目的在使菜餚滋味調和、美好、適口，並使其色澤美觀。其具體的作用有四，現一一敘述如下——

一、**清除異味**——像牛、羊肉和水產品的腥羶氣味，經焯水後，只能除去其一部分，通過加熱時添入蔥、薑、蒜、鹽、糖、酒、花椒、八角等調味品，就能大體清除。但有些畜肉類食材油膩過重，可在烹製時，加入適

量的調味品，亦能起一定的除膩作用，達到濃肥不膩的效果。

二、**增強滋味**——調味品一般都具有提鮮、添香、賦予菜餚美味的作用，而多數食材，尤其是某些淡而無味的食材，為賦予其滋味，則須加入調味品或運用其他的調味手段。比方說，豆腐、蒟蒻、粉皮、蘿蔔等本身味道都很清淡，只有在加熱時，適當地添加調味品或與魚、蝦、禽、畜肉等味濃的食材一起烹製，才能增加美味，成為可口佳餚；又如魚翅、魚肚、海參、燕窩等，基本上無顯著滋味，一定要與雞湯或其他鮮湯一同烹製，始能滋鮮味美，吃出特有口感。

三、**突出正味**——菜餚的口味既主要靠調味來突出，而調味又是擴大菜餚花色品種和形成各種不同地方風味菜餚的重要手段，換句話說，用類似的烹調方法烹製相同的食材，如果使用的調味品和調味手段不同，菜餚的口味自然各異。譬如同樣以肉絲當主料，並運用滑炒的烹調方法，採取燒豆瓣魚的調味品調味，便可成為口味辣、甜、鹹、香的魚香肉絲；而以鹽為主要調料，就成了鹹鮮口味的炒肉絲。

四、**豐富色彩**——如醬油能使菜呈金黃或醬紅色；咖哩能使菜餚呈淡黃色；番茄醬能使菜餚呈鮮紅色或赭紅色；紅腐乳汁能使菜餚呈玫瑰紅色。運用得當，將使各類菜餚在色彩上濃淡得宜，而且變化生色。

調味的方法亦非比等閒，主要的方法，依次可分為：（一）食材加熱前的調味。一稱「基本調味」，俗名「碼味」。（二）食材加熱過程的調味。有「定型調味」之稱，即在加熱過程的適當時機，投入調味品，大部分的菜餚都運用此法突出及確定口味。（三）食材加熱後的調味。又稱輔助調

◎ 今日調味料古今中外應有盡有。

味，適用於在加熱過程中無法進行調味的某些菜餚。像有些用於炸、蒸的食材，雖經過加熱前基本調味的處理，但因加熱的過程中不能調味，為彌補其味之不足，在菜餚製成後，再加調味品或伴味碟上席。例如清蒸魚伴以小碟香醋加薑絲；炸排骨伴隨椒鹽、辣醬油等。通常涮類的食材在加熱前及加熱過程中全不調味，而是在加熱後才進行調味。另，實際調味時，也有將以上三法交叉運用者，其目的在保護菜餚獲得理想的滋味！

而在現實中，調味最重要也須活用的部分，就是實際操作，其要求十分廣泛而全面，以下是六個簡單的基本要求：

一、**恰當、適時地選用調味品**——根據菜餚的要求，確定其所需各種調味品的用量、下料次序與時間，力求下料的規格化與標準化，做到同一菜餚重複製作多次，味道仍能基本一致。

二、**嚴格依工藝要求進行調味**——各地的風味菜餚，是經過長期發展而形成的，其口味的特點，有一定的道理，切不可假創意之名，隨意增加或減少調味品的種類和用量，搞得不倫不類。

三、**根據季節變化，適當調整菜餚的口味和顏色**——人們的口味，每隨季節的變化而有所不同。例如天氣炎熱時，多喜歡口味清淡或顏色較淺的菜餚；嚴寒時節，則愛口味濃郁或顏色略深的菜餚，事廚者應在保持風味特色的前提下，因時制宜地靈活掌握，以順應食客當時心理狀態。

四、**按照食材的性質採用多種調味手段**——一般而言，新鮮的食材要突出其本身的美味，不宜用調味品掩蓋本味；而帶腥羶氣味的食材，要酌加酒、醋、蔥、薑、糖等去腥解膩；至於本身無顯味的食材，如海參、魚翅等，調味則重在輔助其鮮味不足。

五、**調味品的盛器應依其不同的物理或化學性質選用**——例如鹽、醬油、醋等，對一些金屬有腐蝕或熔解作用，凡用金屬器皿貯盛含有鹽分或酸性的調味品，會導致調味品污染變質或損壞容器；油脂類調味品，易吸收日光而氧化變質，故不宜用透明器皿盛裝；陶、瓷、玻璃器皿，最好不要挹注滾燙的水或油，以防爆裂等。其運用之妙，本存乎一心。

六、**各種調味容器在放置時，應便於識別和使用**——通常先用的、常用的、有色的、濕的放在近處，如食用油、醬油、醋和芡粉等；後用的、少用的、無色的、乾的置於遠處，如糖、鹽、味精等。同色的更應間隔或錯開放置，避免忙中取錯，造成菜餚滋味全非，如白糖和精鹽、醬油和烏醋等即是。

而在酸、甜、苦、辣、鹹這五種由來已久的單一基本味中，鹹味是調味中的主味，有增鮮除異味的作用，大部分菜餚的口味，都以此為基礎，然後再調和其他的味。呈鹹味的調味品，主要有鹽、醬油、醬品等。如果

是要調羹，自古以來，必以鹽為首選，早在上古末期，人們即已使用。它雖在開門七件事中，居油之次，然而究其實，尚在油之上。

調味之首——鹽

依據《周禮‧天官》的說法，周朝人食鹽十分講究，周王室且用專門掌鹽政的「鹽人」。當時的鹽有數品，刮地而得的池鹽，因其未經分離提煉，含氯化鎂過多而味苦；採諸岩石中而得的岩鹽，含有碳酸氫鈣而帶甜味，一名「飴鹽」，王室成員始可配供；經由煮井水及海水而得的散鹽，成細末狀，質地潔白、味道純正；而積鹵所結、其形如虎的形鹽，則在宴請賓客時擺在桌上，既可調味，又是裝飾品，可起點綴席面的作用。如就明、清以還觀之，中國各地現所用的鹽，則沿海諸省多用海鹽，西北諸省多用池鹽，西南諸省多用井鹽。此外，有刮取鹼土煎成的鹼鹽，生於土崖中的叫岩鹽，生於石中的叫石鹽，生於樹中的名木鹽及生於草中的稱蓬鹽。蓋只要有鹹味的地方，都可取以煎鹽。

鹽是一日不可少的，也是每個人所必需，故鹽為「食肴之將」（〈王莽詔書〉）及「百味之王」，在調味品中列為第一。古時烹飪用鹽，可是有講究的。像清《調鼎集》便提到：「一切作料先下，最後下鹽方好。」而且「若下鹽太早，物不能爛」。這是因為，鹽會使蛋白質凝固，因此，凡燒煮含蛋白質豐富的食材（如魚湯），切記不可先放鹽，如果先下鹽，則蛋白質凝固，不能吸水膨鬆，就不易燒爛了。而為可靠起見，袁枚認為：初習廚事的人，最好「過猶不及」。謹慎行事；也就是秉持「寧淡毋鹹」之理。畢竟，「淡可以加鹽以救之，鹹則不能使之再淡矣」。等到心領神會，自然可以「鹹淡合宜」，成為一個內行的料理高手。可見循序漸進，

不疾不徐，絕對是補救的第一法。

烹魚首重火候

　　除了調羹以外，烹魚也是如此。在所有的烹魚法中，又以清蒸最重火候，一絲馬虎不得。純就蒸魚的本事來看，粵、港、閩、台，皆稱拿手，各有所長，但華人公認以香港為最，火候拿捏尤妙。一言以蔽之，其訣竅在蒸生而非蒸熟。由於港廚在蒸魚的最後階段，還得澆上滾油，故清蒸時，寧生勿老，近熟莫熟。大抵說來，起先只蒸個九成熟，而澆淋油的作用，則在「待它自熟莫催它」，也唯有如此，魚的肉質才會細嫩軟滑，進而臻於妙境。同時，上桌亦有講究，必須侍者將魚扒開之際，隱見一些血絲，分畢正好全熟。所以，香港懂吃的老饕，去酒樓吃魚時，必擇餐桌近廚房者，如果距離太遠，即使愛煞清蒸鮮魚，也只好忍痛割捨。

　　港人好食蒸魚及重火候最有名的例子，莫過於早年群赴澎湖品食老鼠斑了。老鼠斑一名鱠魚，亦稱「銳首擬石斑」。由於此魚之頭，細巧而略帶尖，近於老鼠之首，港人便逕名老鼠斑了。台灣的澎湖縣馬公鎮觀音亭海灣一帶盛產此魚，極為腴美，有觀音鱠的美譽，是清蒸海上鮮的上上品，其味之佳，讓人一食就愛。

　　時香港觀光客一到馬公，甫進入海鮮店，二話不說，馬上指名老鼠斑，以一斤左右為度，而且一律清蒸，非常講究火候，從水滾後到蒸熟，嚴格限令八分鐘，少一分鐘固不可，多一分鐘更不行，一切得恰到好處。如其不然，這些饕客的筷子絕不含糊，一戳即知。甚至有些食客，擔心好魚蹧蹋，特地拐到廚房，緊盯蒸魚，時看腕錶，分秒必爭。時間一到，即一疊

◎ 蒸魚首重火候。

聲地催促店家起鍋上桌。如此考究，一絲不苟，難怪馬公人譽港客為「舉世第一刁嘴」。

　　袁枚看待烹魚，拈出「寧嫩毋老」之旨，確為經驗之談。而且嫩可以補救，使之恰到好處；一旦老就束手無策，別無他法可想。因此，不論在調羹或烹魚時，想要讓食者滿意，便得在「下作料時，靜觀火色」，一再參詳，燒出完美滋味。所以，中國的烹飪理論與實踐一樣，帶有很濃厚的經驗色彩，但又非純粹的經驗總結，而是有一定的理論基礎。故想理解中國烹飪，須具備悟性，也就是所謂的慧根，然後具體實踐，並且融合為一，始能造就出高明的廚師及出色的烹調理論家（或美食家）。

本分須知

満洲菜多燒煮，漢人菜多羹湯，童而習之，故擅長也。漢請滿人，滿請漢人，各用所長之菜，轉覺入口新鮮，不失邯鄲故步。今人忘其本分，而要格外討好。漢請滿人用滿菜，滿請漢人用漢菜，反致依樣畫葫蘆，有名無實，畫虎不成，反類犬矣。秀才下場，專作自己文字，務極其工，自有遇合。若逢一宗師而摹仿之，逢一主考而摹仿之，則掇皮無真，終身不中矣。

各擅其長，發揮本色

文中所謂的本分，意為本色，即是要保持每個地方烹飪技藝本來具有的特色。而在所有滿洲菜中，最膾炙人口的，不外燒和煮，由於滿人嗜食豬肉，因而先後有了「全豬宴」和「燒烤席」。關於前者，清人何剛德《春明夢錄‧客座偶談》即云：「滿人祭神……未明而祭，祭以全豕連皮而煮。黎明時，客集于堂，以方桌列炕上，客皆登炕坐。席面排糖、蒜、韭菜末，中置白肉片一盤，連遞而上，不計盤數，以食飽為度。旁有肺、腸數種，皆白煮，不下鹽、豉。末後有白肉一盤、白湯一碗。即可下老米飯者。」而那「名震京都三百載，味壓華北白肉香」的「砂鍋居」，即承

應此白煮豬肉，俗謂「白活」。另，滿人廚子除作白活的手藝外，尚有一絕技，此即「小燒」。它是用豬身上的所有材料，做出幾十種花式不同的菜來，最著者有「木樨棗」、「蜜煎海棠」、「蜜煎紅果」、「大紅杏乾」等名品，其品目繁多，可多達六十四件，不是專家根本叫不全那些名堂，且有外人無從得知的別名，如「木樨棗」又稱「棗籤」等是。同時這些菜餚還有個不說破永不知道的特點，那就是一律甜食。

至於後者，燒烤豬肉本是滿人入關前的美食，這種飲食習慣，在一統中國後，保存在清宮中。例如清宮膳餚房即設有包哈局，專門負責內廷燒烤。其所供應的，主要為烤鴨、燒豬之屬。包哈乃滿洲話，其意為下酒。可見清皇室下酒的珍物，即為燒烤。不僅宮中如此，旗人莫不熱中吃燒烤，像官府宴最具代表性的，乃俗稱滿漢大席的「燒烤席」。據《清稗類鈔・飲食類》上的記載，此一「筵席中之上上品」，於燕窩、魚翅諸珍饈外，「必用燒豬、燒方，皆以全體燒之。酒三巡，則進燒豬，膳夫、僕人皆衣禮服而入。膳夫奉以待，僕人解所佩之小刀臠割之，盛於器，屈一膝，獻首座之專客。專客起箸，筵座者始從而嘗之，典至隆也。次者用燒方。方者，豚肉一方，非全體，然較之僅有燒鴨者，猶貴重也」。由此觀之，煮與燒兩者，確為滿洲菜之精髓所在。

次於燒烤席者，則為漢人所長的「燕窩席」、「魚翅席」、「魚脣席」、「海參席」、「蟶乾席」、「豚蹄席」及「三絲席」等。所供應者，則多羹湯之屬。茲以燕窩為盛饌的「燕窩席」為例，當貴客就席，最初所進大碗佳餚，必為燕窩，方足以稱之。又，此菜為羹湯形式，其「製法有二。鹹者，攙以火腿絲、筍絲、豬肉絲，加雞汁燉之。甜者，僅用冰糖，或蒸鴿蛋以雜於中」。再說漢人一向以羹湯見長，明、清之前，已極輝煌，此後更

盛。且以明人宋詡與《宋氏養生部》「羹菜製」中的製鮮湯和所放配料品種為例，即可明白其奧祕及與現今之連結。

前者指凡是製葷的羹，於湯滾後，添少量用竹筍、瓜瓠、蔬菜等熰過的「清汁」，接著調以豬、鵝、雞肉烹製出的「清汁」，繼而加入少許煮鮮蝦而得的「清汁」。須用旺火煮湯，多煮一點時間，掏淨湯面浮油，濾盡湯底渣滓。如要使湯更清，則添加溶化之血水（註：可能是豬、雞、鴨、鵝之血）或用水調勻之鴨蛋（其黃白要甚勻），必達此一效果。待清湯初步製好，即下胡椒、花椒粉各少許，再度撇出浮油、濾淨渣滓，如此即可製出鹹淡合宜的羹。「欲酸，加醋，欲甜，加甘草泡湯，漸嘗滋味，漸以續入」。如果製素的羹，在湯滾後，「始用甘蔗煎湯，後用熰（即熰）竹筍、菜瓜、瓠汁入湯。欲味鮮甘，則再調以蜜水，餘如腥羹調和」。同時，不論是製作葷羹或素羹，都可用研磨的淡豆豉代醬入羹，只是在下了後，豆豉都得濾去，以保湯汁鮮清。

而這種用一原湯，經過配置不同的輔料，即能調製數種，甚至幾十種湯味的手法，已為閩菜的湯菜所承襲，故具有鮮美、清淡、醇厚、濃郁、不膩的特點，至今尚為人稱道。

其次乃羹中的配料，即「羹中事件視所宜入（每羹入一件，唯胡荽、蔥可并入也），不抱葷、素品種，可達五十種以上。且此「菜」則可用多種禽、畜及水產品製作，但均得切成塊狀或批成薄片，才能據以製羹或湯，味各不同而雋永。

此外，袁枚指出「今人忘其本分，而要格外討好，漢請滿人用滿菜，

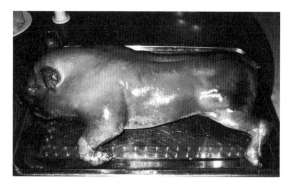

◎ 燒烤是某些民族的特色主食。

滿請漢人用漢菜，反致依樣畫葫蘆，有名無實」乙節，倒是有跡可尋的。當清末李瀚章擔任兩廣總督時，有次請一外國人吃飯，「循例設西筵」。那位老兄嚐過之後，大失所望，稱其味劣，而且說：「此來實冀一嘗貴國之燒烤、魚翅美味也。」李氏弄巧成拙，反而招致不滿，正是「畫虎不成反類犬」的寫照，可謂咎由自取。

最後，「秀才下場，專作自己文字，務極其工，自有遇合」等語，講得極精闢，且切中時弊，絕不可等閒視之。關於此點，飲食文化名家唐振常說得非常透徹，指出：「中國人做學問，講師承、重家法。沒有師承，便淵源無本；沒有家法，便未入門徑。當然，師承與家法絕不可以固執不變。『轉益多師是汝師』，方能兼收並蓄，家法行不通時便得改進，如是方能有所創造。」同時他還說：「學人之道如此，庖人之道亦如此。各幫各派之菜，皆有師承，皆有家法，墨守不變，不是好學生，飲食文化便無所發展改進，有些幫系之衰，或於此有關。但是，如今的大問題，倒是該多談些師承，多講究些家法。師承全拋，家法不顧，燒不出好菜，更遑言變化發展了。」

唐氏所言甚是。而今在飲食界，倡言國際化且與世界接軌者，比比皆

是。結果，「創意」大行其道，一窩蜂的追求，就是亂搬硬套，講究盤飾美感，忘卻味道本身。復在媒體的推波助瀾下，更是唯新是鶩，很多廚子藉此揚名立萬，胡吹法螺，味更不堪聞問矣。當下鼓吹師承家法之說最力者，莫如大廚伍鈺盛。他老兄可是現代川菜中不可或缺的一號人物，以善製湯、巧用湯見長。所擅之菜，如「水煮牛肉」、「乾煸牛肉絲」、「開水白菜」、「玉蘑雲腿」、「乾燒魚翅」、「豆瓣大蝦」等，均在傳承中有創新，故能「平中出奇」，使俗菜不落俗格，既保持住傳統菜的風味之本，還有錦上添花之妙，允稱食林一絕。他之所以能臻此妙境，說穿了，就是講師承，重家法，等到刀火功高，才能再生變化。何況履歷豐富、見多識廣的他，在實際操作中和教學上，一貫力主「正確傳承不等於墨守成規，改進創新不能忘本」。此誠至理名言，如能三復斯言，必能與薛福成在〈考舊知新說〉一文所云的：「能考舊，忽厭舊，能知新，勿鶩新。」互為表裡，當可創造出菜餚上的新境界，打下真正的一片天來。

「本分須知」收尾的末句為：秀才「若逢一宗師而摹仿之，逢一主考而摹仿之，則掇皮無真，終身不中矣。」這句話真有意思，且舉一例說明之，以為殿後。

遙想當年，上海「老半齋」所燒的菜餚，原本極有特色，但在各幫派齊趨求同中，把個軟兜帶粉搞到沒了。後來總算恢復此菜。唐振常聞訊，特地趕去品嚐。點好菜後，服務人員介紹說：「我們有所改良，加了魚香味，有點辣。」唐氏食罷，「大倒胃口，一是粉太多，把湯吸收了，最糟的還在所謂魚香味，不成其為鎮江菜的軟兜帶粉了」。他並進一步說明：所謂魚香，自是四川菜魚香肉絲的移植。魚香肉絲者，以燒魚之法炒肉絲也，是以食肉而有魚味。佐料之要者，為四川的新鮮泡辣椒，缺此，則無

味了。鱔魚本魚,何必再畫蛇添足,去弄什麼魚香鱔魚?」這番話可謂針針見血,足為亂變家法者戒。

麥田文學 223

點食成經 ————————————————————
袁枚《隨園食單・須知單》新解

著者	朱振藩
初版編輯	林秀梅
二版編輯	林怡君
封面設計	陳文德
美術編輯	陳文德・王思驊
特約編輯	鍾安

副總編輯	林秀梅
編輯總監	劉麗真
總經理	陳逸瑛
發行人	涂玉雲
法律顧問	台英國際商務法律事務所 羅明通律師
出版	麥田出版
	城邦文化事業股份有限公司
	104 台北市中山區民生東路二段 141 號 5 樓　電話：(886) 2-25007696
	傳真：(886) 25001966
發行	英屬蓋曼群島商家庭傳媒股份有限公司城邦分公司
	104 台北市民生東路二段 141 號 2 樓
	書虫客服服務專線：(02) 25007718・(02) 25007719
	24 小時傳真服務：(02) 25001990・(02) 25001991
	服務時間：週一至週五 09：30-12：00・13：30-17：00
	郵撥帳號：19863813　戶名：書虫股份有限公司
	讀者服務信箱 E-mail：service@readingclub.com.tw
	歡迎光臨城邦讀書花園　網址：www.cite.com.tw
香港發行所	城邦（香港）出版集團有限公司
	香港灣仔駱克道 193 號東超商業中心 1 樓
	電話：(852) 25086231　傳真：(852) 25789337
	E-mail：hkcite@biznetvigator.com
馬新發行所	城邦（馬新）出版集團
	41, Jalan Radin Anum, Bonalar Baru Sri Potaling, 57000 Kuala Lumpur, Malaysia.
	電話：(603) 90578822　傳真：(603) 90576622
印刷	前進彩藝有限公司

2009 年（民 98）5 月初版一刷
2016 年（民 105）11 月二版二刷　　　　　　　　　　　　　　Printed in Taiwan.
定價 320 元　（平裝）
著作權所有・翻印必究（缺頁或破損請寄回更換）
ISBN 978-986-173-786-7

如有選文或照片因無法尋得作者本人（後人）的近址，而未能與作者本人（後人）
取得連繫，相關授權事宜，誠請撥冗賜示，主動與麥田出版 02-23560933 接洽。

國家圖書館出版品預行編目資料

點食成經：袁枚《隨園食單‧須知單》新解　朱振藩著

　─二版‧─臺北市：麥田，城邦文化出版

出版 ：　家庭傳媒城邦分公司發行，2012.06

面；　　公分‧─（麥田文學）

ISBN 978-986-173-786-7（平裝）1. 飲食　　 2. 文集

427. 07　　　　　　　　　　　101069504

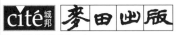

Rye Field Publications
A division of Cité Publishing Ltd.

廣　告　回　函
北區郵政管理局登記證
台北廣字第000791號
免　貼　郵　票

英屬蓋曼群島商
家庭傳媒股份有限公司城邦分公司
104　台北市民生東路二段 141 號 5 樓

▼

RL1223X　　點食成經

讀者回函卡

謝謝您購買我們出版的書。請將讀者回函卡填好寄回，我們將不定期寄上城邦集團最新的出版資訊。

姓名：＿＿＿＿＿＿＿＿＿＿＿＿ 電子信箱：＿＿＿＿＿＿＿＿＿＿

聯絡地址：□□□ ＿＿＿＿＿＿＿＿＿＿＿＿＿＿＿＿＿＿＿＿

電話：(公) ＿＿＿＿＿＿＿＿ 分機 ＿＿＿ (宅) ＿＿＿＿＿＿＿＿

身分證字號：＿＿＿＿＿＿＿＿＿＿＿＿＿＿＿＿ (此即您的讀者編號)

生日：＿＿＿年＿＿＿月＿＿＿日 性別：□男 □女

職業：□軍警 □公教 □學生 □傳播業 □製造業 □金融業 □資訊業 □銷售業
　　　□其他 ＿＿＿＿＿＿＿＿＿＿＿＿＿＿＿＿＿＿＿＿＿＿＿＿

教育程度：□碩士及以上 □大學 □專科 □高中 □國中及以下

購買方式：□書店 □郵購 □其他 ＿＿＿＿＿＿＿＿＿＿＿＿＿＿＿

喜歡閱讀的種類：(可複選)

□文學 □商業 □軍事 □歷史 □旅遊 □藝術 □科學 □推理 □傳記

□生活、勵志 □教育、心理 □其他 ＿＿＿＿＿＿＿＿＿＿＿＿＿＿

您從何處得知本書的消息？(可複選)

□書店 □報章雜誌 □廣播 □電視 □書訊 □親友 □其他 ＿＿＿＿＿

本書優點：(可複選)

□內容符合期待 □文筆流暢 □具實用性 □版面、圖片、字體安排適當

□其他 ＿＿＿＿＿＿＿＿＿＿＿＿＿＿＿＿＿＿＿＿＿＿＿＿＿＿＿

本書缺點：(可複選)

□內容不符合期待 □文筆欠佳 □內容保守 □版面、圖片、字體安排不易閱讀

□價格偏高 □其他 ＿＿＿＿＿＿＿＿＿＿＿＿＿＿＿＿＿＿＿＿＿

您對我們的建議：＿＿＿＿＿＿＿＿＿＿＿＿＿＿＿＿＿＿＿＿＿＿

＿＿＿＿＿＿＿＿＿＿＿＿＿＿＿＿＿＿＿＿＿＿＿＿＿＿＿＿＿＿

＿＿＿＿＿＿＿＿＿＿＿＿＿＿＿＿＿＿＿＿＿＿＿＿＿＿＿＿＿＿